自在的心

摆脱精神内耗，专注当下要事

A Liberated Mind

How to Pivot Toward What Matters

[美]
史蒂文·C. 海斯
(Steven C. Hayes)
著

陈四光 祝卓宏
译

机械工业出版社
CHINA MACHINE PRESS

图书在版编目（CIP）数据

自在的心：摆脱精神内耗，专注当下要事 /（美）史蒂文·C. 海斯（Steven C. Hayes）著；陈四光，祝卓宏译 . —北京：机械工业出版社，2023.12（2024.5 重印）

书名原文 : A Liberated Mind：How to Pivot Toward What Matters

ISBN 978-7-111-74032-2

Ⅰ. ①自…　Ⅱ. ①史… ②陈… ③祝…　Ⅲ. ①心理学—通俗读物　Ⅳ. ① B84-49

中国国家版本馆 CIP 数据核字（2023）第 191423 号

机械工业出版社（北京市百万庄大街 22 号　邮政编码 100037）

策划编辑：刘利英　　责任编辑：刘利英

责任校对：马荣华　刘雅娜　陈立辉　　责任印制：常天培

北京铭成印刷有限公司印刷

2024 年 5 月第 1 版第 2 次印刷

170mm×230mm · 21.5 印张 · 314 千字

标准书号：ISBN 978-7-111-74032-2

定价：89.00 元

电话服务　　网络服务

客服电话：010-88361066　　机　工　官　网：www.cmpbook.com

010-88379833　　机　工　官　博：weibo.com/cmp1952

010-68326294　　金　书　网：www.golden-book.com

封底无防伪标均为盗版　　机工教育服务网：www.cmpedu.com

本书献给
约翰•克劳德

他是一个记者、淘气鬼，

大脑里充满了奇闻逸事。

他是我的朋友。

你相信我，相信这本书，

它让我每天都为之鼓舞奋斗。

世界要求记者做如此艰难的事情，

却不了解他们付出的代价。

安息吧，我的朋友。

安息吧！

作者声明

本书引用了大量文献。为了不分散读者的注意力，几乎所有的文献都放在了最后的“注释”中。如果你看到我在书中写了一项研究，陈述事实，或者暗示有相关著作等，而你想要进一步了解的话，可以去后面的注释查看。注释和正文并不是一一对应的，这意味着在正文中有些地方我没有提到文献、注释或资源，但是如果我觉得需要，就会在注释中加上相关文献。所以无论什么时候你想获得更多的信息，请先查看注释。如果在正文中总是提及普通读者没必要知道的研究者姓名，那么必然会降低读者的阅读速度。为了避免这种情况，我有时会在注释中，而不是在正文中引用和赞扬相关研究者。甚至在正文中使用“我的同事”或“我的团队”这样的字眼，来概括我的实验室团队或语境行为科学领域的研究者。对于学术圈内的读者来说，这看起来太以自我为中心了。而我这样做是为了方便普通读者，我觉得在普及类图书中这样做似乎是必要的。我所能做的就是祈求大家宽容我的这一做法，并请求大家在注释中寻找详细信息。

A Liberated Mind

目录

第三部分　用ACT工具箱来进化你的生活

A Liberated Mind

第一部分

僵化的心

第 1 章

转向的需要

生活应该是轻松惬意的，但事实并非如此。这就是当下我们这个世界的悖论。现代科学技术为我们提供了前所未有的长寿、健康和社会互动。我们中的许多人都在努力让自己的生活充满爱与奉献，让自己过上有意义而平和的生活。

毫无疑问，过去 50 年我们取得了令人难以置信的进步。放在你口袋里的那台称为手机的计算机，[1] 比阿波罗 11 号（首次载人登月）的导航计算机强大 1.2 亿倍。健康领域也取得了同样的进步。50 年前，患白血病的儿童的死亡率高达 86%。而现在，白血病患儿的死亡率不到之前的一半。[2] 在过去 25 年里，儿童死亡率、孕产妇死亡率以及疟疾死亡率均下降了 40%~50%。[3] 如果出生时面临着身体健康和安全问题，而你可以选择出生时间且不用考虑出生身份，那么当今这个时代就是你最好的选择。

而行为科学则是另一番景象。是的，我们的寿命更长了。但是很难证明我们过着更加幸福、成功的生活。

对于那些因生活方式引起的疾病，我们比以往任何时候都能更准确地掌握它们的信息。尽管花费了数十亿美元的研究经费，但在肥胖、糖尿病和慢性疼痛的发病率急剧上升的情况下，我们的医疗健康系统却蹒跚不前。精神疾病发病率正在迅速上升，而不是下降。1990 年，抑郁症是继呼吸道感染、腹泻和产前疾病之后全球排第四的致残和疾病原因。在 2000 年，它排第三位。到了 2010 年，它排在第二位。2017 年，世界卫生组织将其排在第一位。[4] 大约有 4000 万名 18 岁以上的美国人被诊断患有焦虑症，[5] 此外还有大约 10% 的美国人报告称“经常出现精神上的痛苦”。[6] 我们经常感到时间紧迫，无法用我们希望的方式来照顾自己。我们的健康正经受种种考验。许多人在生活中顺着惯性步步向前，却缺乏真正的生活目标和活力。每天，都有一些人似乎过着美好的生活，却突然决定服下一瓶药片（结束自己的生命），而不是继续自己的生活。

怎么会这样？

我相信这是因为我们还没有真正适应现代社会带给人类的挑战。在过去的一百年里，我们为促进人类繁荣所做的一些事情，同时也制造了难题。以技术创新为例，从广播电视到互联网，再到智能手机。它向前迈出的每一步都给人们带来了极大的心理和社会挑战，而我们的文化和心智还没能有效调整来应对这些挑战。

由于这些技术革新，我们要面对一系列恐惧的、戏剧性的场面和需要复杂判断的场景。此外，许多人都被快速变化的时代浪潮淹没。一个具体的例子是：仅仅几十年前，孩子们还可以自由地奔跑和玩耍。但当下，这种方式可能会招致抱怨，因为多数人可能认为随意奔跑会给孩子们带来伤害。这种对孩子们保护的增强是不是因为世界变得更加危险了呢？[7] 研究表明并非如此。我们对世界不安全的印象大多来自媒体报道的不寻常事件。无论我们内心有多平静，只要打开电脑，透过几分钟前离世的逝者的照片，就能看到正在发生的一幕幕悲剧。24 小时新闻滚动播放各种暴力视频，这很容易摧毁我们的安全感。

当外部世界快速变化时，我们的内部精神世界也需要做出相应的变化。这听起来完全合乎逻辑，但是我们很难知道到底该怎么办。

好消息是，行为科学已经为我们如何做得更好提出了合理的建议。在过去的35年中，我和我的同事们研究开发了一套新的心理技能。比起以往任何已知的心理和行为理论，这种技能可以更好地说明人的心智是如何运作的。这并不夸张。透过一千多项研究，我们发现这些技能有助于理解为什么有些人在经历生活磨难后仍会健康发展，而有些人却不会；也有助于理解为什么有些人会体验到更多的积极情绪（比如喜悦、感激、同情、好奇心），而有些人则很少体验到。它能帮助我们预测哪些人群更容易出现诸如焦虑、抑郁、创伤或药物滥用这样的心理问题，并预测这些问题的严重程度或持续时间。这些技能也可以帮助我们预测谁能更高效地工作，[8]谁能保持健康的关系，谁将成功节食或坚持运动，谁将面临身体疾病的挑战，人们在体育比赛中表现如何，以及他们在其他需要付出努力的领域表现如何。

这套技能结合在一起使我们具有心理灵活性。心理灵活性是以开放的心态去感受和思考的能力，主动关注当下的体验，将你的生活引向对你来说重要的方向，养成按照自己的价值和愿望生活的习惯。它通过让你学会不逃避痛苦，而是主动接纳痛苦的方式，让你过上有意义、有目标的生活。

等一下，主动接纳你的痛苦？

是的，接纳你的痛苦。心理灵活性让我们以开放、好奇和友善的方式接纳不适和烦恼。它以一种非评判和慈悲的方式看待我们自己和我们生活中受到伤害的地方。因为那些给我们带来巨大痛苦的事情往往是我们最关心的。我们最深切的渴望和最有力的动机就隐藏在我们最不健康的防御系统中。面对痛苦，我们常有两种冲动：一是通过压抑或自我疗愈来否认痛苦；二是殚精竭虑，陷入对痛苦的沉思，让痛苦主宰我们的生活。心理灵活性则让我们能够接纳痛苦，让我们按照自己的愿望生活；而当有痛苦时，就与它和平共处。

我认为心理灵活性是实现人类解放的一种途径。它是人们应对现代社会各种挑战所需要的平衡方法。数百项研究表明，发展心理灵活性的技能是可以习得的。在某种程度上，通过本书你就可以学会它。[9]我明白这些都是很郑重的声明。如果我努力把本书写好，那么当读完本书，你就会明白为什么心理灵活性如此重要，你也会明白该如何发展你的心理灵活性。

接纳痛苦的核心理念与其他心理方法有着共通之处，这并不让人奇怪。比如正念疗法或认知行为疗法中的暴露法，它们都有类似的理念。作为新科学的心理灵活性并不是对以往理论的简单模仿，而是通过反复思考这一方法为何有效，使人们对心理灵活性的重要性以及如何培养心理灵活性有了更深入的理解。这种理解是科学界沿着新的研究路径产生的，它为了让人们过上更加幸福、健康的生活而建立了一套新的、更全面的方法。

我们的自然倾向和生活经验在内心中为我们提供了一种深刻的智慧，引导我们形成自己的生活方式。科学证明，它是应对生活挑战的健康生活方式。这些内在智慧引领我们走上健康道路，除非我们两耳之间的器官（大脑）不答应。大脑常诱使我们朝着错误的方向前进。

在内心深处，我们都清楚自己的某些行为并不符合利益最大化原则。这样的例子多得数不清：工作一整天后，你痛饮一大杯啤酒，结果饮食变得糟糕无比；即使你知道第二天会感觉很糟糕，但是在聚会上你仍然会喝过量的饮料；快到截止日期的工作你还在拖延；或者无缘无故地和爱人吵了一架。其中的任何一项都让人头疼。驱动这些行为的心理机制是相同的，如果不加以控制，就会让我们的生活变得十分糟糕。对于很多人而言，偶尔的狂欢变成了习惯；偶尔喝多演变成了酒精依赖；到了截止日期还在拖延工作，让你迟迟无法实现生活理想；和爱人的争吵，破坏了你曾经渴求的亲密关系。

为什么我们要做这些事情？

简单来说，是大脑制造了这些混乱，让我们陷入心理僵化模式。在这种模式下，我们试图逃避或击退所面临的心理挑战。这时，我们会沉思、担忧、走神、自我激励、过度工作或进入其他形式的无意识状态，而这一切都是为了逃避痛苦。

心理僵化的核心是试图回避糟糕经历引发的消极情绪和感受，无论它们正在发生还是在我们的记忆中。假设你有一次考试没考好，大脑里可能会有一个可怕的想法不断闪现："我是一个失败者。"在不知不觉中，那个想法就留在你大脑的某个角落，并一直留在那里。而你则是决定出去和朋友喝点酒来安抚自己。到目前为止，一切都没什么问题。但是如果你继续重复这一过程，甚至害怕准备下一次考试，这其实就是通过压抑痛苦和不健康的自我安慰为“心理疾病”的到来铺平道路。

相反，你极力让自己相信“我聪明又能干”，从表面上看，这样做非常有意义。积极向上的想法肯定会有所帮助，不是吗？是的，这是合乎逻辑的，但可能并不明智。如果你有意识地往好的方面想，以此来回避或反驳消极的想法，那么这其实是另一种形式的心理僵化。因为积极的想法很容易让你想起那些你正在回避的消极念头。一项研究表明，诸如“我是一个好人”这样的自我肯定，如果我们不依赖它，那么它确实有很好的鼓舞作用。但是一旦依赖它，当自我感觉糟糕时，这种自我肯定会让我们的感觉和行为都变得更糟糕！[10]

这真是个让人痛苦的笑话。

最重要的一点是：如果一种应对策略的目的是回避糟糕的情绪，回避令人沮丧的想法，消除痛苦的记忆，转移对不良感觉的注意力，那么这种应对策略的长期效果几乎都不好。

心理僵化可以预测焦虑、抑郁、物质滥用、创伤、进食障碍以及几乎所有其他心理和行为问题。[11]它破坏了一个人学习新事物，享受工作，与他人保持亲密关系以及战胜疾病的能力。心理僵化甚至在我们想不到的领域发挥着作用。如果去看看“9・11”事件后纽约“双子塔”附近人群的心理创伤发病率，那么你认为哪些人会出现更多的心理创伤？同样是目睹他人跳楼自杀，是因此而感到恐惧的人会有更多的心理创伤，还是那些压抑自己恐惧的人会有更多的心理创伤？通过研究我们已经知道，后者会有更多的创伤。[12]

心理僵化不仅使我们更容易遭受心理疾病和问题行为的困扰，还有两件可怕的事情让它变得更加恐怖。首先，在你极力避免痛苦的同时，欢乐也会离你而去。[13]研究表明，焦虑症患者的刻板、回避使得他们更容易焦虑，而最终也让他们无法享受幸福！快乐会使他们感到紧张。因为即便你今天快乐，明天可能也会感到失望。最好的策略是保持麻木状态。

其次，心理僵化使你很难从情感中学习。如果你长期回避自己的情感，那么这可能会导致述情障碍——一种让你完全无法知道自己感受的心理障碍。这是心理僵化最隐蔽、最可怕的代价之一：当你反抗、回避或隐藏内心时，你会远离自己的经历、自己的动机和自己所关心的。研究表明，如果仅仅因为家人从来没有讨论过你的情感，使得你不能很好地理解自己的情感，那么你可以通过有意识地了解它们来提升对情感的理解，而且结果还不错。但是，如果你是因为回避自己的情感而让你无法理解自己的感受，那么可怕的后果会在很多领域出现。[14] 我举一个例子：被虐待过的人更有可能再次被虐待，但这种效应并不是一定会发生的。它更有可能发生在被虐待后否定自己情感的人身上。一旦否定这种痛苦感受，受害者就很难判断谁是安全的，而谁不是。遭受过虐待的人最不应该再次遭受虐待，可事实恰恰相反。这很不公平、很残忍，但却是可预测的。

为什么要将这些归咎于心理僵化呢？即使我们头脑中较聪明的部分知道什么对我们有好处，但专横跋扈的“问题解决者”却不知道。我把这部分大脑功能称为“内在独裁者”，[15] 因为它不断地为我们的心理痛苦提出各种“解决方案”，即便是我们自己的经验。如果仔细倾听，就会听到头脑里不停唠叨这些有害的解决方案。与许多政治独裁者一样，头脑中的这种声音可能会造成极大的伤害。它会让我们相信一个关于我们痛苦以及如何应对痛苦的破坏性故事。它把自己的建议编织成各种各样的故事，比如有关我们的童年、我们的能力和我们是谁的故事，或者是关于世界的不公以及其他人行为举止的故事。它诱使我们根据这些故事采取行动，即使我们内心深处清楚地知道：我们被自己欺骗了。

想想我们在日常生活中逃避恐惧的频率有多高，以及它会带来多少不必要的痛苦。你最近情绪低落，你知道这与你锻炼不够有关，但去慢跑、远足或去健身房似乎超出了你的承受能力，所以你打开了电视。一项有着明确截止日期的工作，你却没心情去做，工作因此拖延了下来，这只会使情况变得更糟糕。你每周在办公室工作 60 小时，这让你感到压力很大。你知道需要休息，但你却不愿意休假，因为你陷入了这样的想法：如果周末不去工作或者不把工作带回家，就会有灾难性的后果。“内在独裁者”让我们相信，执行这些心理僵化的回避行为是有道理的。

从我们的痛苦中逃脱，或者试图否认痛苦，似乎是合乎逻辑的。因为我们不喜欢痛苦感受，所以将糟糕的想法、感受和记忆视为“问题”，并将消除它们视为“解决方案”似乎是合适的。我们用问题解决模式来解决问题。不幸的是，这常常导致遵循僵化的问题解决方式或规则，例如“摆脱它”“解决它”，或“搞定你的问题”。

我们正在付出心理上的代价，因为我们内心错误地将生活视为一个需要解决的问题，而不是一个生活过程。在外部世界，采取行动来消除痛苦是至关重要的生存本能。手碰到火热的炉子立刻拿开，一整天没吃饭之后看到食物就想吃，这对于我们的生存非常重要。任何忽视此类命令的人都会付出高昂的代价。但是在思想或情感的内部世界，这是一个完全不同的故事。记忆或情感不是火热的炉子，也不是匮乏的食物。在外部世界有意义的行动，在思想和情感的世界中，却不一定有心理意义。

以痛苦记忆为例，例如重大背叛或创伤。糟糕的情感激发了我们的自我保护本能。为了避免再次经历痛苦，我们会压抑痛苦情感。但是要刻意摆脱某些东西，我们必须专注于它。如果我们正在努力摆脱某些东西，就需要检查它是否消失了。当我们想要删除大脑中的某些记忆时，就会自然想起与此记忆相关的事件。这实际上反而使得你想删除的记忆变得更牢固了。

如果我们为解决痛苦而采取分散注意力或自我安慰的方法，比如读一本好书或听一段最喜欢的音乐，那么这些原本令人愉快的活动实际上会随着时间的推移与我们极力回避的痛苦感受联系起来，甚至会成为通往痛苦体验的方便之门。仅仅几次之后，书本或舒缓的音乐就会让你回想起正在回避的东西，或者重新唤起你希望消失的创伤。

与此同时，我们也经常用精神威胁（如果不这样做，就会发生可怕的事情）来激发我们改变的动机，而这也只会让痛苦或创伤记忆对我们影响更大。这些威胁会产生情绪反应——这些情绪反应有时与我们试图逃避的反应很接近，从而增加了我们的痛苦，导致我们最终陷入可怕的恶性循环。例如：想要消除焦虑，结果增加了我们对焦虑的焦虑。类似地，当陷入沉思，总是说服自己我们正在想办法解决问题时，我们会变得如此专注于这些问题，以致我们的生活被它们逐渐控制。我们极力把自己的内心变成虚拟的战场，却无法通过消除和减少不愉快的经历来达到内心平静。

我不会把你不知道的事情都告诉你，至少直觉上是这样。大多数人都已经注意到，大脑会把我们带到陌生的地方。但是大多数人还不明白，当我们有痛苦的记忆或恐惧的感受时，做一些事情来逃避它们，反而会增加不愉快的感受。如果害怕被别人拒绝，我们可能就会觉得所有人都会拒绝我们。我们知道，恐惧不会主动放过我们。被拒绝的可能性是如此令人恐惧，以至于不去关注它似乎违反了基本的逻辑。如果用所谓的弱点进行自我攻击，我们就会觉得自己能力更差，更有可能失败。

将自己从僵化的陷阱中解放出来是如此困难，因为我们会受到整个文化的冲击。许多企业都依赖这种文化来挣钱。你担心你的外表吗？美容产品可以消除这种担心。不开心？啤酒可以让你振作起来。看看几乎所有主要的自助图书和自助项目的主题，它们大同小异——控制你的焦虑，你会感觉更好；或是控制你的想法，生活会变得更好。

很多自助图书也要求人们做某种形式的自我抚慰或自我修正。无论如何，我们应该放松，关注积极的一面，或者有积极的想法。在传统习惯中，我们给精神状态命名时常把消极词语与情感、观念挂钩。我们有“焦虑障碍”或“思维障碍”。各种各样的药物及心理治疗方法承诺可以消除糟糕的想法和感受（请注意抗抑郁药物中的“抗”）。然而，随着这种模式在世界范围内的推广，痛苦和各种心理障碍增加了，而不是减少了。

在鼓励我们避免或消除痛苦之外，社交媒体还不断向我们发出新的诱惑性邀请，让我们将自己与他人相比较，进而分散自己的注意力。不管我们有多成功，都可以从口袋里掏出一个叫作智能手机的社会比较工具，它尽职尽责地向我们展示其他人做的远比我们要好得多。

心理学和精神病学领域也在无意中制造了这个问题。没有证据的想法激增，比如弗洛伊德的恋母情结（对异性父母出现性冲动，这会产生一种潜在的冲突，进而引发焦虑），而基于证据的想法则处于被压抑状态。

即便是那些科学研究成果，也没有给公众提供他们需要的工具。对于我们该如何应对消极情绪和想法，它们促成了一种令人信服但有缺陷的理解。在20世纪中叶，心理力量通常被定义为情感回避。获奖电视剧《广告狂人》（*Mad Men*）中最著名的一幕是主角（即成功的广告商唐·德雷珀）在1960年去探望一位年轻的同事佩吉·奥尔森，她刚在医院生下一个本不想要的婴儿。奥尔森一直否认自己怀孕，甚至否认自己。她在分娩后变得抑郁，达到了精神疾病的程度。在精神病区，德雷珀看着奥尔森，告诉她要振作起来。“按照医生的要求做。”他这样说，“当你离开这里时……就当这一切从来没有发生过。虽然这样的想法多少会让你感到震惊。”在下一个场景中，他在办公室给自己倒了一大杯威士忌。

当然，这只是电视剧。但是这个场景传递的文化规则已经深深地根植于我们的头脑中，即你必须学会按照主观意志来改变自己的想法。只有这样做，你才会减少或消除不舒服的情绪。心理治疗最重要的方法之一（认知行为疗法）要负部分责任。

20世纪60年代，宾夕法尼亚大学精神病学家阿伦·贝克（Aaron Beck）和纽约心理学家阿尔伯特·埃利斯（Albert Ellis，1913—2007）分别发表论文，认为许多有害的情绪是由错误的“非黑即白”的绝对化认知引起的。例如，把复杂的关系和生活事件简单化，而没有深思其中微妙的关系。他们认为，对于生活中的典型事件（和老板艰难的谈判，和老朋友发生争执等），人们会以不切实际的、非理性的或扭曲的方式对待它们。

现在常推荐的治疗方法是认知行为疗法（cognitive behavioral therapy，CBT）。认知行为疗法有一整套的治疗方法，其中包括许多被广泛认可的行为改变方法。我是支持现在认知行为疗法的发展方向的，但是传统认知行为疗法的一个核心原则是有问题的，它支配了大众对该方法的理解。这个有问题的核心原则就是：我们需要改变消极或扭曲的想法，把它们转变为积极的和理性的想法。这种“认知重组”被认为是通向心理健康的必由之路。这一核心原则认为不是弗洛伊德的“神经症”，不是噩梦，也不是被压抑的记忆，而是有缺陷的思维习惯控制了我们的情感，塑造了我们的行为。

这种想法渗透进了我们整个文化。例如，当菲利普·麦格劳（艺名菲尔博士）给大众提出建议时，大部分都是从认知行为的角度出发的。“你在主动地为自己创造一个有毒的环境吗？”他在自己的网站上发问，或是问，“你给自己传递的是理性而乐观的信息吗？”

对于我们应该挑战重组自己想法的观念，我在本书中所阐述的研究从根本上重新评估了它。研究表明，认知行为疗法的这一部分并不是其强大之处，而且它通常不起作用。不如学会接纳我们不愉快的情绪和想法，然后努力减少它们在生活中的影响，而不是试图摆脱它们。

与此同时，精神病学中出现了这样一种观念，即我们需要像对待隐性疾病一样对待一系列心理症状。这意味着心理症状最终将被证明具有明确的病因、发病机制和治疗反应。然而，在花了几十年和数十亿美元进行这方面的研究之后，有多少个案在凭借症状确诊为心理疾病时就能明确病因？

答案可能会让你震惊，一个也没有。关于心理健康的真相是，你所听到的所有心理症状的病因都是未知的。认为在人类痛苦背后隐藏着某种“隐性疾病”的想法是完全错误的。

同时，认为心理症状应被视为隐性疾病的想法也造成了令人不安的后果。这是一种具有安慰性质的想法，因为它包含了一个事实：痛苦不是你的错。但如果人们相信它，就会觉得必须终身服药，因为他们一直“有”隐性疾病。[16]

想想 1998~2007 年这 10 年（拥有实实在在数据的 10 年），以及那些寻求心理治疗的美国人。在这一时期，只使用心理治疗的人数下降了近 50%，而心理治疗和药物治疗结合使用的人数下降了约 30%。使用什么方法的人数增长了呢？只用药物治疗的人数增长了。那 10 年结束时，有心理问题的人中超过 60% 只使用药物治疗。自那以后，情况就变得更糟了。[17]

如果科学支持这种方法就好了，但事实并非如此。如果把药物作为心理治疗的辅助措施，用低剂量来缩短治疗时间，那么药物治疗是有帮助的。但随着处方数量激增，只使用药物治疗成为常态，心理健康问题的发生率也随之上升。[18] 当人们错误地认为自己患有“心理疾病”时，他们往往会更加悲观，对通过行为改变等心理疗法来改善自己的状况不再抱有希望。朋友、家人和他们一样，对这些疗法也不太抱希望。[19]

本书将揭示我们其实可以很好地改善自己的生活。不是消除我们糟糕的想法和情感，也不是去麻痹它们，而是培养心理灵活性。让我们接纳这些糟糕想法和情感的本来面目，而不是让它们主宰我们的生活。这将表明，试图消除或完全重建我们的思想是没有必要的，甚至是徒劳的。我们的神经系统没有删除键，思维和记忆过程太复杂，无法使它们整洁有序。本书还将揭示人类文化信息中的缺陷，这让人们的生活变得更加糟糕。对于这部分文化，重要的是我们该如何行动。明白这一点，有助于让我们的生活更有意义，尽管目前仍然面临着十分严峻的挑战。

走出陷阱

我曾经养过一只狗，它在准备找个地方躺下时，会一边抓地毯一边绕圈走。有时这种仪式性的动作会持续很长时间。地毯并没有因它的行为而改变，但我那可怜的小狗最终会疲惫不堪地倒下，很快就睡着了。

这就像一种隐喻，生活中我们也常绕圈子，看无聊的电视剧、上网、在Facebook发帖来等待一种完整感、内心平和感或目标的实现。分散注意力、回避和放纵自我就如同小狗抓地毯，并没有改变任何重要的东西。我们需要一个让自己舒适的地方，从词源学上说，舒适（comfortable）一词就意味着有力量（com表示和……在一起；fort是力量，来源于拉丁语fortis，意为建一座城堡）。用我们的力量生活在这个世界上，需要我们做的远不止分散注意力、回避和放纵自我。如果你想找到内心的平静和人生目标，你就必须放弃向外寻找出路，转而向内寻找方法。我清楚地知道这说起来容易，做起来难。

我知道这种转向的艰难。我自己就是一个惊恐障碍康复者。经过多年的挣扎，我眼睁睁看着焦虑和惊恐逐渐夺走了我内心的平静。大脑中一个尖锐的声音要求我逃离、回避焦虑，或与焦虑做斗争。这些回避或战斗的经历成了我的敌人，逐渐把我逼到一个无法正常生活的境地。但是学会接纳焦虑，发展本书中提到的心理灵活性，开启了我的康复之路。

我第一次惊恐发作发生在 1978 年秋天的一次心理系会议上。教授们又一次发生争吵。作为一个年轻的助理教授，我大声呼吁，想让他们停下来！我举手请求大家注意我的呼吁，但他们一直忙于争吵。过了 1 分钟左右，我放下了手，不是因为我不想再说话了，而是因为我感觉要晕倒了。心脏怦怦地快速跳动，快得连心脏跳动的频率都数不出来。那场可怕的争吵中的某些东西，引发了我从未有过的惊恐发作。几年后，当我开发出接纳承诺疗法（acceptance and commitment therapy，ACT。注意读这个简称的时候，要把它当作单词 act 来读）来帮助应对惊恐障碍这个“怪兽”时，我明白了其中的触发机制。在最初的惊恐发作中，我太过焦虑，以致无法与之保持任何心理距离。任何想对同事们说的话都被急于摆脱焦虑的想法淹没。当时我正对着房间的门坐着，椅子和同事们挡住了我的去路，使我无法脱身。

正当我试图想出一个脱身的方案时，房间里突然安静下来，我意识到同事们正看着我举起的手。他们都在看着我，等着我说话。我张了张嘴，却发不出声音。我的眼睛无助地在房间里转来转去，看到那么多人在盯着我，看着我，打量着我。那是多么可怕的景象。我挣扎着大口呼吸。似乎过了很长时间，但也许只有 10 秒或 15 秒。这群困惑的人又回到了他们的争吵中，而我仍然紧紧抓着椅子。像一条离开水的鱼一样张着嘴，一声不吭。

羞耻和恐惧向我袭来。我以前曾体验过强烈的、出乎意料的焦虑，但从来没有焦虑到束手无策的地步。噩梦般的会议结束后，我摇摇晃晃地溜出了房间。同事们肯定在想我到底怎么了。我的大脑在筹划着一些看似合理的行动，但我们现在知道这些行动只会加剧惊恐发作。我疯狂地问自己：怎样才能控制这一切？怎样才能避免这种事再次发生？很快，我找到了一些应对突然袭来的焦虑的方法。我可以采取许多小步骤来回避和控制那些可能引发焦虑的环境、地点或行为。当我采取这些步骤时，最初感到松了一口气儿，焦虑缓解了一些。可是，不久我又进入了惊恐发作的地狱旅程。

当时的状况简直就像“猴子陷阱”。在非洲的某些地方，当地人会在葫芦上钻一些小洞，把香蕉片塞进去，最后把葫芦绑在树上。这些洞的大小很微妙，正好可以让猴子把爪子伸进去。但当猴子抓住香蕉片时，爪子却无法从洞里伸出来。这样它就被困住了。

你以为猴子会放开香蕉片，但实际上它不会。它不停地叫着、挣扎着，与此同时却一直抓着香蕉片，直到当地人过来抓住他们的“战利品”。

我执着于追求无焦虑的生活，或者至少是焦虑程度很低的生活，把这作为自己的“奖品”。这样做似乎很合理。又有谁会在理智上放弃这种事情呢？放弃这样的生活目标，不就意味着放弃健康生活吗？所以，我就像落入香蕉陷阱的猴子，叫着、挣扎着，却无济于事。我陷入了焦虑陷阱。

直到我放弃控制焦虑的尝试，才开始明白如何治愈我的惊恐障碍。只有放弃那个错误的愿景，放弃精神上的香蕉片，大脑才不再疯狂地加剧我的焦虑。

最终，我以一种友善的态度和冷静的好奇心来面对我的焦虑，然后转向对爱和有所作为的渴望，尽管这些正是我生活中最薄弱的方面。这个过程让我明白：如果想改变成长中糟糕经历的影响，我们就需要学会如何轻松地、友善地带着它们一起成长，并且不要给它们过多的关注。渐渐地，我不再惊恐发作了。就在我停止与焦虑搏斗，转而接纳痛苦的那一刻，生活给了我无限的可能性，不论我是否还有焦虑。

为什么我们的头脑如此执着于听从“内在独裁者”的指令？为什么对于消除痛苦有那么强大的动力？我自己的经历让我一直在寻找答案。我还想找到能被科学证明的方法，学习通过接纳来塑造更健康的生活习惯。通过几十年的研究，我们已经发现当人们理解大脑是如何工作的时候，他们就能更好地理解支点（pivoting）是“如何转向的”。当你知道“内在独裁者”是如何运作的时候，你就更倾向于采纳一种新的心智模式——自由的心智。它对人类生活中的几乎每个领域都有帮助。

我们了解到，心理僵化的趋势是随着人类语言和认知的发展而演变的。这些非凡的精神天赋，使我们能够运用巧妙的象征性思维来解决问题、进行科学实验、创造伟大的文学作品或发明新技术。同时，它们也允许“内在独裁者”在我们的大脑中发声。象征性思维能力让我们的想象变得丰富多彩，甚至能够与外部世界相媲美。我们可以创造如此生动的记忆，以至于回忆它们时会引发与我们在事件发生时感受到的几乎相同的情感或大脑反应。我们并不是把“内在独裁者”传递给自己的信息作为正在思考的主观事件，而是作为确凿的客观事实。当这些信息威胁我们的时候，我们会用应对现实世界中威胁的本能方式来回应它们。我们的思想有时会非常可怕，就像古老大草原上的一头狮子向我们冲过来。这时，我们会用同样的“或战或逃”（fight-or-flight）的本能方式逃离、躲避或者杀死它。

我们思维的进化方式也解释了思维是如何自动地被触发而进入消极状态的。人类的思想嵌在一个永久存储的密集思维网络中。在任何时候，一个想法（比如他看到我似乎不高兴），都会引发一连串的负面回忆（比如童年的失望时刻），进而一起涌上心头。我们不能按下“停止”或“删除”按钮。竭力这样去做时，只会增强消极想法的力量。

正如我将在本书第一部分介绍的，接纳承诺疗法（ACT）的相关研究不仅阐明了象征性思维是如何导致这些糟糕后果的，还发现了让我们摆脱其负面影响的方法。我们发现心理灵活性包含六项技能，而发展每一项技能都涉及从心理僵化向心理灵活性的特定转向。因此，ACT 模型实际上包含了六个具体的转向，当它们结合在一起时，我们拥有了更好的心理灵活性。

理解这些转向为何如此强大的核心是：有多种让我们陷入不健康思维和行为的僵化模式，而每一种僵化模式都隐藏着一种对健康的渴望。我们做了错误的事情，但我们出于正确的原因——我们希望有好的生活品质。转向心理灵活性让我们将隐藏的渴望转化为一种更开放、更灵活的方式，能够真正满足对健康的渴望。然后，我们可以持续发展心理灵活性方面的技能，以便根据自己的价值和愿望继续生活下去。

以下是对每项技能的简要介绍，以及每个转向的目标。

解离

需要从认知融合转向解离（defusion），转向对一致性和理解的渴望。

认知融合意味着相信想法告诉你的一切（逐字逐句地去理解），它们说的话完全决定你该做什么。这种思维的把戏之所以会发生，是因为我们被设定为只关注我们构建的主观世界，比如我们看到了可怕的这个或可怕的那个，但我们忽略了一个事实，它们是思维构建出来的。在试图让世界变得有意义的过程中，我们对自己的经历进行判断并接受这个判断，而没有意识到这只是一个主观判断。认知融合的另一面能让我们看到想法的本来面目——这些想法能持续地创造意义。当它们真正为我们服务时，就给予它们力量。这种灵活性技巧只关注思考本身，而不关注思考的内容。我们创造的术语“注意……”就是一种解离。有了这种与我们的想法保持距离的能力，就可以把自己从消极的思维网络中解放出来。

自我

需要从对概念化自我的忠诚转向观点采择的自我（self），转向对归属和联结的渴望。

从最简单的意义上来说，当我谈论概念化自我时，指的是你的社会自我——关于你是谁以及你与他人关系的故事。在这个故事中，我们注意到了你的特别之处（特殊技能、特殊需求）。这些将为你在社会中赢得自己的地位。我们都有这样的故事，如果小心对待，它们甚至会有所帮助。然而，当我们紧紧抓着这些故事不松手时，就很难对自己诚实，也很难为其他想法、感受或行为腾出空间。这些想法、感受或行为会让别人和自己受益，但与你的故事内容并不相符。在这种情况下，概念化自我引导我们为这些故事辩护，就好像我们的生活完全依赖于它。这造成了疏远，而不是真正的联结。另一种选择是与观点采择的自我（perspective-taking self）保持深层次的联结。观点采择的自我是一种观察、见证或纯粹的觉知。这种自我意识让我们看到，我们不仅仅是大脑讲述的关于我们的故事，也不仅仅是大脑所说的内容。我们还看到，我们在意识上与全人类联结在一起。我们属于人类，不是因为我们有什么特别之处，而是因为我们本来就是人类。有人认为这是一种观察性的或精神上的自我意识。

接纳

需要从经验性回避转向接纳（acceptance），转向对感受的渴望。

经验性回避是我们逃避或试图控制自己的个人体验（包括想法、情感、感受）和引发这些体验的外部事件（从出席应酬到竭力处理亲人的丧事）。这样做是因为大脑告诉我们这是一种避免痛苦的简单方法。只有我们感觉良好时，才能体验自由的感觉。但是回避通常只会加剧我们的困境，限制我们的感受能力。接纳是在主动的状态下，而不是在被动的状态下，对我们个人经历的完全接纳。接纳要求我们用开放和好奇的态度去感受生活。这样你就能带着你的感受，过上你想过的生活。接纳的结果是：你的焦点从寻求感受“很好”，转向“很好去”感受（from feeling GOOD, to FEELING good）。

接触当下

从对过去和未来的僵化注意转向对当下（presence）的灵活注意，转向对定向的渴望。

僵化注意表现为对过去的思维反刍，或对未来的担忧，或者像青少年迷失在电子游戏中一样，对当下的经历“食而不知其味”。面对生活的挑战，我们常因为害怕迷失方向，而把目光投向过去和未来。最终却发现自己陷入了过去或未来的迷雾中，而实际上能抓住的只有当下。对当下的灵活注意，或者说对此时此刻的关注，意味着选择关注当下有益或有意义的经历。如果它们没有益处、没有意义，那就选择关注当下其他有益的事件，而不是陷入盲目的吸引或厌恶中。

澄清价值

从对社会目标的依从转向选择自己的价值（values），转向对自我价值和目标的渴望。

人们常试图实现自己的目标，因为他们觉得必须这样做。否则，我们关心的人会不高兴，或者是与他们的观点不一致而让他们不高兴，或者他们会对自己失望。研究表明，这种对社会目标的依从会削弱动机，甚至使人丧失动力。我们可能用这些外部目标来驱动自己的行为，但我们也在暗中怨恨它们，因为它们破坏了我们的发展。实现目标并不能完全满足对自我价值和目标的渴望，因为目标不是在未来（我还没有实现目标）就是在过去（我已经实现了目标）。

价值是你为自己选择成为什么样的人或拥有什么样的品质。比如做一个有爱心的父亲或母亲，做一个可靠的朋友，有社会意识，或者是忠诚、诚实、勇敢。按照价值生活，只有进行时，没有完成时。因为这是一生的旅程。价值为我们提供了一种新的生活方式。这种方式建立在追寻生活意义的基础上，因而具有持久的生活动力。最终，你的价值由你自己来决定。它就像你和镜中人之间的空气。

承诺行动

需要从回避坚持转向承诺行动（action），转向对能力的渴望。

我们总是在建立强大的行为模式——习惯。当我们考虑培养某种习惯时，会倾向于关注完美的结果，比如彻底戒烟。事实上，习惯的养成是一个渐进的过程。如果试图一下子改变习惯，我们的努力就可能会导致如下情况：拖延、不作为、冲动、无法坚持或是成为工作狂。“承诺行动”则是把我们的注意力集中在一小步一小步的培养习惯上。这个过程与你想培养的爱、关怀、参与、创造或其他你选择的价值联系在一起。

这 6 个转向可以更简单地总结为：

（1）保持足够的距离来看待我们的想法，这样我们就可以选择下一步做什么，而不用管大脑喋喋不休什么。

（2）注意我们自己构建的自我故事，获得看待自己的新视角。

（3）允许自己接纳任何感受，即使感到很痛苦或有脆弱感。

（4）以一种有意识的方式而不是仅仅通过习惯来引导注意力，注意此时此刻我们身体内外有什么。

（5）选择我们想要成为什么样的人或拥有什么样的品质。

（6）培养支持这个选择的行为习惯。

最初，我把这些转向称为“支点”，因为英语中的“支点”（pivot）一词来自一个古老的法语单词，意思是铰链中的轴。铰链中的轴将能量从一个方向导向另一个方向。当我们围绕支点转动时，可以将僵化进程的能量引向一个灵活进程。如果我们学会以开放、好奇和自我慈悲的态度去感受情感，痛苦就会成为生活中强有力的盟友，比如被人背叛的痛苦常导致经验性回避。运用接纳技巧，我们可以将渴望被爱和被关心的痛苦能量转向最初的目的——创造我们渴望的关系。

痛苦和目标是同一件事的两个方面。一个与抑郁症做斗争的人很可能是一个渴望充分感受的人。社交焦虑的人很可能是渴望与他人交流的人。你因爱而受伤，而受伤往往是因为有爱。

把这些转向想象成学习舞蹈的动作，就像在地板上摆出基本的步法，和学习舞蹈一样，这些转向结合在一起形成一个天衣无缝的整体。没有它们，舞蹈就不会流畅。当你练习这些技能时，你就会发展出越来越多的灵活性，如同你的舞伴能够保持流畅舞姿，而不是磕磕绊绊，你就更容易和舞伴跳出优美的舞蹈。通过不断发展你的灵活性技能，你就能够不断地从你现有的想法和感受中吸收能量，甚至是从消极的想法和感受中吸收能量，并将它们转化为成长的能量。具有讽刺意味的是，当我们转向时，可以满足更深层次的需求。过去在满足这些需求时，我们使用了看似符合逻辑，实际上却错误的策略。

相对而言，心理灵活性是心理健康的重要组成部分。学习它会让我们培养出更有效的生活和行为模式，或者说是更有效的存在模式。换句话说，心理灵活性技能不仅有助于应对特定的生活问题，如抑郁、慢性疼痛和药物滥用，还能让我们过上更健康、更有意义的生活，让我们的生活丰富多彩。[20]

这些转向看起来令人生畏，但是 ACT 的研究表明，我们可以通过非常简单的方法学习这六种技能，并将其转化为生活习惯。下面我将介绍很多相关研究。这些研究展示了如何转向以及如何培养技能。这些研究也证明了实践这种方法对于成长和生活具有显著的积极影响。

为了现在就让大家了解这些发现，我以一项研究为例。研究人员将数百名经历过可怕化疗和外科手术，正处于康复期的癌症患者随机分为两组，一组接受常规的治疗后护理（如追踪饮食和运动中的生活方式变化，以避免疾病复发），另一组接受 11 次基于 ACT 的简短电话干预，通过电话讨论如何运用灵活性技能来应对癌症康复的挑战。一般来说，发现自己患有严重的危及生命的疾病，这极有可能造成心理创伤。但是在接下来的 6~12 个月里，与常规护理组相比，ACT 干预组的患者不仅表现出较低的焦虑和抑郁水平，而且能更好地遵循他们的新医疗方案（例如，他们开始遵循更好的饮食和运动，这是避免复发的关键步骤）。同时，他们也拥有了更高的生活质量，特别是在身体健康方面。他们对创伤有更高的接受度，创伤后康复状况也更好。

某种程度上，最后的结果是最令人兴奋的。因为它清楚地表明了灵活性在应对生活挑战方面的积极意义。是的，癌症足以让人胆战心惊。但是如果你活下来了，生活就会给你一个学习和改变的机会。这就是创伤后成长的意义。在干预后的 6~12 个月里，ACT 干预组的患者能更好地享受生活，有更多的精神成长，更积极地拥抱新的可能性，更多地关注与他人的关系。他们成长了，把从癌症中康复变成了一种资源——一种个人力量的源泉。[21]

在另一项研究中，我和同事们研究了许多研究人员因其复杂性而回避的人群：多种毒品使用者。[22] 这些瘾君子经常出现在康复机构，他们会告诉大家：“哦，我什么都吃。如果有人告诉我用它的时候会兴奋，那么我会吃一堆消胀丸（顺便说一句，你没有）。”更具挑战性的是，我们选择了那些吸食海洛因等阿片类毒品，并且已经在接受美沙酮（一种合法的长效阿片类药物）治疗但失败的成瘾者。

我们将 100 多名参与者随机分为 3 组：第 1 组继续服用美沙酮；第 2 组在服用美沙酮的同时学习 ACT；第 3 组在服用美沙酮的同时接受一个 12 步互助疗法的干预，如戒酒互助会（alcoholic anonymus，AA）或戒毒互助会（narcotic anonymus，NA）。6 个月后，与那些只服用美沙酮的人相比，ACT 干预组服用阿片类药物要少得多（根据他们的尿液测量值比较）。12 步互助组最初显示出良好的变化，但在随访结束时，它的效果并不比第 1 组单纯使用美沙酮的好。自这项研究以来，数十项关于物质滥用的研究证实，人们可以通过

ACT 来戒烟、减少过度吸食大麻、戒毒或更迅速地戒酒。[23]ACT 之所以有效，是因为欲望不再占据主导地位，价值变得更加重要，不再和不愉快的感觉纠缠，自主选择做什么成为可能。

关于心理灵活性的科学研究已经超过 1000 项，几乎在人类心理机能的每个领域都测试了心理灵活性的功能。这在临床研究中被称为“跨诊断”，意味着心理灵活性广泛适用于各种传统的精神卫生问题（焦虑、抑郁、物质滥用、进食障碍等）。除此之外，ACT 还有更广泛的应用，比如对类固醇滥用的跨诊断应用。与此同时，灵活性也有助于我们应对身体疾病的挑战，更好地处理人际关系、减轻压力、更好地组织商业活动、有效应对体育运动中的竞技压力。心理灵活性的测量可以预测你能否有效控制糖尿病，甚至可以预测冰球运动员的助攻数和得分。[24] 特定的心理灵活性测量还可以预测当糟糕的事情发生时你是否会出现心理创伤，或者预测你能否成为合格的父母。

在本书的第一部分，我会讲述关于 ACT 产生和发展的故事。第二部分则介绍研究中的一些重大发现，比如为什么心理灵活性如此强大；分享许多发展心理灵活性的方法。这些方法可以帮助人们进行最初的转向，进而继续发展相关技能。在这两个部分，我也会分享一些人的故事。他们因为使用 ACT 生活发生了改变。第三部分介绍 ACT 在应对一系列具体挑战中的作用，例如应对物质滥用，应对癌症，管理慢性疼痛，减轻抑郁，戒烟，减肥，让自己睡得更好、学得更好，以及在工作中更加投入和充实。

人们的问题和困难不是靠使蛮力就能解决的，对大多数人来说，根本的改变需要时间。我们的生活从来都不是一帆风顺的，我们的成长也从来不会“停止”，但是方向的改变根本不需要太多时间。就像转弯时绕着你的脚掌轻松旋转一样，创造心理灵活性的核心过程也只需一瞬间，尤其是当你能识破大脑的把戏时。学习如何进行这种转向不需要几年，甚至不需要几个月。在目前已知的 250 多项 ACT 随机对照试验中，有数十项研究显示，仅仅基于几个小时的 ACT 干预就能帮助人们创造新的生活方向。[25]

在众多例子中，有一项研究是我和我的研究生一起进行的。研究对象是已经参加过其他减肥项目的超重者，该研究调查了一天的 ACT 训练对于他们羞耻感和自我污名（self-stigma）的影响。研究发现，即便是一天的ACT训练，也可以减少他们的羞耻感，提高心理灵活性和生活质量。我们并没有设定明确的减肥目标，但是当超重者学会不再进行自我羞辱和责备后，他们在接下来的3个月里减掉了更多的体重，这真让人惊喜。一旦人们不再因为超重而感到羞耻，而是学会带着情绪和想法生活，减肥的效果就出现了。在一项相关的研究中，我们发现超重者的心理灵活性水平与他们减肥能力（坚持锻炼和停止暴饮暴食）直接相关。[26]

我渴望得到的信息是，戏剧性的变化是可能的，而且这并不遥远。大家可能会问：距离转变到底有多远？需要付出多少努力？好吧，让我问你一个问题：如果你想朝着一个方向走，而你却朝另一个方向转动了自己的脚掌，这样距离你的目的地会有多远？这要花多少努力才能到达目的地？

你可能会这样回答我，说只要重新调整方向即可，这几乎不需要时间，也不需要努力。但这事儿说起来容易，做起来却不简单。

你见过婴儿学走路吗？如果见过，你就该知道学走路需要时间，也需要付出努力。研究表明，学习走路的婴儿每小时大约走2400步——足以穿越7个足球场！而且在整个过程中，他们平均摔倒17次。让我们计算一下：这意味着如果一个婴儿只用醒着时间的一半来学习走路，那么他每天会走过46个足球场，且在一天内会跌倒100次。[27]难怪学步儿的父母会感觉很累！即使进行了如此多的练习，初学走路的孩子最初也只能通过小碎步来改变方向，每次调整一点点方向（这就是为什么我们称其为“蹒跚学步的孩子”）。最终，他们学会了这种新的技能。儿童和成人都可以让脚掌平稳地转动，从一个方向转到另一个方向。在走路时不费力气地调整方向，是一项需要付出努力并不断练习才能学会的技能。

好消息是我们“心灵世界的转向”要比走路简单得多。在指导下，你不会像蹒跚学步的孩子那样经常摔倒。

如果我是对的，那么心理灵活性就是以健康的方式解决现代世界问题的一个关键因素。明白了这一点，就意味着我们距离在家里、工作中、社区和内心世界创造更多充满爱和力量的环境不远了。当然，任何人都无法给予保证，但相关研究和实践已经一次又一次地证明：一旦你学会了关键的心理转向技能，距离开始一个健康的改变过程就不再遥远了。[28]

A Liberated Mind

第2章

“内在独裁者”

一个可怕的午夜，我在与焦虑的斗争中跌入谷底。从此之后，我开始认真地研究 ACT。许多患有焦虑症的人，或者曾受物质滥用、抑郁，以及其他令人深陷其中的心理问题困扰的人，或多或少都会有这样的经历。我分享这个故事，不仅是因为它说明回避这种心理僵化是如何让情况变得糟糕的，还因为那天晚上我朝着康复迈出了关键一步。事实上，当晚我运用了六个转向技能中的三个。只不过我对那晚发生的事做了大量的反思和研究之后，才意识到这一点。这个故事说明了“转向”是一种什么样的体验，我们能以多快的速度进行“转向”（通常一次不止进行一个转向），以及这些转向如何让我们在生活中树立新的信念。那天晚上的经历让我相信，我们心理学家需要找到一种方法，让人们学会在跌入谷底之前就转向，让他们真正自由地过上健康、充实的生活。

在那个可怕但有转折意义的夜晚过后，我和我的团队经过几年研究确定了 ACT 模型的核心假设：改变我们与思想、情感之间的关系，而不是试图改变它们的内容。这是治愈和发挥我们真正潜能的关键。如果我没有经历那一晚，没有这一系列的领悟，我想我就不会充分而迅速地理解这些。只能像那只被困在陷阱中的猴子，攥着拳头而无法脱身。

当我们逃避时

其实，我的焦虑一直在稳步增长。在我们系里，引发我第一次惊恐发作的“积怨”已经演变为一场全面的内部冲突。同事们（那些全职教授）以动物的本能方式卷入其中。雪上加霜的是，在我第一次惊恐发作前不久提出的离婚也已成定局。尽管表面上生活和工作进展顺利，但恐慌已逐渐成为我生活的中心。

我用尽一切办法试图控制惊恐发作，却没有意识到所有的控制都是基于同一个有缺陷的假设：它们都试图以这样或那样的方式来逃避、回避或减少焦虑。通过各种必要的手段（情境的、化学的、认知的、情感的或行为的方式）来实现这一目标。当时，我给自己准备了这样一些具体的策略：

- 尽量让自己暴露在可怕的情境中，因为这样会让恐惧消退（得益于人的适应能力）。
- 学习并练习放松技巧。
- 尝试更理性地思考。
- 坐在办公室门边,（当惊恐发作时）可以很容易地逃出去。
- 不要急急忙忙地去参加会议，这样可能会让心跳加快。
- 准备一个借口，以防因为焦虑而需要离开。
- 仔细检查心率，确保它是正常的。
- 喝杯啤酒。
- 开个玩笑。
- 做好充足的准备。
- 避免演讲——让研究生去讲吧。
- 服用镇静剂。
- 说话的时候看着朋友。
- 用舒缓的音乐来分散注意力。

使用这些策略在短期内都不会有什么问题——开个玩笑、自我放松或喝杯啤酒都没有错。有些方法甚至会很有帮助，比如在不同的环境中尝试以更理性的方式思考，或者让自己置身于引发焦虑的情境中。问题是，我的大脑传递给我的基本信息是有害的：焦虑是我的对手，必须战胜它，必须警惕它、控制它、压制它。我对焦虑的焦虑成了我焦虑的主要来源。

当我认为焦虑是我的死敌时，惊恐发作的强度和频率都在增加。在一次团队会议上，我遭受了严重的惊恐发作。没办法，我狼狈地逃离了会议，没给大家做任何解释。另一次是在去开会的航班上。我换了座位，这样朋友们就不会看到我糟糕的状态……当然后来，我又悄悄地换回来了。还有一次发作是在一家百货商店里，当时状况非常糟糕，我都不记得自己是怎么找到自动扶梯的。只记得我坐在床上用品商店展示的床罩后面，偷偷地哭泣。为了防止上课时惊恐发作，我有时会在课堂上安排视频学习，而不是讲课。但即便如此，当遭受严重的惊恐发作时，我甚至无法将光盘插入光驱。很快，没有一个地方能让我感到安全。两年过去了，我 80%~90% 的清醒时间都被用来努力控制自己，不让自己再次惊恐发作。从外表看，我虽然有点儿孤僻和古怪，但总是笑盈盈的，看上去很正常。在内心里，我却在不断地搜寻下一次惊恐发作的征兆。

我如同和一只小老虎生活在一起，一旦它饿了就咬我的脚。当它想要咬我时，我就扔几块牛排来安抚它。这个方法在短期内很有效，但是随着时间的推移，当老虎长得越来越大，越来越强壮时，需要更多的食物才能满足它。我喂给老虎的肉就相当于我的自由、我的生活。随着老虎的成长，我整天的注意力都集中于：如果老虎攻击我，我该怎么办。这令人身心俱疲。最终，连家都不能给我安全感，睡眠也得不到保障。我开始在半夜的惊慌失措中醒来，这充分证明了僵化和回避性的思维过程是一个自动化过程。甚至不需要保持清醒状态，只要受到某种外部刺激，就可以激活这种心理上的恶性循环。

我已经完全被“内在独裁者”掌控。脑海中的声音越来越急切地告诉我，要么回避焦虑，要么战胜它。这种自我判断、恃强凌弱的声音就存在于我们的脑海中。我们可以把它看作大脑中的顾问、法官或批评家。当这些内在声音尽在我们的掌握之中时，它就会很有用。但如果我们让它自由发展，它就会强大到堪称“独裁者”。这个声音可以向我们传递许多积极的事情，比如增强我们的信心，对我们说“做得好”；它可以让我们确信，那些问题不是我们的错；它告诉我们，我们既聪明又勤奋。然而，它也可以轻易地与我们作对，说我们是坏的、软弱的或愚蠢的，说我们没有希望，或者告诉我们生活没有意义，不值得活下去。

这个声音所说的内容是积极的还是消极的并不重要，重要的是它是否支配着我们。例如，一方面，那些积极的内容让我们相信自己是如此特别，以至于别人会暗地里嫉妒我们；或让我们相信自己比别人聪明，是绝对正确的，而其他人则是完全错误的。另一方面，那些所谓的建设性批评让我们自我厌恶，充满耻辱感，生活陷入困境。

这个声音对我们的潜在危险是：我们听命于这个声音，而失去了与现实的联系。它几乎不停地编故事：关于我们是谁，关于我们如何与他人相处，他人如何看待我们，以及我们如何做才能确保安然无恙，做什么才能应对面临的各种挑战。

这个声音一直在下达指令，以至于在这些指令声中我们丧失了自我。我们认同它，与它“融合”。如果要求我们说出这个声音来自哪里，我们自然认为“内在独裁者”所说的就是我们自己要发出的声音，就是我们自己的想法，它来自真实的自我。所以我们称这个声音为“自我”（ego），它在拉丁语里是“我”（I）的意思，但实际上它只是关于“我”的故事。它完全控制了我们，让我们只能听命于它的指令。

在我惊恐发作的那几年里，我就是这么做的。这个声音产生了这样一些想法：“我需要控制自己”“我是个失败者”“为什么我不能解决这个问题”或者是，“我是一个心理学家，我应该能解决这个问题”。事后看来，我能在每一个想法中看到“我，我，我”。关于“我的故事”变得纠缠不清，令人无法抗拒。

事实上，我所有的来访者都诉说过，他们的“内在独裁者”也传达过类似的有害信息。认知行为疗法（CBT）治疗师整理收集了各种消极的自动化思维，并将其编入问卷中，用来评估不良思维模式。例如，最早且最著名的测量工具是自动化思维问卷（automatic thoughts questionnaire，ATQ），[1] 它由两位既是好友又是同事的心理学家史蒂夫·霍朗（Steve Hollon）和菲尔·肯德尔（Phil Kendall）于1980年编制。ATQ测量的是人们消极思维出现的频率，包括“我让人们失望了”“我的生活一团糟”“我再也无法忍受了”“或者我很脆弱”等想法。这些想法与许多不良心理和生理症状相关，[2] 尤其是抑郁和焦虑。

我在临床实践中清楚地看到了这种影响。例如我的一个强迫症患者，她可以详细罗列出可能弄脏他人的所有方式，详细到令人难以置信。忧虑支配了她的大脑，导致她所有的社会功能都在恶化。

鉴于这些想法的负面影响，难怪认知治疗师如此专注于想要改变这些想法。显然，认为自己会弄脏别人的想法是心理问题的根源所在。要想解决心理问题，就必须改变这个想法。

这个结论是合乎逻辑的。但我发现，在与焦虑做斗争时，专注于改变想法只会让我的“内在独裁者”更加强大。我越是坚定地认为要克服恐慌，战胜恐慌，消灭恐慌，惊恐发作的次数就越多。“我必须与焦虑做斗争”，这种想法的阴险之处在于，在短短的几分钟或几小时时间里，努力似乎有了效果，焦虑平息了一会儿。但是几天、几个月或几年过去后，我的情况更糟了。这迫使我重新考虑用新方法来解决问题。

转向面对我们的感受

1981年一个寒冷的冬夜，我醒来时发现左臂刺痛，心脏跳得飞快。我从床上爬起来，盘腿坐在地板上，紧紧抓着那厚厚的金褐色粗毛地毯，试图接受发生在我身上的这一切。胸口似乎压着一块大石头。我带着一种反常的、深深的满足感意识到我的心脏病发作了。这不是焦虑发作，也不是我的病态想法。这是真实的生理上的问题。我意识到心脏病发作了，需要叫救护车。

我记得自己当时在想，我竟然得了心脏病，这是多么奇怪的事情。我自言自语道：这不该发生在一个33岁的男人身上。我的父亲查尔斯在43岁时因心脏病发作而去世，但他是个肥胖的酒鬼，而且烟瘾很大。他是一个充满爱心但心境抑郁的人，放弃了职业棒球手的大好前途，成了一名推销员（他甚至一度挨家挨户推销画笔）。他无法接受这种命运的转变，生活失败得就像一袋散发着恶臭的腐肉，只有杜松子酒和汤力水才能掩盖它的气味。我不抽烟，不酗酒，没有继承他失败的生活，而且即将被推荐到一所州立大学任教。

然而，心脏病发作的迹象是明确无误的。我把两根手指放在脖子上检查脉搏，每分钟至少 140 次。就在这时，一种被确认的满足感油然而生。这……是……真……的……

我大脑中的那个声音变得急迫起来：“你得去看急诊，这不是开玩笑。打电话叫救护车，这种情况下你不能开车。”我停顿了一下，但声音变得更加急迫了，“照我说的去做，现在就去。”

我伸手拿电话准备叫救护车，但是手抖得厉害，电话掉到了地板上。就在这时，奇怪的事情发生了：看着地板上的电话，我有种奇怪的感觉，就好像我站在身体一旁看着自己。时间似乎变慢了，就好像一部慢动作电影。我意识到自己正面临死亡，但我似乎在一个远离舞台的地方冷静地看着自己。我看着自己把一只手伸向地板上的电话。我惊讶地发现那只手犹豫了一下，慢慢地缩回来，放到膝盖上。那只手又比画了一次——迅速地伸出去，又缓慢地缩回来。一次又一次。

看着这一切，我心里想：这真是神奇啊！

我开始想象如果我真的打了那个电话会发生什么。我可能会看到自己被紧急送往医院急救室的戏剧性场面，就像电影预告片中一样。让我感到恐惧的是，我突然意识到这其实是我面临死亡的一部“电影”。“哦，不！”我在心里恳求道，希望自己能够继续活下去，“拜托，不要让我失去生命。”

在我的想象中，一个穿着白大褂、自命不凡的年轻医生漫不经心地走到病床前。当他走近时，我可以看到他不屑的神情。我的胃一沉，一阵寒战传遍全身。我知道他要说什么。

“海斯博士……你没有心脏病。”他满脸堆着假笑。“你……”他停顿了一下，然后深吸了一口气，“你只是惊恐发作了。”

我知道他是对的。我如果不想象打救援电话，那天晚上就不会想象出这样的戏剧性场面。我刚刚的状况只是说明我的惊恐障碍又恶化了，简直是坠入了惊恐发作的地狱。大脑已经说服身体去模拟心脏病发作的症状。

出现这样的症状，没人能救我。我已经尽我所能来克服我的焦虑，但它却越来越强烈。对此，我没有任何办法。

我内心深处突然爆发出一声长长的、奇怪的、令人窒息的绝望尖叫。以前只发生过一次类似的尖叫。那时我一边读大学，一边在一家工厂打工。我被一台巨大的铝箔制造机卡住，差点儿被压死。现在我也有同样的感觉。这不是普通的尖叫，而是面对死亡的绝望尖叫。

那天的确有东西“死去”，但不是我的身体，而是我对自己脑海中声音的认同。那个连续不断的、批判的声音把我的生活变成了人间地狱。

那声长长的尖叫让人绝望。它并不是计划的产物，它只意味着一件事：我完蛋了。

我默默地坐了几分钟。没有计划，没有任何解决方案，没有争论。只希望大脑里的声音停下来——“别再说了！”

然后一些事情发生了。当我跌入谷底时，命运为我打开了一扇门。我发现有一个更好的选择，那就是旋转 180 度，掉转头朝向完全相反的方向。

我突然有了一种清晰的感觉：“内在独裁者”只是一个外来的实体，我却把他当成自己的统治者；我让“内在独裁者”的声音代替了我的意识、我的选择。这种经历就像你完全沉浸在电影里，却突然发现自己正坐在椅子上看电影。多年来，我一直在大脑的支配下迷失自我。突然间，我不再从“我的故事”的角度来看待我的处境，现在的“我”超越了那些基于自我的故事，不管它是好的、坏的，抑或无关紧要的。正在观察一切的“我”，并不能被我的想法所局限。我的想法仅仅是一种想法，一种此时此刻的想法。从更深刻的意义上来说，我就是意识本身。

这是我的第一次转向。我从“内在独裁者”定义的概念化自我转向观点采择的自我。我突然清晰地意识到，我那善于分析的大脑讲的关于我的故事其实并不是真正的我。那些故事其实是我内心一系列思维过程的产物。那些思维过程是我可以选择使用的工具，但我不必听它们的，当然也不能由它们来定义我是什么样的人。

在这个新的视角里，从“按照字面意思理解我的想法”转向把这些想法当作一系列思维过程看待（二者之间的区别只有一根头发直径那么小）。这就是解离。我意识到，大脑中那个声音告诉我的东西不一定比大脑中掠过的其他想法更有“分量”。我不必信任它们。各种各样的想法总是自动地在我们的意识中进进出出，比如“我饿了，也许我该吃点冰激凌”，或者“我希望衣服已经洗好了”。一些不靠谱的想法也会出现在我们的脑海里，比如你以为某个人正盯着自己看，但实际上他压根就没有注意到你；又比如，脑海中突然无缘无故地浮现某些记忆。

虽然我们倾向于认为思维过程是合乎逻辑的，但实际上许多想法并不符合逻辑。各种想法总是无意识地自动产生。我们不能选择出现哪些想法，但我们可以选择关注哪些想法或用哪些想法来指导我们的行为。当然，做到这一点需要技巧。而 ACT 已经表明，我们可以学习这种技巧。

一种有效的解离方法是想象你正坐在椅子上看电影。你完全沉浸在这部电影之中，但你注意到屏幕的一角有一个小窗口，画中画功能正在播放另一部电影。画中画中的内容是编剧正在创作大屏幕电影中的人物对话。它是一部关于电影创作的影片。当你听到大屏幕中人物的对话时，你可以把注意力集中在大屏幕电影的剧情上；但你也可以把目光转向小屏幕，看看编剧是如何工作的。当作者在纸上一行接一行地创作，试图构建一个引人入胜、前后一致，让人看了觉得可信的故事时，你能感受到他的头脑在飞速地运转。

观看你的思维过程是从认知融合向认知解离转变的关键。也就是说，要从观察思维内容构成的世界（大屏幕电影）转向以冷静的好奇心观察思维本身。

冷静地观看小屏幕中的电影是对大脑的一种极大解放。很快，大屏幕中的故事是真是假变得不那么重要，重要的是它是否有用。编剧既不是你的朋友，也不是你的敌人。它只是你的一部分，负责创造各种想法。

一旦我以这种方式看待自己的想法，就能很快从回避转向接纳。我突然明白了，为了让我相信焦虑是我的死敌，“内在独裁者”告诉我要回避自己的焦虑，或让我和焦虑做斗争。因为这个声音，我不得不否定自己当下的感受。因为这些感受是不可接受的，它们是软弱的标志，甚至是即将崩溃的征兆。在那一刻我意识到，编剧给我创作的故事是：做我自己是不合适的。

我也意识到，我比大脑想象的要更自由。我能自由选择自己的行为，而可供选择的行为有无数种。我可以感觉到这种自由，把握这种自由。大脑诉说的内容不是真实的我，而我的那些想法也仅仅是想法而已。不管大脑出现什么想法，我都可以做任何事情。我甚至可以 180 度掉头，和焦虑友好相处。我可以选择感受它，而不是与它抗争或逃避它。

我的人生从此跨入了新篇章。“不！再也不要这样！”脑海中这样的尖叫声有了新的含义：不再逃避焦虑，完全不带防御地去感受我的焦虑。这个故事结束了。如果你不喜欢这个故事，请告诉我。

我开始思考转向接纳，接纳那些我们一直试图回避的糟糕经历，就像我儿时接纳恐龙一样。当我还是个孩子时，经常做关于恐龙的噩梦。在我的梦里，它们会闯入我的房间。即便我躲起来，它们那巨大的眼睛也总能透过窗户瞪着我。我总是害怕地从房间里跑出来。可是不管我怎样努力，都无法逃脱。拼命地逃跑还是觉得跑得很慢。我不停地挣扎，但即使付出巨大努力还是无法逃脱。我一会儿朝这个方向跑，一会儿又朝那个方向跑。实际上，往哪个方向跑并不重要。不管我做了什么，也不管我朝哪个方向跑，它们最终都会抓住我——就在它们抓住我的那一刻，我遭遇厄运的那一刻，我会从梦中惊醒。

一天晚上，在又一次与侏罗纪恐龙进行徒劳的短跑比赛时，我突然想到可以加速这个过程。所以我突然转身，故意朝恐龙的方向跑去，主动跳进它那张长满巨大牙齿的大嘴里。然后……然后我就醒了！虽然不是每次都会想起来用这个方法，但大部分的时候我都是这么做的。渐渐地，噩梦没了。恐龙似乎不喜欢我的新游戏。

这个晚上我再次转身，主动面对内心的恐龙。我意识到恐龙其实就是我自己的思维过程以及它产生的情感。我跳进它的大嘴里，仔细观察，数数里面有多少颗巨大的牙齿。然后，就像我儿时做梦一样，我醒了。只是这次的觉醒更有意义，我做出了重要的人生选择。

从一个人生方向转向另一个方向整个过程所花的时间，要比你理解它所花的时间短得多。实际上，我的这些转向只花了几秒钟时间。我把这种不断增强的自由感和自我解放变成了一种个人独立宣言。“我不知道你是谁。”凌晨两点，我在自己空荡荡的房间里大声对“内在独裁者”说。“显然，你能让我受伤，你能让我受苦。但是有一件事你做不到：你—不—能—让—我—远—离—自—己—的—感—受。（后半句说得铿锵有力）”

“你……做……不到！”

随着宣言的回音渐渐消失，时间不再停滞。我又一次用双眼专注地观察。低头一看，我的双手紧握着。慢慢地松开它们。我体验到了一种延伸感，内心仿佛在用新的手指触摸周围的世界。这是一双完全不同的感官之手，与不久前支撑在地毯上的那双手完全不同。我没有想办法让自己保持平静，也没有想办法让焦虑消失。相反，我只是体验此时此刻自己的感受。

这就像移走了我和我的体验之间的过滤器。就如同你取出耳塞，然后听到了轻柔的背景音乐。我觉得很踏实，很有活力，感觉获得了一种能更清晰地认识世界的能力。“再也不会这样了！”当站起来时，我在心里向自己保证。疼痛的膝盖和脸上干涸的泪痕，让我意识到自己已经在地板上坐了很长时间。“我再也不回避自己的感受了！”

其实，我在遵守诺言方面做得并不好。在很多小事上常常违背诺言，即便是大事也会偶尔违背诺言。但在那个夜晚之后的几十年里，我从未忘记当时的诺言，对诺言的遵守也从未动摇。对这个诺言的遵守是无条件的：不再回避自己的想法、感受、记忆和知觉。我的体验和我就像一个整体，就像一家人在一起一样，同进同退。

当初，在内心深处我并不清楚自己在回避什么。现在，我开始接纳焦虑，看看带着焦虑会发生什么。然后，我才发现在恐慌之下隐藏着悲伤、羞愧以及其他看不到的情绪。但这段旅程始于对自己的承诺：无论发生什么，我都会带着我的一切——“坚强的”部分和恐惧的部分，继续我的生活。

从地板上站起来时，我意识到我拥有的洞察力不仅能改善我和焦虑之间的关系，还能通过新的干预和研究找到更好的方法与来访者合作。没过几天，我就知道必须从科学的角度来理解发生在我身上的事情。它是如何起作用的？

心灵指导、励志博客和自助图书中都有大量关于这种转变的故事。我也不例外。如果你和一个已经战胜了毒瘾、焦虑症或强迫症的朋友聊天，他通常都会告诉你这样的故事：跌到谷底，然后找到内在的资源，开始新的方向。我的案例与众不同之处在于我把它纳入了我的研究。

新的研究之旅

我研究团队中的五名临床心理学博士很快就开发了一个科学研究项目来寻找答案。我知道要做到这一点并不容易，我们必须努力突破 20 世纪主导这个领域的每一种心理学方法的局限性。这其中不仅包括弗洛伊德这样的精神分析学家，还包括人本主义、行为主义，以及当代占主导地位的认知行为疗法。其中的一些方法并不是基于坚实的实验科学研究（如精神分析和人本主义）。有些心理学家过于关注我们思维的内容，而忽视了它对我们生活的影响。例如，弗洛伊德重视记忆和梦的分析；认知行为疗法专注于非理性思维和争议性想法。还有一些心理学家关注思想产生影响的过程，但他们用来解释这个过程的基本理论是不够充分的。

我现在认为至关重要的一系列问题，没有一个研究或治疗的学派能很好地解决它们。比如：“内在独裁者”的声音是如何在我们的头脑中形成与发展的？为什么我们的思维过程如此自动化？为什么“内在独裁者”会产生那么多的信息？我想知道为什么消极思维模式那么容易就被激活，甚至在我们毫无察觉的时候被激活，就像我在睡觉时突然惊恐发作一样。此外，为什么消极的想法如此让人欲罢不能；为什么我们已经理性地认识到这些想法对自己没有好处，它们还能继续控制我们；为什么传统的 CBT 所教导的通过理性辩驳来摆脱它们的方法效果不是很好。

我认为要想回答这些问题需要更好地理解人类的语言和认知。只有知道想法为什么会对我们产生如此大的影响，才能帮助人们有意识地与内在声音保持距离，而不必像我那样被逼到绝境时才找到自救的方法。我猜想这个答案可以帮我们实现很多积极的目标：不仅可以帮助人们摆脱束缚他们的思维陷阱，而对于那些在思维和情感技能上有缺陷的孩子，还可以训练他们理性思考，帮助他们以健康的方式与他人沟通。

没有一种心理学方法能解决所有这些关于人类认知的问题。这就是我和我的研究团队想要做的。我们想要发现一个基于有力证据的科学理解，告诉我们如何预测和影响人们的行为和想法。

当然，我们还没有找到所有的答案。但是已经有了一些发现，使我们能够开发出一些方法来帮助人们与“内在独裁者”的声音解离，并做出关键性的转变——接纳自我感受，然后培养承诺行动的习惯，从而让他们过上更健康、更充实的生活。这些发现为帮助儿童发展语言和认知技能提供了新方法。[3]还有许多其他的积极成果，比如提高运动成绩、成功节食，或帮助非洲社区抗击埃博拉病毒的挑战。我们的发现始于理解前三个转向的重要性，并为人们找到具体的行动方法。这些发现引领我们找到助人的后三个转向。[4]

在接下来的章节中，我将依次介绍这些发现，解释科学原理，并介绍我们开发的模型和发展心理灵活性的简单方法。在接下来的第二部分，我将全面介绍这些方法，向你展示如何将它们应用到你所面临的一切挑战中。

要理解 ACT 为什么如此强大，为什么我觉得有必要开发一种完全不同的心理健康方法，这确实需要更多地了解以前治疗方法的不足，以及大众对心理问题成因的假设里有哪些缺陷。理解这些不足与缺陷也是很重要的，因为先前的传统思想不仅对当前的治疗实践产生了强大的影响，而且许多自我疗愈的观念已经进入了大众文化。尽管这些传统思想中的一些见解和实践仍然非常有价值，但另一些偏离了基本原则，在追求更充实、更有意义的生活中产生了副作用。所以在介绍更多关于 ACT 的内容之前，我们先简单浏览一下之前的传统方法和目前流行的一些方法。

A Liberated Mind

第3章

找到前行之路

如今，人们对人类思维和行为的看法深受心理学和精神病学领域几种主流传统理论的影响，尽管这些理论在科学上存在缺陷。其中一些广为流传的主张已经被证明是不正确的，有时甚至会适得其反。还有一些主张则完全没有得到系统研究验证。了解这些缺陷会让我们更好地欣赏 ACT 的发现和方法。

我们应该期望有这样一种心理学或精神病学的干预方法，它包含一系列能够带来重要人生改变的策略，并且我们能够理解它为什么有效。这种方法应当有广泛的效果，它能够触及人类情绪、认知、生理和动机的深层次方面。广泛而一致的有效性让我们着眼于大局，而不是细节。我们已经厌倦了某些领域对细微成分的研究分析，比如营养学——乳制品中的脂肪是致命的；不，等等，它对你有好处；嗯，好吧，有时它是好的，但有时又是坏的。对于如何生活得更幸福，人们最不希望看到心理学家给出的那些详尽而矛盾的建议。

同样重要的是，要理解这些方法为什么有用，否则你可能会误用它们。比如，对孩子使用“计时隔离”（time out）法的人需要知道使用这一方法的前提是撤销正强化，否则，你可能会隔离你 11 岁的孩子，却没有拿走他口袋里的智能手机。最终，孩子会爱上这个可以随意玩《我的世界》且不受干扰的机会。孩子的坏行为得到了强化，而不是抑制。

要想使一种干预方法真正有用，必须在“为什么”这个问题上有明确、具体的解释（我们将其称为精度），它还适用于多种情况（我们将其称为广度）。为了能够长期有效，这些方法不应该与我们在其他科学领域（如基因或脑科学领域）已知的知识相矛盾（我们将其称为深度）。在心理学领域，这些解释还需要告诉我们为了达成目标，如何以能够在生活中运用的方式做出具体改变（我们将其称为改变过程）。

这些都是最起码的要求。健康心理学知识的消费者需要广泛有效的心理学方法。而心理学方法要想广泛有效，就必须通过精度、广度和深度的变化过程来实现。

这是底线，是衡量一种健康心理学理论是否科学有效的标准。消费者纳税供行为学家开展研究，他们值得拥有这样的心理学方法。

ACT 及其基本过程正好能够很好地满足这些要求。通过下面对 ACT 理论和方法的介绍，你也可以得出同样的判断。ACT 可以解决多种问题，适用于多种情境，并且在解释“为什么”方面比应用心理学中的其他方法做得更好。我知道我在说什么，虽然我对这么大胆的判断有些惴惴不安，但我坚持这样的观点，因为我相信这是正确的。

很少有行为改变的方法真正尝试回答“为什么”这个问题。大部分你所认为的“心理学”对此并没有兴趣。这可能是因为回答“为什么”很难，从来没有人能真正做到。ACT 研究者们则在坚持寻找更多的答案。到目前为止，我们的发现已经带来了强有力的结果。对于“如何”与“为什么”这样的问题，其他传统心理学理论还没有给出一致或广泛有效的答案。

心理治疗简史

20 世纪上半叶，心理治疗领域一直被精神分析和精神动力学理论主导。直到今天，精神分析仍有巨大的影响力。西格蒙德·弗洛伊德（Sigmund Freud）的思想如此有影响力，以至于不仅在心理学领域，甚至在所有科学领域，他都是世界上被引用最多的学者之一。[1] 他是一个细心的临床观察者，其部分观点已经得到了证实，但还有一部分理论没有科学依据，甚至可以说是荒诞的推测。弗洛伊德关注的是问题行为背后隐藏的或被压抑的动机。他有一个著名的观点，即唤起性冲动会导致深层次的冲突和恐惧。人们以出现病态行为的方式来避免这些冲突和恐惧，这种方式被他称作防御机制。弗洛伊德的观点雄辩而有说服力，但他和他的追随者们在刚提出这一观点时几乎无法提供任何实验支持。

精神分析师们花了几十年的时间努力验证他们的方法是否有效，结果发现其中许多方法实际上没多少效果。时至今日，他们对于为什么这样做的解释仍然模糊不清，而且在经验上也不一致。弗洛伊德观点中的许多细节已经被心理学界否定或逐渐忽略。他的理论适用范围很广（似乎适用于所有人），但它并不精确，也没有为具体的改变过程提供充足的证据。

以弗洛伊德 1928 年发表的著名案例“小汉斯”为例。你可以立即感受到，要证明弗洛伊德在他的评估中提出的“为什么”是多么难。汉斯是一个不想去学校，只想待在家里的小男孩。汉斯说他不想离开家的原因是害怕马车，但弗洛伊德从汉斯的害怕中发现了深刻的象征意义和无意识动机。他认为汉斯对他的母亲有着隐秘的性冲动。汉斯担心如果父亲发现这一点就会阉割他。待在家里使汉斯能部分满足与母亲在一起的欲望；或者依据弗洛伊德的推测，可以满足他与母亲发生性关系的渴望，同时也避免了更深的恐惧和冲突感。弗洛伊德的证据包括：母亲在给汉斯洗澡时，他对自己阴茎做出的评论；马的眼罩可能使他想到了父亲的大眼镜；动物的大牙齿使他无意识地想到如果父亲知道了他的隐秘愿望会对他做什么。

看到这里，人们难免疑惑。

弗洛伊德试图找到有用的理论，但他并没有用实验来验证他的理论，并且忽略了病人的行为因素，而今我们意识到这些因素相当重要。例如，在“小汉斯”的案例中，这个男孩曾看到一辆马车在车夫的哭喊声中翻倒。可是，弗洛伊德没有考虑到这种经历自然会导致男孩对马产生恐惧，却偏偏认为是父亲那大得吓人的眼镜引起了男孩对马的恐惧。

平心而论，通过一些研究者的后续工作，[2]现在弗洛伊德的某些观点已经得到了较好的科学支持。例如，防御机制这一概念就有很多值得称道的地方。无论证据有多明显，我们还是会拒绝接受一些关于我们自身的事实，因为它们太令人痛苦了。弗洛伊德将这一防御机制称为否认（denial）。如果真实感受太糟糕而令人难以接受，那么我们就会产生完全相反的感受和行为，这种防御机制被称为反向形成（reaction formation）。ACT 的一个主要功能就是处理这些不健康的回避倾向。

然而，认为异常行为来自冲动与限制的冲突这一观点（例如小汉斯的恋母情结和对阉割的恐惧）没有充足的证据。此外，弗洛伊德提出的方法鼓励对我们的感受和想法进行深入分析，以发现潜藏的动机和欲望。没有证据证明这是一个具有精度、广度和深度的改变过程。深入分析感受和想法对心理治疗是有帮助的，但是如果没有坚实的、经过科学验证的原则进行指导，很容易在这种深入分析中失去方向，进而导致来访者在追求更快乐、更健康的道路上进展甚微。

如今，各种经过改良的精神分析疗法抛弃了该方法中一些原有猜测的臆想成分，开始努力成为循证疗法。这些经过改良的新方法大多强调考察来访者当下的想法、情感，或人际关系（有时包括治疗关系本身）的重要性，[3]学会理解他们的意图和精神状态。其中一些工作基于循证的方法，使精神分析踏上了科学之旅。我个人从现代精神分析理论中汲取了很多养分，特别是关于如何理解他人的精神世界，以及在社会环境中如何看待自己。深入探寻无意识冲突是弗洛伊德方法中最为大众熟知的部分，但是我认为这一方法对于改善心理健康无济于事。

人本主义和存在主义疗法

在 20 世纪中叶，相当流行的人本主义传统在一定程度上与精神分析的臆想特质完全不同。它关注人们如何体验世界，如何看待自己，如何与他人建立联系，以及怎样创造有意义的生活。它关注的核心主题很重要，包括共情、真诚和自我意识。

我对心理学感兴趣是受到了人本主义心理学家的影响。比如亚伯拉罕・马斯洛（Abraham Maslow，他因为发现高峰体验的重要性而闻名）。同时，我也喜欢弗里茨・皮尔斯（Fritz Perls，格式塔疗法创始人）、维克多・弗兰克（Viktor Frankl，纳粹集中营幸存者，专注于创造意义并发展了意义疗法），以及卡尔・罗杰斯（Carl Rogers）。直到现在，我仍然喜欢他们，因为他们关注人的潜能而不仅仅是问题；因为他们对整个人的欣赏和对全人类经验的兴趣。

尽管人本主义者从一开始就意识到了研究的重要性，但他们很难就如何开展研究达成一致。马斯洛认为传统的科学方法根本无法抓住人类经验的本质。[4] 罗杰斯认为需要进行研究来避免自欺欺人，[5] 但他也认为“社会科学知识增长本身就有一种强大的社会控制倾向，会削弱或毁灭人类”。换句话说，他担心如果科学原理可以直接导致行为改变，那么它们可能会被用来破坏人类自由。人类自由是如此重要，以致那些可以改变人类行为的知识都成了人类自由的潜在威胁。

毫无疑问，这是正确的。广告商和烟草公司已经在进行这种研究。赌场、制药公司、食品行业和游戏公司也在做同样的事情。如果列一个清单，肯定不会短。但是退一步讲，你可以明白为什么这种态度意味着人本主义者永远无法证明他们的方法具有广泛的有效性，也无法充分回答那个难以回答的“为什么”问题。这种态度使人本主义者和存在主义者几乎没有足够的空间去研究行为改变的科学，公众只能凭借信念来接受人本主义观点。为此，他们付出了很大的代价。

有些人本主义疗法的图书会介绍 ACT，[6] 我很高兴看到这一点。我们汲取了人本主义传统中一些最好的观点，并且找到方法来克服马斯洛和罗杰斯的担忧，也就是如何科学地验证他们的观点。

行为疗法：第一波浪潮

大部分临床心理学家认为，20 世纪 60 年代兴起的行为疗法和行为矫正标志着心理干预技术开始变得更加科学。这并不完全公平，精神分析和人本主义此时已经有了一些科学依据。但是既能控制良好，又能测量行为改变的研究方法，的确是行为主义治疗师带来的创新。

我岁数足够大，有幸目睹了行为疗法的兴起。我最初在大学里接触到这种方法，部分原因是斯金纳（B. F. Skinner）和其他的行为主义者在如何学习和改变行为方面做出的重要发现，展示了一幅美好世界的迷人画面。斯金纳的乌托邦小说《瓦尔登湖第二》（*Walden Two*）描绘了一个未来世界。在这个世界里，人类生活的环境将会促进更好地合作、更好地养育孩子、更健康的环境，以及更令人满意的工作场所。我被这种理想深深打动，所以 1972 年我到行为主义大本营西弗吉尼亚大学接受博士学位培养。

行为主义者工作的核心是展示行为将如何或多或少地根据随之而来的后果变化。他们将环境、行为和结果之间的关系称为权变（contingencies）关系。如果笼子里的鸽子在啄一个彩色塑料盘后会得到食物，它就会更加频繁地啄这个盘子。这是强化原理的一个例子，如今许多育儿方法都运用这一原理，比如前面提到的“计时隔离”法。行为疗法还得益于生理学家巴甫洛夫（Ivan Pavlov）提出的经典条件反射理论。该理论解释了动物是如何将先前的中性刺激（如铃声）与紧接着呈现的食物联系起来的，这样动物就学会了在铃声响起时流口水。

早期行为主义者已经在人类身上应用这些原理，比如他们会将放松和逐步暴露与恐怖情境相结合，希望减少焦虑并出现更多的自然行为。这就是系统脱敏这一有力的心理学新技术的核心。在这种疗法中，恐怖症患者一边想象能引发焦虑的图片，一边通过肌肉放松技术保持放松。在全盛时期，系统脱敏疗法成为这个星球上被研究最多的心理疗法。通常情况下，这种方法是有效的（现在仍然如此），但今天我们已经很少使用这种技术，因为它最终没能回答“为什么”这样是有效的。

研究表明，这种疗法的放松部分其实并不重要——仅仅是暴露就够了，即使这种暴露仅仅是要求当事人想象自己暴露于恐惧源。[7] 如今的心理学家广泛使用暴露法（通过想象、虚拟现实或者真实地处于恐惧环境中），但通常不再使用放松技术和其他脱敏方法。我们仍然不能确定为什么这样做也同样有效，但系统脱敏疗法的创建者——已故南非精神病学家约瑟夫·沃尔普（Joseph Wolpe）非常执着地去寻找答案，值得我们高度赞扬。

我将行为主义盛行的时代称为行为认知疗法的第一波浪潮。[8] 在这波浪潮中，通过动物实验发现的原理在人类身上得到了系统的验证，许多强大的行为改变方法被创造出来——这些方法至今仍然在被循证科学证明有效的方法列表中。一直以来，行为主义心理学的伟大之处在于，它所关注的行为改变的原理具有精度、广度和深度。但是，当时的行为主义者无法充分解释人类思维的复杂性以及思维在行为中的作用。这并不是说他们对分析人类的思维和情感不感兴趣，与主流观点相反，当他们说“行为”这个词时指的是人类的全部行为，包括思维和感受。但是，他们没有建立一个人类大脑如何工作的好模型。他们没能很好地解释像强化、经典条件反射这样的原理如何造就我们复杂的思维、感受和关心他人的倾向。换句话说，我所知道的行为主义者都是有“心”人，但他们无法真正理解大脑是如何工作的。

行为主义者知道这是个问题，至少斯金纳是知道的。1957 年，他写了一本名为《言语行为》（*Verbal Behavior*）的书，尝试用行为主义的原理来解释我们是如何发展出语言的。这本书非常棒，我从一开始就被它吸引了，但很快我开始担心他的解释太有限了。在我获得了学位，开始试着用他的观点做实验时，这种担心就更多了。在学术生涯的早期，我就断定斯金纳的言语发展理论基本上是错的。斯金纳的理论只能解释言语发展的早期阶段，关于人类认知的观点主要是在早期语言训练中起作用的，特别是对发育严重迟缓的儿童来说。

大多数人放弃行为主义，部分原因在于它无法解释人类的认知。还有一个原因是，斯金纳和其他行为主义者试图控制思维和行为的做法很危险。事实并非如此，但斯金纳的确在无意中助长了人们的这种猜测。因为他写了一本名为《超越自由与尊严》(*Beyond Freedom and Dignity*) 的书，内容是追求极权主义控制方法。对于他的观点被大众所忽视这一现象，他在这本书中抱怨说，像自由、尊严这类花哨的词会阻碍我们找到改变行为的方法。其结果是，这一时期的记者在写到行为矫正时总会将它与精神控制、洗脑，甚至精神外科这类术语联系起来，尽管行为疗法和这些术语从来没有任何关系。这种情况真是令人痛苦。

我曾和斯金纳以及其他早期行为主义治疗师共处很多时间，发现他们绝不是冷血的操控者，而是温暖、关爱他人和给人鼓舞的人。这些人希望以各种积极的方式来应用他们在实验室里的发现——减少能量消耗（后来这成了我学位论文的主题[9]）、使工作环境更加人性化、帮助父母养育孩子，或者是帮助病人学会在家中使用肾脏透析机。但是他们的理论和方法还达不到"广度"的要求。于是，时代文化潮流超越了它们。

传统的认知行为疗法：第二波浪潮

当阿伦·贝克、阿尔伯特·埃利斯等人开始发展认知行为疗法（CBT）时，行为疗法甚至才出现不到十年。行为疗法的一个问题在于无法解释思维在控制我们的行为中所扮演的角色，第二波行为主义浪潮正聚焦于此，并希望纠正这个问题。CBT 没有完全抛弃行为疗法，实际上，它几乎融合了所有先前的行为疗法，例如为了治疗恐怖症而让当事人逐渐暴露于恐怖源的系统脱敏疗法。但是 CBT 增加了许多旨在改变人们想法的方法，这些新方法成为 CBT 真正的核心。

这一理论的核心是：适应不良的想法会导致适应不良的情绪，进而导致异常行为。为了改变人们适应不良的想法，CBT 的先驱们会先询问来访者他们在想什么。然后根据各种理论，挑战那些他们认为会导致病态的想法。基本方法是让来访者理性地思考他们的想法和情感，检验对这些想法、情感有利或不利的证据，然后有意识地采用和研究证据一致，因而相对准确的观点。

CBT 背后的基本论点是清晰而合乎逻辑的，这是它具有吸引力的部分原因。它还有一个好处就是人们对它很熟悉。CBT 的基本概念多年来就是文化智慧的一部分，比如你的祖母可能就指出过你认知方面的错误："亲爱的，你太小题大做了。结果并不总是糟糕的。"但我再次表示怀疑，而且是非常怀疑。

虽然行为疗法是基于动物实验室中数千次关于学习过程的仔细研究，具有很高的精度和广度，但是 CBT 关于大脑如何运作的概念主要基于与来访者的谈话，以及让他们填写调查表而得到的。实际上，CBT 对"思维"甚至没有一个确切的定义！实验科学至今无法充分解释人类认知，而 CBT 也不知道如何填补这一空白。

CBT 确实能带来好的结果，所以我接受了早期 CBT 方法的训练，并将其用于治疗工作中。将 CBT 加入行为治疗中，有助于引导人们了解思维如何支配我们的行为。例如，CBT 的一种做法是让来访者做一份"思维记录"，这有助于他们了解自己的想法以及这些想法带来的影响。我最早的一位来访者矢口否认是他的想法导致了愤怒。他还否认自己的愤怒，即便他已经愤怒得脖子上青筋暴起。我敦促他做一份"思维记录"，追踪想法产生前内部心理和外部情境的状况，以及想法出现后发生的事情。到了下一次会谈时，他好像变了一个人。"我的确有这样的想法！"他宣称，"我发现了这些想法！太神奇了。就在我生气之前，我在想，'这是不公平的！'"

然而，我也发现，有时候 CBT 所看重的认知改变实际上发生在情绪或行为改变之后，而不是之前。看起来是我们的情绪和行为导致了不良的想法，而不是相反的情况，这是 CBT 无法解释的。[10] 当谈到"为什么"这个问题时，CBT 在第二波浪潮中就感到无能为力了。如今，大部分 CBT 研究者在一定程度上都承认这一点。

我决定尝试检验主流 CBT 的解释是否正确。

超越传统CBT

在 ACT 研究初期那段痛苦的日子里，我让我的研究团队将研究重点放在严格评估 CBT 上。我和学生们对 CBT 的认知模型进行了 8 项研究，以此来检验 CBT 对“为什么”这一问题的回答是否正确。在所有研究中，我们的结果都是否定的。

让我来描述一下其中我最喜欢的研究。这是欧文·罗森法布（Irwin Rosenfarb）为完成他的硕士毕业论文而做的研究。在此后很长时间里，他继续从事学术研究。一项重要的 CBT 研究表明，给害怕黑暗的孩子看一个短视频，教他们用不同的想法来应对恐惧。结果发现，经过训练的孩子可以在黑暗中待更长的时间。这个视频非常简单：它让孩子们在黑暗中对自己说一些积极的话，例如“我是一个勇敢的男孩，我能够待在黑暗中”。[11] 根据研究可知，孩子们之所以能在黑暗中待更长时间，是因为他们以更肯定和理性的方式与自己对话。

我认为这种解释可能是错误的。实验者要求孩子们进入黑屋子前，对自己说：“我是一个勇敢的男孩，我能够待在黑暗中！”这其实是对孩子们的一个暗示：如果他们没能在黑屋子里待更长的时间，那就是个失败者。为了避免成为失败者，他们只能在黑屋子中待更长的时间。换句话说，也许这个视频只是设定了一个社会标准，孩子们知道自己会被这种标准衡量。这就类似于父母对孩子说：“我希望你在接下来的一个小时里能好好读书。不要碰电脑！”

为了验证这一想法，我们必须欺骗孩子们，让他们以为没人知道他们看的视频内容是什么。在我们的研究中，恐惧的孩子们独自坐在房间里看视频，就如同上述经典实验中所做的那样。在看视频前后，他们都会被测试能够在黑屋子中待多久。这也和上述的经典实验一样。不一样的是，为了达到欺骗的效果，我们告诉所有孩子：我们准备了很多不同的节目让他们观看，这可以帮助他们减轻恐惧。然后给他们一个有多个按钮的控制器，告诉他们可以用这个控制器来选择节目。

这些孩子被随机分成两组（实验中分组的目的是设置不同的实验条件，而随机分配指的是不同组的实验条件是随机分配的，就像扔硬币一样）。在第一组中，我们离开房间前会要求孩子们先选好节目，告诉他们“我们知道你选了什么节目”。这与经典实验很像，只是我们的实验中提供了许多节目以供选择。在第二组，我们让孩子们不要告诉我们选了什么节目，“因此我们不会知道你看了什么。”实际上无论他们按哪个按钮，看到的节目都是一样的。所以我们知道他们在看什么，只是第二组的孩子以为我们不知道。

结果，第一组（认为实验者知道他们在看什么的小组）的孩子在黑暗中待的时间明显更长了——这个结果和原始研究一样。但在第二组，那些以为我们不知道他们看了什么内容的孩子，并没有在房间中待更长时间。所以 CBT 的这一建议其实是没用的，一点用都没有！甚至连最小的趋势都没有。

对于最初的这个 CBT 研究，我们在“为什么”问题上给出的新答案是：你知道什么其实并不重要，重要的是谁知道你知道这些。认知模型认为，重要的是想法的内容而不是你所处的社会环境。这项研究说明，传统 CBT 中关于“为什么”问题的结论完全是错的。

在我和来访者的工作中，以及克服自身焦虑的过程中，传统的 CBT，尤其是改变认知的方法常常不起作用。在解决我自己的焦虑问题时，使用 CBT 简直是一种折磨，因为它对我日益增长的焦虑没什么效果。但 CBT 已经是那时我们所知道的最好的方法了。那些在我自己身上尝试已经失败了的方法，我却一遍又一遍地让我的来访者继续使用。这让我觉得自己完全就是个骗子。

多年后的今天，大量研究表明 CBT 通常无法以它最初假定的方式产生效果，[12] 至少是不能始终如一地起作用。还有很多认真细致的研究表明，CBT 所起到的作用中，辩驳或试图改变想法的方法并没有什么贡献。实际上，认知改变甚至抵消了行为方法带来的积极效果，[13] 比如鼓励沮丧的人更活跃一些，依然是 CBT 的一部分！现在我们知道 CBT 能有很好的作用，主要是由于行为治疗的成分。许多领域中对“为什么”这一问题令人信服的答案都回避了传统的 CBT。尽管 CBT 仍然是当下行为改变的黄金标准，但是它在行为改变过程中所需的精度、广度和深度都还达不到要求。

第三波浪潮

研究者和治疗师仍在努力接受由于 CBT 的不足所带来的后果。但一个重大的转变正在进行——许多 CBT 研究者正将 CBT 向 ACT 拓展，[14] 近年来这种转变趋势越来越明显。我将过去大约 15 年的转型期称为认知行为疗法的第三波浪潮。

这一波浪潮转变的核心是从关注你的想法和感受转向关注你与想法、感受的关系。具体来说，新方法的重点在于：学会从你的想法中退后一步，注意你的想法，并以开放的心态接纳你的感受。回避或控制自己的想法、感受，会让我们受到伤害；而新方法让我们免于这些伤害，能够集中精力采取积极行动来减轻痛苦。

很重要的一点是，在倡导这一变革，发展 ACT 的过程中，我借鉴了认知行为疗法第一波和第二波浪潮中的关键资源。其中之一是戴维·巴洛（David Barlow）开发的新型暴露疗法。他曾经是（现在仍然是）地球上首屈一指的焦虑障碍研究者之一。我在攻读博士学位时去了布朗大学进行临床实习，他是我的实习导师和心理督导，对此我感到非常幸运。在我离开布朗大学后不久，他开始用新方法治疗焦虑症。这种新方法不再像系统脱敏疗法那样，让患者逐步暴露于他们所害怕的情境中——比如，对于恐高症患者，系统脱敏疗法就让他们一步步攀爬阶梯，最终让他们乘坐玻璃电梯登上摩天大楼。戴维让患者体验逐步提升的内在恐惧感，同时又没有让他们置身于令人害怕的情境中。例如，他会让惊恐障碍患者绕着椅子转圈，一直转到头晕；或者让他们快速呼吸，达到过度换气的效果，直到感觉像要昏倒；或者让他们连续跑步，直到心脏怦怦跳。他的想法是，对于那些你想要回避的感觉，如果它变得越来越强烈时，你都能习惯，那说明你对它们不再那么敏感了，也不太可能会对它们过度反应。就像有恐高症的人会适应逐渐增加的高度。

当时，戴维认为这种方法可以切实减少对恐慌感的害怕。他这种对“为什么”的猜测后来被证明很大程度上是错误的。我的答案和他的观点会略有不同，但是他的结论启发我，导致问题的不是恐惧本身，也不是与恐惧相关的感觉和想法，而是我们与这些感受的关系带来了伤害。这样说你可能不是很明白，让我用戴维研究中过度换气的例子来说明。给一个人布置过度换气任务前，告诉他必须对即将到来的感觉持开放心态——这样的心态意味着感觉内容本身不是问题。不管你过度换气多少次，这样做都会使你血液中的氧气过量而二氧化碳不足，让你产生非常奇怪甚至是厌恶的感觉。让这个人暴露于这种感觉中，对恐怖症患者而言，感觉的功能才是问题所在。换句话说，是感觉促使我们产生相应的行为，比如让我们逃避这些感觉。我认为创造更好干预方法的关键，是找到一种新方法来构建我们与不愉快的感知觉、情绪和想法的新关系。

早些年，我已经将这方面的一些想法记录下来。在本科时期，我写的第一篇心理学论文是关于暴露法的可行性，不仅关注情境，同时还关注对情感的开放。戴维的工作与我早年的兴趣一样，并且帮助我将这个兴趣与正在探寻的行为改变原理联系起来。如果重要的是处理我们与感知觉之间的关系，学会体验而不是消除它们，那么同样的原理可以适用于所有体验，包括想法和情感吗？我就是用接纳焦虑的方法来处理自己的焦虑的。这个经历告诉我，这是解决焦虑问题的关键。

人本主义、正念和人类潜能运动都指出接纳消极想法和感受的重要性。作为 20 世纪六七十年代在加利福尼亚长大的孩子，[15] 我曾尝试过各种方法来控制想法（远离“内在独裁者”），比如冥想练习、觉察身体、吟唱、瑜伽和正念练习。我在洛杉矶读大学时，就接触到了禅宗。我也曾在加州北部的一个东方宗教团体住过一段时间。我还参加了大学里的会心团体（encounter groups）和敏感性训练课程，这是一种长时间的非结构化聚会，主持人会引导小组成员表达他们的情绪反应，尤其是对其他小组成员的反应。这些活动的基本理念是：不论有多不愉快，如果我们对自己的情感和想法足够开放，能自由地表达它们，我们的行为将得到解放，并且变得更加连贯。

从事教授工作几年后，我参加了埃哈德研讨训练课程（Erhard Seminars Training，EST）并深受感动。这是一种大团体觉知训练，是人本主义实践的逻辑延伸。这种训练可以通过与情感、想法建立联系，从而赋予它们力量。我决定试试 EST，因为我的研究生导师约翰・科恩（John Cone）在经过这一“训练”后改变非常明显，这让我无法否认它的价值。EST 没有出专著的传统，但其工作坊效果常好得令人难以置信。它所关注的是心智如何战胜经验，以及觉知自身如何以更加开放的方式为经验生活提供基础。我将 EST 的许多观点都纳入到了 ACT 中。

然而，这些方法（会心团体、EST、吟唱等）都缺乏科学基础，因此可能会被错误地使用。比如，会心团体也可能充满污言秽语，它会以真诚沟通的名义掩盖残酷抨击其他成员的行为。我就曾见过这样的事情发生。甚至一些人本主义大师因利用他们的权力地位对受训者性骚扰而臭名昭著。正念领域也有类似的情况。

如果没有 EST，就不会有我的“地毯之夜”，但是这种大团体觉知训练过于商业化，也缺乏经验支持。这让我更加确信要把 EST 中最好的观点经过科学研究进一步提炼。正念也是非常有价值的方法，但我同样认为需要把它纳入科学轨道。

此后，我和其他研究者对这些流行于 20 世纪六七十年代鱼龙混杂的观点进行了扎实的科学研究。其中一些观点被证实是有价值的，它们已经成为认知行为疗法第三波浪潮中的一部分（比如 ACT）。

大脑和基因

我一直在总结心理学发展过程中发生的事件，但是你或许已经注意到我还没有提到生物学。介绍一下很有必要，既是因为我们中的大部分人已经知道在理解人类行为方面取得的一些生物学重要进展，也是因为心理的生物决定论这一有害的观点如今十分盛行。

当我在 20 世纪 70 年代学习心理学时，许多研究基因影响行为的研究者相信，总有一天我们会发现一大堆导致多种心理疾病的基因，比如能导致重度抑郁症和精神分裂症的基因，而且许多人类行为也将可以很轻松地用基因研究来解释。与此同时，神经科学领域快速发展。一种观点认为只要理解了大脑的结构，就能解释我们如何思考、感觉和行动。大部分行为心理学家认为，行为和心理问题受到遗传和神经生物学因素影响（就像它们受到生活经验的影响一样），而且它们在同一个系统中相互影响。换句话说，心理学具有生物学性质，但是如果将心理学简化为生物化学或神经生物学，那么必然会丢失许多重要的东西。

然而，整个生物学界都不相信我的观点。1993 年，我在加州大学圣迭戈分校行为遗传学实验室做了一次演讲。当我阐述观点——学习会对基因和大脑的运作产生很大的影响时，学生们直接当面嘲笑我。

如今，这种观点一点也不可笑。相反，人们曾经梦想找到心理问题的简单遗传学因素，现在梦想已经破灭。研究表明，我们在行为心理学上的研究总体是正确的。

在 2003 年绘制出完整的人类基因组图谱后，人们原本期望能够在特定基因和行为之间画出一条清晰的线，但这一期望最终落空了。为了能够在基因和特定的心理特质之间找到联系，成千上万人的基因组被绘制、检索，但是想要找到基因和心理特质之间的简单联系却被证明越来越困难。认为是基因“导致”一个人抑郁或乐观的观点被彻底否定。不但仅有几十个基因与任何特定的精神障碍有关，而且它们在发展成精神障碍的可能性方面只占几个百分点。

我们还了解到，我们的身体已经进化出大量的“表观遗传”。表观遗传是指那些影响基因激活并受我们生活经验影响的遗传过程。遗传学家长期以来一致认为，经验不能改变基因，而这在技术上仍然是正确的。现在我们知道生活经验能够决定哪些基因可以对你的身体产生影响，而一些铭刻在我们体内的表观遗传“编码”是可以被遗传的。20 世纪遗传学家们的共识需要修正了。

如果你的祖父母曾在儿童时期遭受过虐待，那么你可能会通过遗传获得一些由这种经历带来的表观遗传效应。研究表明，那些经历过大屠杀，或者儿童时期有过被虐待经历，又或者在第二次世界大战期间差点儿饿死的人，他们的孙辈在基因上会表现得对压力和创伤更加脆弱，因为他们的表观遗传基因与他人不一样。[16]

让我分享一个遗传学上的发现，以说明经验对基因功能的影响是多么复杂。2003 年，研究者们兴奋地发现，一种与大脑中的 5- 羟色胺有关的基因变异[17]和抑郁症以及其他疾病密切相关。在这一最初的“发现了”之后，[18]大量的研究随之而来。很快有研究发现，如果你小时候受到过虐待，基因的变异就会变得很重要。之后更多的研究表明，还有其他几个因素也会影响基因变异的重要程度，[19]这包括性别、种族和社会支持的多少。似乎这些基因对个人经历变得更加敏感，尤其是在遭遇不幸或者缺乏社会支持的情况下。基于这些因素，在相同基因条件下，一些情境中可以预测到较多的抑郁，而在另一些情境中只能预测到较少的抑郁。

现在主流文化的观点是，有心理健康问题的人只是受到了“不良基因之手”的影响。这种观点大错特错。将心理健康问题归因于“不良基因之手”，会让你失去改善自己心理健康状况的动力。

ACT 研究表明，发展心理灵活性会对基因功能产生强大的影响。例如，甲基化的表观遗传过程会干扰身体读取基因的能力。创伤可能导致有害的甲基化，但是学习心理灵活性技能可以消除部分损伤。有证据表明，这是通过改变甲基化来实现的。[20]心理灵活性确实改变了基因的工作方式。

你可以这么说：如果你通过培养灵活性学会对压力不那么敏感，那么身体就会关闭这些反应系统，关闭基因表达开关。这些基因表达开关不是你打开的，而是你的父母或祖父母通过遗传为你打开的。

这是多么酷啊！

大脑是如何控制心理健康的呢？通过学习心理灵活性技能，这个过程也可以被显著改变。如果你有慢性疼痛，在学习了 ACT 课程后，大脑将不再向负责决策的那部分传送过多的疼痛信息。这并不是说你受到的伤害减少了，应该说是伤害在你的思维过程中不再占据那么重要的位置了。[21]

高度经验性回避者的大脑总是忙于留意可能的负面事件。一旦发现负面事件，就会开始做计划，告诉自己该怎么处理这些事情。随着心理灵活性的增强，大脑会安静下来。你进行防御性扫描、做防御性计划的时间会越来越少，因而能够专注于你想做的事情，比如专心工作或者认真倾听朋友的心声。你会有更好的专注度，大脑调节注意的能力也增强了。

是的，大脑控制行为的说法是正确的。但是，行为会改变大脑的说法同样是正确的。只说其中一个而忽视另一个，就像在说“我只能举起 50 磅[㊀]，因为我的肌肉没力气”，却没有注意到你的肌肉没力气，是因为你从不锻炼。

大量研究阐明了为什么 ACT 技术能够引起大脑和基因表达的有益变化。现在我们知道：如果你以健康的方式改变想法和行为，那么身体中有益的变化也会随之而来，甚至影响你身上的每一个细胞。在之后的章节里，我会回顾一些证据。现在，只要不再说心理学是生命科学研究中的“弱者”就足够了。要想理解我们的生理运作机制，心理学正是该项前沿科学研究的核心。

开展ACT研究

当我试图寻找更好的方法来帮助人们改善心理健康，追求想要的生活时，我发现理解人类思维独特的复杂性和遗传学、神经科学一样重要。我意识到：要想帮助人们适应与想法、情感之间的新关系，就必须理解头脑中“内在独裁者”的声音是如何发展出来的。这一点至关重要，因为这种“声音”对我们有巨大的影响力。我想知道为什么它对我们有如此大的吸引力，为什么我们很难忽略它经常给出的坏建议。我也想弄清楚为什么我们的思维过程如此自动化，且难以改变。我希望，我和我的研究团队能够找到方法来中和“内在独裁者”的力量，让人们以健康的方式来应对糟糕的经历、想法和情感。

我将在接下来的两章介绍我们关于人类思维的发现，因为它们能有力地解释 ACT 和其他第三波浪潮中的方法为何如此有效。我们发现，了解一些人类思维的相关知识确实有助于人们接受这些方法。对于人类语言和象征性思维，我们已经了解很多。你会发现这些知识很迷人。今天，我们对人类思维运作方式有了更多的了解。但这些发现中最重要的一点是，它们为我们如何过上更有目的、更有意义的生活提供了明确的指导。

㊀ 1 磅 =0.453 6 千克。

第4章

为什么思维如此自动化且让我们深信不疑

“内在独裁者”是如何控制我们的？

这不是一个抽象的智力问题。理解思维运作方式是人类自由和繁荣的基础。大脑总是捉弄我们，但是一旦我们明白了这些把戏是怎么回事，就不会那么容易被愚弄了。

在经典电影《绿野仙踪》(*The Wizard of Oz*)中，最初巫师以一个可怕的无头人形象出现在多萝西、她的狗和三个同伴面前。当巫师用洪亮的声音命令道:“把西方邪恶女巫的扫帚拿来！”他们畏畏缩缩，冒着生命危险服从命令。然而，当小狗托托拉开巫师的布帘后，他的命令“别管布帘后的那个人”对多萝西他们来说就毫无震慑力了。他们看穿了这个把戏，对巫师的恐惧幻觉消失了。“你这个大骗子！”多萝西哭了，“你是个坏人。”老人从布帘后面走出来，为自己辩护说:“哦，不，亲爱的。我是个好人，只不过是个很糟糕的巫师。”

在 ACT 发展初期，我们研究团队就确信：如果想要让人们从消极思维模式中解放出来，就要揭示大脑内部运作的奥秘。这样人们就能看清“内在独裁者”

的面目，不再自动化地服从。就像在电影里一样，我们并不是因为有个糟糕的大脑而不遵从它的命令。相反，我们有非常好的大脑，只是还有个糟糕的“内在独裁者”。一旦我们不再让想法自动控制行为，就能更好地利用自己的认知天赋。

学者和研究人员一直认为，我们表达思想的方式基本上是象征性的，而且与人类语言密切相关。象征意义使得文字、心理表象与外部世界物体、事件一样真实。我们在文字和它代表的事物之间建立联系，这种联系使我们可以联想到与该文字有关的事物，即使它完全不存在。当我们听到“苹果”这个词时，这种水果的形象会生动地呈现在我们的想象中，以至于能回忆起它的味道和气味。如果我们喜欢吃苹果，那么在听到这个词时甚至会垂涎三尺。这就是为什么我们对经历过的事件有那么清晰的记忆，并带有强烈的恐惧、痛苦、悲伤或快乐的情感体验，就如同事件刚刚发生一样。

虽然这种把纯粹的思维转化为现实的能力可以完成许多惊人的壮举，使得解决问题、创造性想象、交流成为可能，但这也意味着那些完全脱离现实的想法可以说服我们。语言这种象征性现实是我们相信“内在独裁者”所说的重要原因，即便经验表明它让我们相信的和做的事情是有害的。

心理学上缺少对这种能力确切性质的解释，也无法确定它的来源，以及如何改变它。但是，这些知识可以帮助我们“拉开布帘”。

我们与越来越多的同事一起，花了 30 多年的时间进行研究，试图回答这些问题。最终，我们开发出了一种用于语言学习和象征性思维的综合方法。一方面，我们把研究成果应用于教孩子学习语言、推理和解决问题；另一方面，我们将研究成果应用于打破想法对自己的控制。在过去的心理治疗中，我们经常使用一些看似合乎逻辑的方法来清理自己杂乱的想法，但是我们的研究表明这些方法就如同想要把蜘蛛网整理得井井有条，结果搞得一团糟。

人类独有的祝福和“诅咒”

我们用学习语言的方式解释“内在独裁者”为什么如此有力量。研究的一个核心发现是，人类语言学习的方式并不像语言学家300年来所假设的那样。

在研究语言习得过程中一个主导性的错误观点是，意义来源于联想，就像伊万·巴甫洛夫的狗在得到食物之前，听到铃声就会流口水一样。一旦建立这种牢固的因果关系，即使没有食物，狗听到铃声也会流口水。

孩子们学习第一个单词的过程就是基本的联结过程，在单词和意义之间通过特别训练形成联结。渴望孩子叫“妈妈”或“爸爸”的父母深知这一点。我们通过直接联想和使用心理学家所称的“权变”（前一章中也曾提及），教他们学习“当……如果……然后”句式。例如，当我看见这个面孔时，如果我喊“妈妈”，然后妈妈就会挠我痒痒，逗我开心。为了让孩子学会叫爸爸妈妈，我们会指着自己或另一位家长说“我是妈妈”或“那是爸爸”。当他们看到一个物品想知道它的名称时，或者当他们听到一个名称想知道是什么物品时，我们会一个接一个地教他们——瓶子、牛奶、球、玩具、小狗。当他们开始说话时，学会了用正确的顺序说“当……如果……然后”。他们可以使用正确的词来指代一个物品，或者在听到名称时伸手去拿正确的物品，或者通过说出名称来获得想要的物品。

但在大概12个月大的时候，孩子们的语言变成了一条双向通道。所有父母都有过这样的体验，他们的孩子突然说想要某样东西，可能是一个苹果，而并没有人明确教过孩子这个词，他却表现出经历了自然发展阶段的奇迹。孩子们开始明白单词和其意义之间的关系是双向的，也就是说如果单词“妈妈”（Mama）指的是一个特定的人，那么如果有人指着那个人问她是谁，“妈妈”（Mama）就是正确答案。

还没有其他动物表现出这种双向关联的能力。如果你训练一只黑猩猩，让它一看到橘子就指着一个抽象的符号，然后你在一盘水果旁边举起这个符号，那么黑猩猩并不能把橘子挑选出来。黑猩猩只学会了单向关联（从橘子关联到符号）。如果你希望黑猩猩看到符号后能指向橘子，那么必须训练它另一个方向的关联（从符号关联到橘子）。我们会觉得这有点儿奇怪，因为对成年人来说，在单词和其意义之间建立双向关系是自然而然的。

一旦发展出建立双向关系的能力，我们的思维才会开始运转。到孩子 16、17 个月大的时候，让他们听到一个陌生的名称，然后同时呈现一个熟悉的和一个陌生的物体。他们会认为这个陌生的名称和这个陌生的物体是有关联的，反之亦然（我的团队在 25 年前就发现了这一点，是最早发现这个现象的团队之一[1]）。父母们常惊讶于孩子们学习新单词的速度之快，他们没有意识到自己所说的每一个单词都在引导孩子们在不熟悉的环境中寻找相应的事件或对象，并与新单词建立双向关系。

在 20 世纪 80 年代初期，我与一位资历很深的同事亚伦・布朗斯坦（Aaron Brownstein）一起研究儿童的双向关系是如何形成的。[2] 我认为，联想和权变永远无法解释它们，因为它们是一种单向学习。突然有一天，我灵光一闪，认识到：学习语言不是学习联想（associate），而是学习建立关系（relate）。亚伦很喜欢这个观点。作为一名年轻学者，这让我非常高兴。

这种通过推导关系得到的看似微小的理论差异，有助于解释为什么人类的思维变得如此“真实”。它解释了为什么我们的思维过程变得如此复杂和自动化，也有助于解释为什么任何给定的新思维，无论是由当前的某个实际事件触发的还是由记忆触发的，都能通过我们头脑中复杂的思维网络产生连锁反应。

亚伦和我共同提出了关系框架（relational frames）这个术语，它可以用来学习多种类型的抽象比较。因为“关系框架”就像相框一样，是一个可以放入不同对象和概念的结构。例如，下面（见图 4-1）这个框架：

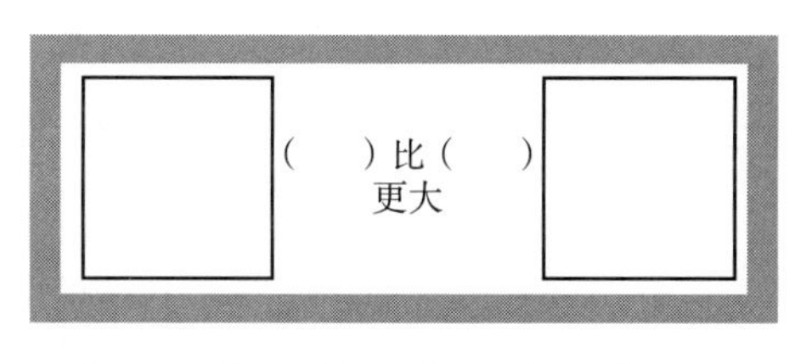

图 4-1　（　　）比（　　）更大

我们可以对一个已经学会这种关系框架的孩子说“房子比汽车大”，也可以说“上帝比宇宙大”。孩子可以理解这些关系，还可以据此引申：“宇宙比上帝还小。”“因为我比宇宙要小，所以上帝比我大。”他们将多种框架组合成认知网络。

双向关系及其产生的网络是我们象征性思维的基本组成部分。我们学习获得的各种关系很快就变得越来越复杂，从单词和具体物体之间的直接关系发展到抽象关系，例如一个物体与另一个物体相比较，一个物体比另一个物体更好或更坏，一个物体比另一个物体更丑或更美，一个物体比另一个物体更有价值。大脑使用语言来理解日益复杂的世界及其运作方式。

如果没有理解抽象关系的想象力，人类的认知就会受到限制。我们意识到这是智力发展的另一个重要起点。孩子们需要几年的时间才能掌握。3 岁的孩子更喜欢 5 美分的硬币而不是 10 美分的硬币，因为他们知道硬币是有价值的（比如可以买糖果），而且 5 美分的硬币在外形上更大。在他们的生活中，“更喜欢”主要与实际尺寸的比较有关，这是许多动物都具有的技能。但是到 5 岁或 6 岁，他们会更喜欢 10 美分的硬币，“因为它更值钱”。他们明白了“更喜欢”可以从物体的具体特征中抽象出来，甚至可以应用到具体特征明显“更小”的物体上。当这种情况发生时，人类就进入了一个猫狗永远无法进入的认知世界。

当我们学习各种关系框架时，会从通过观察世界来推导关系发展到能够想象关系——纯粹在我们的头脑中想象它们。在这一点上，思维过程变得极其复杂。我们正在建立基于关系的越来越复杂的思维网络。为什么复杂性来自对许多不同关系的了解？只要想想大家庭中的关系有多复杂，你就能明白这一点。

假设我把一张 30 多岁亚裔女性的照片和一张 50 多岁白人女性的照片放在你面前，告诉你“这两个人来自同一个家庭。不问任何问题，你能告诉我她们之间的关系吗？”你的回答一定是“不能”，因为她们的关系可能有很多种。你可能会猜想那个年轻的亚裔女性嫁给了年长白人女性的儿子。但年轻女性也有可能是年长女性同父异母的妹妹，因为她是白人女性父亲再婚后的女儿。亚裔女性也可能是年长白人女性的女儿，她们可能有血缘关系，也可能是收养关系。年轻女性也可能是白人女性的堂侄女，年轻女性是白人女性堂兄弟、堂姐妹的女儿。

你不需要知道家庭中每个人之间的具体关系，就能在脑海中勾勒出这些可能性。你可以把所有可能的关系都推导出来，因为你可以抽象地理解家庭中可能存在的各种关系。（难道我们不是根据关系来界定各种亲戚的吗？）这让你可以想象这两个女性之间可能存在的多种关系。如果你被告知她们确切的关系，那么你会据此推测其他家庭成员的关系。因为这种关系是家庭关系网络中的一部分。

最本质的区别是：关系思维要比联想思维复杂得多，因为它允许我们在抽象思维中建构关系，并把它们组合成庞大的网络。通过联想，我们可以根据物理意义上的相似，或根据是否在同一时间、同一空间发生，在事物或事件之间建立联系。但是通过关系思维，我们可以把没有物理联系，或者不在同一时间、同一地点出现的事物联系起来。我们不仅能这样做，还能经常这样做，这使得建构的关系变得极其复杂。

这就是为什么一个特定的想法都可能引起对其他事情的思考。比如，为什么想到你和配偶之间的甜蜜关系时，你会想起上一段恋情是如何因为背叛而痛苦结束的。于是，突然间你会怀疑配偶是否忠诚。你已经通过“相对”关系框架，将你和配偶的关系与你和前任的关系联系起来。许多不必要的想法也是因这种内在关系而被触发的，这就解释了为什么我们会有那么多自动化思维。

亚伦和我将这种学习语言和高阶思维能力的新解释称为关系框架理论（relational frame theory，RFT）。大量研究表明，学习关系对于发展认知能力和自我意识至关重要。例如在对语言障碍儿童的研究中，我们发现这些儿童没有形成正常的自我意识。如果教他们关系思维，他们会发展出更强的语言能力和正常的自我意识。

更让我震惊的是它的临床意义。就像 CBT 试图帮助人们所做的，想要解开这些密集的关系网络并重构它们，其工作就如同重新排列一个巨大的蜘蛛网，徒劳而无功。

试图摆脱这些想法只会增加它们周围的认知网络。建立关系可以是抽象的：任何事物都可以与任何事物建立关系。

你可以自己评估一下我的观点。请你在头脑中想象两个物体，任意两个物体。一旦你这样做了，你觉得第一个比第二个好吗？你很快就能给出答案。第二个是如何影响第一个的？仔细想一想。再给一个答案！如果思维在本质上允许任何事物在任何时候，以任何方式，在精神上与其他任何事物建立关系，那么你怎么能做到只想到理性的想法呢？

我计算了一下：仅仅8个物体和它们的名称就能产生超过4000种关系（物体和物体、名称和名称、关系和关系，以及它们之间的所有组合）。这意味着要花很长时间才能弄清楚我们大脑里已经存在的所有可能的关系。在这个认知网络中，肯定有无数不一致的地方。添加一个新的想法可以改变其他想法，但是改变的方式完全不可预测。

这些发现令人深省。传统的认知观念建立在联结主义理论基础之上。如果这是错误的，那么传统的认知疗法在概念上就是错误的，即便它的一些方法是有用的。由于完全无法控制大脑是如何与外界事物建立联系的，我意识到需要更多地关注思维对行为改变的影响。

关系框架理论还有其他更广泛的内涵，尤其是对人类意识的看法。我意识到单词和物体之间的双向关系已经暗示了这样一种观点：从说话者的角度看，一个对象被称为X；但从听者的角度看，如果你听到X，你就指向这个物体。这就意味着，我们所说的每一个词都包含着换位思考。当我们说话或给自己讲故事时，很容易就在内心建立起一种“观点”。1984年，我在第一篇涉及关系框架理论的论文《理解灵性》（*Making Sense of Spirituality*）中提出了这一主张。当时，我就意识到这可能会导致一种观察性自我的感觉——一个观察者的视角，他从一个特定的角度目睹正在被描述的事物（详见第10章）。

虽然那是一个猜测，但结果证明是正确的。关系框架理论的相关研究表明，在习得了一种特殊关系之后，这种自我意识作为独立的存在才会出现。这种类型的关系被称为“直证关系”（deictic relations），意思是“通过示范来学习”。这是一个晦涩难懂的技术术语，所以在这里我称其为换位思考关系（perspective-taking relations）。所有这些都需要一个有利的着眼点才能被理解，比如知道你在“这里”而不是在“那里”。这样的关系对孩子们来说是很不好学的，因为说话者的“这里”是听者的“那里”，反之亦然。结果，当你去那里时，“那里”变成了“这里”，“这里”变成了“那里”！（你可能会看到孩子们在沮丧地想，“你能拿定主意吗？”）但是通过足够多的示范，孩子们确实学会了换位思考关系。最关键的三组关系是“我和你”“这里和那里”“此刻和那时”。孩子们通常按照人物、地点和时间顺序来学习。[3]

这种神奇的现象通常发生在孩子三四岁的时候。这种关于人物、地点、时间的换位思考关系融合为一种整合的视角：于是从“我 / 这里 / 此刻”（I/here/now）的视角观察的感觉就出现了。就好像，你出现在你的眼睛后面；同时，你知道你的母亲在她的眼睛后面。作为一个有意识的人，你已经形成了一种觉察的感觉，以一种特定的视角生活在这个世界上。这种觉察有一种“出发点”（fromness）的性质。你不仅可以看，而且可以看到你在看，看到你是从“我 / 这里 / 此刻”这一视角去看的。更重要的是，由此出现的自我意识基于象征性关系，它源于多种换位思考关系的组合。

一旦掌握了从时间、地点和人物的视角看世界的技能，你就再也不会把它忘掉。婴儿期失忆症也因此不再出现。这就是为什么你在四五岁的时候可以很容易地通过自我的眼睛来看，但在一岁的时候做不到。“自我”作为意识或视角的一种形式，就像一条线把你的经验之珠串起来。无论你走到哪里，你既在那里，又可以想象自己在别的地方，比如站在中国的长城上。你甚至可以想象自己是另一个人，或者想象当你老了会是什么样子。你也可以给自己讲别人的故事，想象他们正在经历什么，即使你在世界的另一端。在想象中，你可以跨越时间、地点或人物来转换视角。

换位思考也支持更多基于内容和评价的自我故事，但这部分很难控制。随着语言解决问题能力的提高，“内在独裁者”诞生了，这时我们更需要一个自由的头脑。例如，在我们创造自我故事的同时，也意味着将自己与他人进行比较，与社会期望的理想自我进行比较。同样的认知技能让我们感觉到自己是有意识的人，但这种认知技能的副作用是：我们会经常进行自我评判，或过度寻求他人的关注、重视，认为自我具有特殊性而希望引人注目。我们已经开始塑造概念化自我，而这个想象出来的自我常呈现出“真实”自我的假象。我们开始成为故事中的人物，“内在独裁者”完全控制了一切。

问题不在于存在这样一个自我故事，实际上我们都需要这样一个自我故事。但是，当我们完全沉浸在这个故事中——真实自我与想象的自我故事融合时，会出现各种心理健康问题，生活满意度大打折扣。这是因为“内在独裁者”密切注视着故事内容，随时为其辩护，一直评估我们是否在实践它，或者其他人是否相信它。

我们与思维的纠缠苦乐参半。象征性思维不是来自坏的冲动。它源于我们人类作为一个物种根深蒂固的倾向，即要学会合作，有群体归属感，与其他成员和睦相处。人类有三个优势：高级认知能力、文化和合作，这三者让我们与其他物种显著不同。

人类生来就懂得合作。如果两个刚学会走路的孩子想要移动一个长凳，那么很自然，其中一个会尝试抬起一端，另一个则抬起另一端。即使是我们最亲近的动物亲戚黑猩猩（它们也会合作，只是没有人类那么多），也很少表现出这样的行为。进化生物学家认为，我们之所以会出现这种合作冲动，是因为我们生活在小团体中，而在小团体中合作是有回报的。[4]

所以，我们是这样一种灵长类动物：正常发育的婴儿会关心社会依恋和社会合作。婴儿在出生时就带着一定的“心理理论”（theory of mind）技能，这意味着认知天赋让我们通过观察（不需要被告知）就能知道他人的需求。即使是婴儿，也能对他人的意图有所理解。例如，一个成年人和一个正在玩玩具的幼儿一起整理玩具。当成年人指向一个他够不着但是幼儿够得着的玩具时，幼儿会把玩具放进整理箱内。[5]如果一个陌生人进来，用同样的方式指着玩具，幼儿则会把玩具给他。这表明我们猜测他人的需求，以及取悦他人对我们有多么重要——这都是我们的天性。

象征性思维的双向关系始于一个有合作意识的聆听者听到另一个小组成员在说话时使用了一个词语——也许他只是想要某个物品，然后聆听者就把叫那个名称的物品拿给说话者。这种双向的社会关系可以立即扩大合作，提高群体的幸福感。随着象征性思维的内化以及专注于解决问题，心理代价就随之出现了。从某种意义上说，这是一个惊人的成功——我们解决问题的能力在自然界是无与伦比的，但这使得我们简单地把生活等同于解决问题。我们试图控制环境（解决问题），为此付出的代价是丧失了内心的平静。一种可能出现的情况是，我们为了被别人接受，以致编织了一个歪曲事实的故事，把自己塑造为非常有价值、非常可爱的形象。之后却又不相信由此获得的爱。我们把自己和他人进行不必要的比较，这反而会产生更多消极的自我对话和精神痛苦。这样的事情会一次又一次地发生。

如果反思为什么撒谎，我们就可以看到这种歪曲事实的故事产生的过程。有没有想过为什么你会对做过的或说过的事情撒谎呢？这样的事情我们都做过，至少偶尔会撒个小谎。暂停一会儿，你可以慢慢地构想一个谎言，然后带着好奇心觉察当下的一切，就如同一个四岁的孩子好奇地看着自己手里拿着的那个不同寻常的东西，比如厨房里的搅拌器。现在问问你自己：为什么要撒谎？

你不需要立即回答。只是仔细地想一想：当你撒谎的时候，你是如何误导他人的：

- 你忽略了整个故事。
- 你夸大了事实，也许只是夸大了一点点。
- 你调整了一些细节，使得它符合你想要呈现的形象。
- 你否认残酷的事实。
- 你忽略了那些与你当前的形象不相符的东西。

为什么？为什么你要这么做？

新闻几乎每天都充斥着各种谎言：我没有和那个女人发生性关系；这家投资公司不是“庞氏骗局”。因为绝大多数人都不是满嘴谎言的，[6]所以当我们读到这些故事时，大多数人都可以坐下来想一想，并且认为自己不是那样的人。而事实也许是这样的：这种有趣的自以为是其实是一种精神麻醉剂，让我们错过了一个更大的真相——对我们大家来说，我们都很难说出关于我们自己的全部真相。研究表明，在社交场合中，平均每个人会在 25% 与他们打交道的人面前撒个小谎。青少年承认每天会撒谎好几次。

我们大多数人都明白撒谎是要付出代价的。科学研究也证明了这一点。例如，如果对他人撒谎，就会导致我们和这个人的关系质量下降。而且在撒谎时，大脑也没有做好有效行动的准备。如果我们的谎言微不足道、无关紧要，就很难回答这个问题：为什么要这么做?

当然，我们有时是为了物质利益，或者是为了保护人们的感情而说谎。但许多谎言是为了保护自我故事中的一部分——为了给他人呈现出与自我故事相符合的形象。谎言有助于支持我们所创造的“人设”（persona，一个有趣的词。从 persona 引申出人格 personality 这个词。在拉丁语中，它最初的意思是“面具，演员戴的假面具”）。

记得儿子查理为保护自己的自我意象而第一次对我撒谎时，我感到有些痛苦。一个从没见过的小玩具出现在他的房间里，我问他这是哪里来的。我那可爱的四岁的儿子结结巴巴地说，因为他表现好老师给的。我感觉有点儿不对劲，疑惑地看着他。过了一会儿，他突然哭了起来，说是从学校的玩具盒里拿的。“你为什么这么做？”我问。“……是……因为我想要它。”他哭着说。

我难过地想和他一起哭。让我难过的不是他偷东西，而是他失去了纯真。为了保护这一点不义之财，他不得不考虑别人对他的看法（比如我对他的看法），并试图操纵这些看法。他正在学着隐藏部分真实的自己，向别人展示一个虚假的自我。“我是那种老师会给玩具的人，因为我是个好孩子。看，这就是原因。”他开始创造概念化的自我。

无法删除的想法

尽管我们想把大脑讲故事的进程停下来，并改变我们已经阐述的故事，但心智网络的活动很大程度上是自动的、潜意识的。嵌入头脑中的思维模式变得模糊不清。我们可能会被催眠，完全忽略它们在欺骗我们，就像之前的隐喻中我把它比作蜘蛛网。尽管我们非常想把这些想法从脑海中抹去，但在人类的神经系统中并没有删除键。心理学中根本不存在主动遗忘。

甚至那些你已经遗忘的事情也仍然伴随在你左右，蛰伏在你的潜意识之中。这使得你可以更容易地重新学习它们，心理学家称之为“快速再获得效应”（rapid reacquisition effect）。以巴甫洛夫的狗为例，你可以不断地摇铃铛，但在铃声之后没有食物伴随出现。最后，流口水这种行为就不再伴随铃声出现。这种效应被称为消退（extinction）。条件反射消失了吗？不，没有。正如该领域的一位专家所指出的，“消退并不会破坏原有的学习，而是产生了新的学习。这种新的学习尤其依赖于语境。”[7] 换句话说，这只狗学到了“在之前的情况下，铃声会伴随食物；而这一次，并没有食物”。猜猜看，如果铃声响起时，你再次呈现食物会发生什么？流口水行为会立刻再现！

你可能有过这样的经历：原有的恐惧逐渐消失，你感到更加自信。然后，一次意想不到的背叛、批评或悲剧的发生，使你立刻又变成了一个惊恐、战栗的小孩！

消极的思维模式甚至可以被积极的想法或经历所触发，并付诸行动。当我在惊恐障碍中挣扎时，曾试图通过专注于放松来转移注意力。我一遍又一遍地对自己说：“平静、放松。”这句话是从放松录音磁带中听来的，我希望它能让我回想起放松训练时的感觉。所以当我感到焦虑来临时，我就会说“平静、放松”，以此希望焦虑会远离我。

一天，我正在整理桌上的一堆信件，发现自己非常放松。“嘿，”我对自己说，“太酷了！你现在平静而放松！也许你正在进步！”“哪有什么进步？”一个微弱的声音在我脑海里问。我甚至不敢说出回答这个问题所需要的可怕词语。大约 30 秒后，我的心脏猛地跳了一下。“平静、放松”，我心里想着。我反而有点儿担心了。心脏似乎又猛地跳了好几下。“平静、放松”，我内心几乎在呐喊……几秒之后，我完全淹没在惊恐中。

这实际上是惊恐障碍的一个共同特征，被称为放松引起的恐慌。

我花了很长时间试图保持平静，以免让自己担心这两种状态互相胶着。就像我可能会提高嗓门说“热”，然而脑海里却听到“冷”一样。现在我觉得放松了，可转眼就又回到了焦虑状态。

无法停止地建立关系为下面这种说法提供了解释：如果我们试图摆脱一个想法，这实际上是在这个想法与努力消除它的过程之间创造了新的关系。现在我们的大脑中有新的自动化思维涌现：我必须摆脱那个想法。太好了。这是进步——不，不是的。

大量研究表明，我们的思维模式是如此复杂和高度自动化，而我们对自己真正在想什么却知之甚少。几年前有一项经典研究，实验人员先向参与者展示了一组照片，然后让参与者说出一种家用洗涤剂的名字。[8]结果，看到的照片中混有一张海洋照片的参与者比没有看到海洋照片的参与者更有可能说出"汰渍"（Tide，浪）这个品牌。但如果问参与者为什么想到"汰渍"，他们会用"我妈妈用过"来解释，而不是"你刚给我看的照片中有一张海洋的照片，海洋里有浪（Tide），所以我想到了汰渍（Tide）"。

通过一种被称为"内隐关系评估程序"（implicit relational assessment procedure，IRAP）对思维习惯进行精确测量，研究 RFT 的团队已经找到了探究大脑底层秘密的方法。这种方法能让研究人员发现人们没有意识到的、潜藏于头脑中的关系，并说明这些关系是如何影响人们行为的。例如，你已经在大脑中建立了这样一种关系——焦虑是不好的。为了检测这一点，IRAP 会在计算机屏幕上闪现"焦虑"和"不好"两个词。第一次闪现这两个词时，研究人员要求你按下键盘中代表"不一致"的键。接着，屏幕上会出现其他成对出现的词，当"焦虑"和"不好"这两个词第二次出现时，你被要求按下代表"一致"的键。计算机检测到，如果你习惯于认为焦虑是不好的，那么你按下"不一致"键所花的时间要比按下"一致"键多花大约 30 毫秒。多出来的时间是你的大脑在与"焦虑并不坏"这个想法做斗争的时间。

运用 IRAP 测试的研究表明，我们快速的关系反应（如果你愿意的话，也可以认为这是"潜意识思维"）通常比说出来的想法更能预测我们的行为，RFT 研究者称之为延伸和详细阐述的关系反应（extended and elaborated relational responses）。[9]例如，通过 IRAP 的评估发现，如果戒毒者的大脑自动地将毒品与"有趣"紧密联系在一起，即使他们报告说毒品会导致痛苦，真的想戒毒，但他们最终仍然会倾向于退出治疗计划。[10]

表面上看，这不符合逻辑，但在心理层面它是符合逻辑的。

理解 RFT 的一个好处是，在我们踏上“转变”之旅时，它有助于我们带着慈悲心对待自己。我们的大脑就是这样运作的，这不是我们的错。这也有助于我们接受这样一个事实，即看似符合逻辑的解决方案，实际上并不是最好的心理解决方案；而接纳承诺疗法中一些看似奇怪的方法却具有心理学意义。

为了让 RFT 的基本观点更容易被记住，我提炼出它的精髓，并创作了这首小诗：

学习一个，
衍生两个，
放进网络，
改变所做。

这四行诗所描写的就是人类的思维模式。最重要的是最后一行。虽然我们不能删除已经建立的、没有好处的关系和复杂的思维网络，但我们可以学会改变它们的所作所为。我们可以改变它们在我们生活中的功能，改变允许它们引导我们去做的事情。

这样，情况就完全不同了。

打破魔咒的解离技术

幸运的是，当我们研究导致僵化的心理过程时，也发现了一些方法以消除对“内在独裁者”声音的认同。拉开心灵的帷幕，让我们展现内心的想法。想法就是想法，仅此而已，我们不必一定遵从这些想法。我会在第二部分整体介绍这些方法，现在让我先向你展示其中一种方法。

大约一个世纪前，心理学早期创始人之一爱德华·铁钦纳（Edward Titchener）提出了一个练习——快速地大声重复一个单词。[11] 他以此来说明单词的意义是如何迅速消失的。一百年之后，我的研究团队运用单词重复练习作为解离方法。很明显，我们第一个将此方法应用于临床实践。

让我们从一个有强烈感官意义的单词开始。我选择“鱼”，接下来看看你是否还记得煮熟的鱼是什么样子的……它闻起来是什么味道……当你咀嚼它时，它在你嘴里是什么感觉……它的滋味如何……花点时间来体验这些感觉。

很可能现在你旁边没有鱼……但是，通过关系学习，你对鱼的真实反应会在这里得到体现。这些反应得益于你的语言能力，并且语言能力可以解释为什么你在阅读时看到的是墨水或像素，但是你对“鱼”（fish）这个由四个字母组成的单词的反应，与你看到、闻到、咀嚼或品尝煮熟的鱼块时的反应是一样的。这很容易证明，当你想某件事的时候，你的大脑也会以类似的方式运作起来，就像你正在经历这件事一样。

现在让我们看看要消除这种心理错觉有多简单。

请你拿出手表或智能手机，对我们接下来要做的事情进行 30 秒计时。对于接下来要求你做的事，我们已经做了几项研究。结果发现 30 秒是最佳时间，不长也不短。下面就是你的任务：一遍又一遍快速大声地说“鱼”（最好的频率是 1 秒 1 次，这已被研究过），看看会发生什么。[12] 不要考虑太多，只管去说。注意你的视觉、嗅觉、触觉和味觉发生了什么变化。准备好了吗？好，开始！加快速度！

你按要求做了吗？很棒。那么，对于这个叫作“鱼”（f-i-s-h）的东西，你的视觉、嗅觉、触觉和味觉发生了什么变化呢？

99% 的实验在 30 秒结束的时候，“鱼”的语义正在减弱，甚至消失。我们不再感到被其字面意思所控制。相反，我们开始感觉到说出“鱼”时肌肉的状态，或者注意到它的奇怪发音，或者注意到它的读音是如何连在一起的。30 秒后，你可能只会注意到自己发出的“嘘”声（我想，这声音肯定像学校图书管理员发出来的声音）。

这个练习并未消除“鱼”的意义，你仍然知道“鱼”是什么。但是你也会觉察到自己只注意它的发音，你把它的发音和意义解离开了。

这样的变化可能很小，但“内在独裁者”在发号施令时，解离效应足以帮助你做出选择。它有助于中和消极自我对话带来的影响。当我在住院部为物质成瘾者做一项关于羞耻感的研究时，[13] 我强烈感受到了它的效果。在研究初期，第一次会面时我问他们最想要什么。一个看起来很吓人的病人，身上布满文身，穿着带链子的皮夹克。他大声地嚷嚷，对他来说最重要的是不被人骚扰。他用手势解释说他走到哪里都带着枪。如果真有人惹他，他就会用枪来说话。为了以防万一，我下意识地看了看最近的出口。

在下一次团体辅导中，我们做了单词重复练习。从“鱼”开始，然后让小组成员自己选择那些对他们影响巨大的词。上面提到的那个人选择了“失败者”。当他和其他成员一遍又一遍地说着“失败者”时，我注意到他那严峻的、布满皱纹的脸。练习后一个小时不到，我又问他们最想要什么。这个看起来很强悍的男人站起来说，在他毒瘾发作时家人吃尽苦头，他最想要的是成为一个好爸爸。然后，他当着大家的面哭了。

一点点解离练习就可以大有作为。

打破我们与大脑讲述的有害故事之间的融合，打破我们与“内在独裁者”声音之间的融合，有意识地关注有益想法，摒弃消极想法。培养心理灵活性的下一步，是认识到我们另一种强大的认知能力（问题解决能力）是如何被误导的——这种误导致使我们盲目地遵循有害的心理规则，比如我为克服焦虑而制定的那些规则。

第5章

解决方法才是问题

随便拿一件你生活中的事情来举例。比如你去接放学的孩子，结果去晚了。你意识到不可能及时赶到。让你的大脑来解决这个问题吧。它很快会想到一个合适的解决方案，也有可能是好几个解决方案：打电话给你的配偶或者其他亲人，让他们去接孩子；或者打电话给你的朋友，让他临时帮个忙；或者看看你家的保姆能否帮你接孩子；或者打电话告诉学校老师，你会晚点到。

这些主意都不错。

但是，如果我们用同样的方式来解决大脑中出现的问题，结果会非常不一样。想象一下，你去接孩子迟到了。然后，你得处理这样的想法：我真是一个失败者，或者我不够好。你的大脑几乎竭尽所能，立即开始寻找这一额外"问题"的"解决方法"。它会很容易找到一些听上去符合常理的理由，来"证明"你是或不是一个失败者，你足够好或你并非足够好。然后它会提出解决这一问题的方法，通常是否认这是一个问题，并带有很多自责。我们的大脑经常在问题的两端来回拉扯。当出现某个想法时，立刻又会冒出相反的想法。比如当我们认为自己就是最糟糕的失败者时，你会发现大脑提出了反对意见：我也没那么糟糕。当你认为这不是你的错时，你会发现大脑已经罗列了好几条理由来证明那就是你的错。

人们通过学习、推理，告诉自己：我们必须遵循某种解决问题的规则。这是大脑最糟糕的思维方式。制定规则、遵守规则是人类最伟大的成就之一。有了这些规则，我们可以告诉别人他们需要做什么，比如通过规则警告孩子们有风险，或者让他们规划自己的未来；我们可以将学到的规则传授给其他人，或者我们自己记住它。但这些规则也是双刃剑。

ACT 研究项目最早也是最重要的一项发现是：强大的认知能力有可能会伤害我们自己。对语言规则的严格遵守是心理僵化的主要原因。我们过于严格地遵守这些规则，即便是这些规则使得问题更糟糕，有时简直是灭顶之灾，也不会违背这些规则。

在我的咨询实践中有一个惊人的发现，我的来访者以及我自己身上都有一个共性——大脑就如同一个“独裁者”，十分擅长制定并遵守规则。我的这些来访者为了解决自己的问题而制定了一些自己必须遵循的规则。这之后，他们的生活就被这些规则所主宰。在生活中，我们都会告诫自己要遵守哪些规则，而这些规则也的确对我们有帮助。但是问题在于：以问题解决为导向的大脑并不知道何时可以不遵循这些规则。即便有时候它们知道不用再遵循这些规则了，却不知道该如何停下来。

举个简单的例子：一个人在与焦虑抗争的过程中产生了一连串的想法。比如“我真的有些不对劲”“我不知道该怎么办”“我无法忍受这种持续的焦虑”，我们常把这些当作自我感知的结果，而不会将其视为语言规则。但如果我们去细究的话，便会发现这些想法背后都有“规则”。当我们对自己说“我真的有些不对劲”时，言下之意是：如果我可以清楚地描述这个行为，知道它是怎么出现的，理解出了什么问题，我就能利用这些理解更好地控制焦虑。当我们对自己说“我不知道该怎么办”时，言下之意是：如果我要控制这个问题，那么我需要一个可行的计划。当我们对自己说“我无法忍受这种持续的焦虑”时，言下之意是：高水平焦虑是危险的、有害的，对我们的生活没有帮助。这背后的意思甚至是：如果我大声地抱怨，就会有“超级英雄”把我从这糟糕的状况中解救出来。

当我们试图“要求”自己去遵守这些规则时，大脑产生的一系列想法可能非常复杂。在强迫症（OCD）患者身上，这一点更加明显。我曾遇到一个患有强迫症的来访者，她有一个严格遵守的规则——必须保护好她的孩子。为了遵守这一规则，她采取了很多不必要的行为，并为这些行为做了极其复杂的解释。比如，她严禁孩子们进入她的卧室，并且花了很多的精力来确保这样的事情永远不会发生。为此，她不断地警告孩子们不要进入她的卧室；每次回家后，她还会不断地询问以确保他们真的没进卧室。为什么孩子们不能进入她的卧室？嗯，因为他们会去卧室的一个角落。

我问她为什么孩子们进她的卧室会是一个问题。她说在一年前，刷墙工人将一个纸箱子移到了那个墙角。“那又怎样？”我问道。嗯，那个箱子里有原本放在车库的肥皂。“然后呢？”我问。几年前，她曾在肥皂所在的位置看到过毛毛虫。“然后呢？”我继续问。那些毛毛虫看起来像是院子里一棵树上的。“然后呢？”那棵树在三年前曾被喷洒过杀虫剂。“所以呢？”所以卧室的那个角落可能会有毒药，这会伤害她的孩子们。

为了做一个名义上的好妈妈，她的那些想法成了对她的一种折磨。或许更糟糕的是，她也会成为对孩子们的一种折磨。孩子们可能终其一生都会有这样的感受：试图去安慰一个充满爱心但又恐惧、过度控制的妈妈，是多么痛苦！

如果没有对人类认知能力的好奇心和怜悯之心，我可能永远无法与强迫症患者一起工作。我的母亲就是一位强迫症患者。当我还是个孩子时，每当我出门，妈妈总是警告我不要吃院子里夹竹桃的叶子。那是一种在南加州常见的开花灌木（是的，它是有毒的）。房子的一部分是严格禁止我进入的，比如（对她而言）看起来可怕的阁楼。因为在那座阁楼里，她曾用毒饵来杀蠹虫。在强迫症最严重的时候，她会频繁地洗手，以致手会因为过度浸泡而流血。

我知道有一个强迫症妈妈是怎样一种感受。

语言规则如此有力地支配着我们的大脑，以至于与它们保持一定的心理距离会很困难。我希望通过理解这些语言规则是如何控制我们的心灵的，以此来帮助我们破除语言规则的魔咒。

在研究过程中，我受到 20 世纪 70 年代末一系列引人注目的行为心理学研究的启发。其中一些广为人知的工作是在著名行为心理学家查理·卡塔尼亚（Charlie Catania）的实验室中进行的。1985 年我休学术年假时，一直和他在一起工作。

查理和他的同事们进行了一系列实验，探索人们在执行一项简单任务时，会多大程度坚持那些被告知要遵守的规则。这些实验进行了专门的设计，以此来探究人们一旦发现完成任务的更好方法，是否会将先前的规则抛弃。值得注意的是，比起猴子、鸟、老鼠和狗等其他进行相同测试的动物，人类在调整行为这一点上看起来更笨拙。

在这些研究中，被试坐在一台仪器前。[1] 当他们按下按钮后，这台仪器有时（仅仅是有时）会给一个奖励，比如 1 个硬币。在实验开始前，他们会被告知一个规则，比如“按下按钮来获得钱”。假设你现在是实验的主试，你决定将仪器设置为平均每按 10 次按钮会吐出 1 个硬币。这样有时按 8 次就会吐出 1 个硬币，有时是 11 次或者 13 次。次数是变化的，因为你不希望被试准确知道按多少次按钮后就能得到硬币。这会使这个任务变得太简单，测试不出你想要的实验效应。

在实验中，人们会倾向于快速地按按钮。因为按得越快，他们赚到的硬币就会越多。现在你改变设置，机器不再根据按压的次数吐出硬币，而是根据第 1 次按压后间隔的平均时间来吐出硬币。比如平均 5 秒，有时是三四秒，有时是六七秒后，机器会吐出来 1 个硬币。你想看看人们是否会察觉这一变化，并据此调整他们按按钮的速度。毕竟，现在他们不用按压那么多次来获得硬币了，只需要按 1 次而不是不停地按。

在以猴子、鸟和老鼠为被试的实验中（在这些动物实验中基本设置是一样的，只不过硬币被替换为食物，毕竟它们对食物更感兴趣），它们很快就发现了这一变化，并降低了按压按钮的速度。大约每 5 秒按 1 次按钮。然而，人类被试还是会像疯了似的一直按按钮！

行为研究者逐渐发现人类行为如此僵化的原因。[2]如果实验中的人们没有被告知“按下按钮来获得钱”这个游戏规则，而仅仅是被要求去与实验室中的仪器互动，这些被试在实验中就会表现得和猴子、鸟或者老鼠一样好。在这些情况下，人们被教会如何仅仅通过试错来获得奖励。例如，在这项新的研究中，一开始时只要被试手靠近按钮机器，便会吐出 1 个硬币；接着变成按任意次按钮都会吐出 1 个硬币；然后再变成平均按 10 次才会吐出 1 个硬币。每当设置变化后，人们很容易就调整行为，采用新的方法来获得硬币。

研究结果是确定的——被试是否被告知规则会带来不一样的行为。当给被试一个规则或者被试自己推断出一个规则后，被试的大脑就会变得僵化。研究者将这一现象称为不敏感效应。它特指情境发生了变化，却仍然使用原来的规则，迟迟无法调整应对行为的现象。

在 20 世纪 80 年代，我的团队也进行了许多类似的实验，用以探究语言规则的影响。[3]其中一些发现是相当引人注目的。在一个实验中，实验情境和刚才描述的实验很类似，只是仪器设置的变化更加明显。我们想探究被试是否会根据仪器设置的变化来调整他们的应对行为。实验设置如下：在实验进行了一会儿后，机器停止给予任何奖励。我们预测被试应该会在尝试几次后停止按按钮。在一段时间的停止反应后（比如，10 秒），被试的第 1 个反应行为会再次得到奖励。

实际情况是：大部分被试在奖励停止后仍然坚持不停地按、不停地按、不停地按，即使他们没有获得任何回报。[4]随着他们精疲力尽，大部分被试会停一会儿，比如休息 30 秒。当他们继续开始按按钮后，会因为重新开始按按钮的时间被重置而获得奖励。最终他们能意识到应该改变按按钮的策略，暂停才是获得硬币的关键吗？大部分人并不能。他们再次像疯了一样按按钮！有时他们甚至会大叫：“仪器刚才一定是坏了，但现在又好了。”过了一会儿，他们又会说：“我想它又坏了！”

我们可以从一对假想的夫妻案例，来看日常生活中遵循规则的不敏感性。

让我们想象一下，这个假想的丈夫和许多其他男性一样，已经完全掌握了工具性规则“如果你有问题，你就需要想办法解决它”。假设妻子告诉丈夫，她和她的同事、上司在工作中遇到一个问题，而这个问题使她很难成功完成目前的工作任务。她的丈夫立即提供了一些可行的解决方案，然而（对他而言很奇怪的是）妻子感到很恼火。

也许他的妻子真正想要的只是耐心的倾听。对她而言，重要的是她亲爱的丈夫认可她情感上有多难过。他的“解决方案”让人感觉居高临下、麻木不仁，况且这个方案对她毫无用处，所以她会恼怒。但是，当她的丈夫发现他的方法根本无效后，他会怎么做？无论经历多少次这样的失败，他都很难转变策略。因为在他的建议背后是“有问题就要解决”的规则。他更有可能会重申自己的“解决方案”有多么好，虽然这不可能有效果。或者他会试着提出新的建议，只是这一次声音会更大点。如果他的妻子露出沮丧的神情，甚至大声呵斥他：“你怎么这么笨！”那么这位丈夫可能会长篇大论地解释为什么他的建议是有用的，并解释说自己只是想帮忙。

丈夫们请注意：闭嘴！

一旦你内化了一些规则，诸如“如果开始你失败了，那就再试一次”“一个好的解释是说服某人的最好方法”，这些规则说起来很容易，但真正实施起来是真的、真的、真的很难！

这个例子和我一点关系都没有哦！

心理僵化的三个核心认知效应

当我和我的团队深入探讨：为什么我们如此严格地遵循规则（这个结论和其他研究者的结论是一致的）时，发现三个核心认知效应导致了这一问题。我们把第一个核心认知效应称为确认效应（confirmation effect）。人们对那些要求自己遵循的规则如此着迷，以致扭曲自己的经验来证实那些规则是正确的。例如，一个赌徒心里可能会出现这样一些规则，“现在该玩骰子了！”或者“我应该增加赌注，因为我现在手气正旺。”事实上，每一次掷骰子的赢钱概率都是独立的，与前面赢钱还是输钱并没有关系。掷骰子能否赢钱从来都是一个随机事件。根据对手气好坏的自我感觉来下赌注是非常鲁莽的行为。但是如果你去掷骰子赌博，很容易就会有这样的错觉——我能把握赢钱机会。所以说，确认效应会扭曲我们收到的反馈。此外，确认效应还干扰了我们开放式学习的能力（不是基于某种强加给自己的规则学习）。有些事情需要通过不断试错来找到解决方案，而不是事先设定某个方案。

60多年前，行为心理学家拉尔夫·海夫林（Ralph Hefferline）做了一个精彩研究。[5]这是一个干扰学习的有趣例子。进行这项研究时，人们还无法借助计算机和相关技术很容易地观察情绪和身体反应。拉尔夫想方设法制造一台能够探测肌肉微小运动的装置。什么样的微小运动呢？微小到当肌肉发生运动时，当事人甚至不知道他们的肌肉已经发生了运动。

实验时，被试从头到脚都被布遮盖着，这样做是为了掩盖实验的真正目的。实验的真正目的是看看被试能否学会稍微动一下大拇指，以此来关闭一个巨大的噪音。被试的视线被布挡住，因此并不知道在这个任务中具体涉及哪些动作。他们只是被告知在学习如何关掉噪音的同时，会受到生理上的监控。

如果给予被试极大的自由，没有任何规则需要遵守，那么大多数被试可以通过试错学会如何关闭噪音。他们有时会自然地让大拇指稍微移动一点点（动作非常小，并不明显）。这个动作的回报是噪音因此被关掉。因为这个小小的动作获得了强化，被试开始越来越频繁地重复它。在这个实验中，真正吸引人的是：这个动作是如此微小，以至于被试都没有意识到自己做了这个动作。当被问到他们做了什么来关掉噪音时，他们会报告一些无关因素。比如，他们会报告自己正在想着在海滩上度过愉快的一天。

实验中的另外一组被试则被特别告知要遵守的规则是：他们必须学会很轻微地动一动他们的大拇指。必须是很轻微地动一下，轻微得甚至他们都感觉不到大拇指动了一下。然后给他们同样的时间来完成关闭噪音的任务。但是，这组被试中大部分人都无法准确地掌握大拇指的这种细微运动，且运动幅度总是偏大。在这个实验中，一个明确的动作规则反而干扰了学习。被试总是试图去确认自己是否遵循了给定的规则。可是就在他们这么做的时候，关闭噪音的大拇指运动幅度已经超过了要求。

那些曾经打高尔夫球、打棒球、演奏快速而流畅的音乐、跳快节奏舞蹈的人，肯定都体验过头脑给他们带来的烦恼。头脑会制定一个规则，然后不断地确认你是否遵循了这一规则。

这种学习干扰就是我们难以逃脱大脑这个“独裁者”控制的原因之一，你不能给大脑制定一个规则。如果我们被给予一个规则，也不应该被这个规则所控制。话虽如此，可是实际上并没有用。因为我们常会陷入不断确认自己是否遵守新规则的陷阱中。瞧！我们又一次迷失了方向。

我们把第二个核心认知效应称为一致性效应（coherence effect）。因为对某些情况发生原因的准确评估可能极其复杂，所以我们的大脑通常会简化评估，对这些情境进行非常简单的解释。这些解释符合一个或一组规则要求。例如，一个与妻子沟通困难的丈夫可能会认为妻子是个爱发牢骚、好斗的人，或者是总对他有负面评价的人。其实，在他内心深处，很可能已经将“这个女人是个疯子”或“你永远无法取悦她”这样的规则内化了。大脑忙于努力使各种规则很好地整合在一起，而这一工作很大程度上是在潜意识层面完成的。这样做的后果是我们创造了关于自己和生活的故事，并用这些故事来掩盖复杂而模糊的真实情况。

一致性效应是如何阻碍我们的心理健康的？这在有偏执想法的极端个案身上表现得很明显。在与来访者工作时，我绝不会挑战这些偏执想法。例如，一个精神疾病患者认为他正受到他人的骚扰。在他的精神世界中，他人正积极地以不为人知的方式来破坏他潜在的成功。而他人之所以这样做，是因为害怕他丰富的学识和巨大的影响力。其中，具有精神病性症状（如幻觉或妄想）的患者通常缺乏换位思考能力。例如，一个精神分裂症患者自己制作了一张最高法院的工作证。但他无法意识到自己在公交站台向陌生人出示这个工作证时，大家露出的鄙视神情。同样，缺乏换位思考能力的来访者无法充分理解他人的动机和行为。当申请一个工作，最后却没有被录用时，他可能将失败归咎于他人。大脑会努力保持一个连贯一致的故事。如果我质疑他的这个想法，你可以猜测来访者会如何看待我（提示：我很可能不再被来访者视为一个具有支持和关怀特质的治疗师）。

我们把最后一个核心认知效应称为遵从效应（compliance effect），意思是我们通过遵循规则来赢得规则制定者的社会认可。行为心理学家将这种对规则的遵从称为顺从［pliance，罗布·泽特尔和我在20世纪80年代就根据“compliance”（服从、遵从）创造了这个词，目前心理学领域已经广泛接受了这个新词］。顺从对我们的控制可以追溯到很早。在成长的早期，父母就教导我们要毋庸置疑地遵守各种规则。比如，不要拉狗的尾巴，不要玩马桶盖，不要往墙上的插座孔里塞东西；不管在街上玩球多有趣，都不要到那里玩；不管在床垫上跳跃是多么有趣，都不要爬到床上。如此繁多的规则让年幼的孩子感到烦恼，有时甚至是愤怒。如果孩子们不遵守这些规则，就会招致父母臭名昭著的反应“因为这是我的规定”。当然，父母通常有充分的理由来要求孩子严格遵守这些规则。比如，你不能让孩子通过试错才知道在街上玩球是一种危险的行为。

但是对于成年人来说，顺从是另外一个问题。[6]就一个普遍被要求遵循的规则来说，“做别人希望你做的事情，否则他们不会喜欢你。”尽管试图获得别人的认可偶尔会产生满意的预期，但严格遵循这个规则会导致人们忽视自己的需求，甚至最终会导致许多心理问题，如抑郁症。

我们所有人都在某种程度上会受到这三个效应的影响。我们无法避免规则深度融入我们的大脑。当然，我们也无法完全回避规则，其中一些对我们还是非常有用的。问题是这些规则变得根深蒂固，以致即使它们毫无用处，我们也无法挣脱它们的束缚[7]。

好消息是ACT研究已经发现了许多简单而高效的方法，来打破规则对我们的过度控制。为了让大家看看打破无用规则的咒语有多么戏剧性，让我讲一个成功的ACT案例。

爱丽丝开始接受ACT咨询时，她已将近十年没有工作了。她曾是瑞典斯德哥尔摩市的一名商店经理，工作记录良好。但是在2004年爱丽丝的儿子去世了，很可能是自杀。“然后我的世界崩塌了，”爱丽丝说，“我再也不想睁开眼睛了。”

在儿子去世后的几年里，爱丽丝变得有点儿自我封闭。一位医生诊断出她患有纤维肌痛综合征。这是一种不为人知的综合征，包括广泛疼痛、睡眠困难、肌肉僵硬和其他一系列症状。确诊之后，许多处方药，诸如止痛药、镇静剂和肌肉松弛剂随之而来。爱丽丝在这种阴霾中生活了多年。

然后，她开始接受乔安妮·达尔的治疗。乔安妮接受过 ACT 的培训，已经是一名 ACT 研究者和相关图书作者。她在开始治疗时，问爱丽丝生活中真正想要的是什么。爱丽丝回答说：“我想让自己平静下来，有精力去做我想做的事情。”这是一个非常棒的开始。

乔安妮问爱丽丝，是什么阻碍了她这样去做。部分原因源自她纠缠的童年记忆：有一天回到家，发现父亲酗酒后对母亲家暴，以致母亲浑身是血。“我就像关机了一样。”爱丽丝告诉乔安妮。“为了生存，我必须控制自己的感情。”她说，“我学会了遵守规则，学会了保持安静和警惕，压抑自己的需求。”正如我们的研究显示的那样，她高度的经验性回避来自一些纠缠在一起的想法。这些想法告诉她需要控制自己的情感，或者她不能离开家，甚至不能哭，因为不这样做就会导致她无尽的痛苦和失落。乔安妮花了一些时间来引出这些想法，但她没有试图挑战或改变它们，而是让爱丽丝把它们写下来。然后把写了想法的纸条塞到爱丽丝的衬衫里，问她：“如果你把这些想法带在身上，就如同把写着想法的纸条带在身上一样，那会怎样？”

乔安妮还和爱丽丝探讨了结束咨询后她会去做什么。爱丽丝说她要重新工作。乔安妮开始模仿爱丽丝大脑中“独裁者”经常会说的话：“你知道你根本没法工作！谁会想和你一起工作呢？”爱丽丝听到自己大脑中“独裁者”经常说的话很吃惊，忍不住大笑起来。然后她说她会打电话给公共就业服务部，请求他们帮助自己找一份工作。

“你在干什么？”乔安妮模仿“独裁者”大叫着，她从爱丽丝的衬衫里拿出另一张纸条（内容是：算了吧，我们去拿镇静剂吧！），朝爱丽丝挥了挥。爱丽丝只是笑了笑。她已经放弃了“独裁者”的声音，认为它的规则是荒谬的。这个转向帮助她和真实的自我、内心的渴望重新建立了联结。

她不再坚持认为自己是一个因父亲对母亲家暴而受到创伤、不得不隐藏任何弱点、否认任何痛苦的女孩。她可以看到她并不像自己认为的那样坚忍、无情，而是一个情感丰富的人。她还可以看到，现实世界中没有人能够真正控制她，没有人能够让她一直坚持禁欲主义的标准。没有人要求她遵从那个自我概念——爱丽丝强加给自己的自我概念。这些认识使她能够找到她和乔安妮讨论过的，她渴望的那种平静。

换句话说，她做到了解离和与真实自我的联结。她明白大脑“独裁者”告诉她遵循所有这些规则的声音不是她真实的声音，而是她强加给自己的声音。这意味着她可以自由地倾听这些规则，不是把它们作为必须遵从的命令，而是简单地作为进入她头脑的想法。她可以根据它们是否符合她的利益而承认或使用它们。这些认识反过来帮助她开始接纳儿子死亡的痛苦。她能够感受到自己是一个情感丰富的人。

爱丽丝在那次咨询后就停止服药了。她开始找工作，最终在口腔诊所找到了一份工作。她的案例说明，我们有时候可以很容易进行转向。

一旦我的团队和我明白如何与我们的想法和自我故事解离，我们就可以解放自己的大脑，把注意力集中在建设性的观念上。于是，我们尝试开发更多解离技巧。其中一个非常简单的练习是这样操作的：要求参加者注意他们的想法，同时不要让这些想法控制自己的行为。[8]比如让他们在拿起笔的时候想“我没办法把这支笔拿起来”。这个简单的练习被证明能极大地减少想法对人们行为的影响。我们通过解离练习后被试是否选择去喝酒来验证解离的有效性，因为人们根深蒂固地认为喝酒有助于缓解压力。

我们还帮助人们认识到试图控制他们的想法并重组它们，反而会增强这些想法的控制力。例如，我们会告诉人们尽量不要想巧克力蛋糕。他们发现这个想法会让他们更想吃蛋糕，甚至立刻就买一块尝尝。当我们带领他们完成这个练习时，人们很快联想到了他们曾试图控制自己的某些行为，但最终适得其反的情景。例如，有人在深夜大脑里不断地冒出这样的想法：“不能吃夜宵，吃夜宵影响体型，吃夜宵不健康。”结果最后却狂吃冰激凌、薯片或甜甜圈。

当我们发现大脑中的想法会给人们带来那么多的伤害时，心理学领域的其他研究人员也得出了类似的结论。一位是已故的尼尔·雅各布森（Neil Jacobson），他是一种叫作行为激活疗法（behavioral activation）的创始人。这种疗法对于治疗抑郁症很有效。他发现，人们越是相信自己行为背后大脑的想法，就越容易抑郁和焦虑。[9] 我们要求来访者考虑他们行为背后的想法可能是有缺陷的。为此，我们开发了更多的练习来帮助他们接纳这些想法，其中一些练习将在本书第二部分中介绍。这些练习有助于我们意识到，大脑中的想法有它自己的特点，但这些想法对我们行为的影响主要来自我们与想法的关系，来自我们是否根据想法采取行动。其实，如何选择完全取决于我们自己。

尽管有时我们可以像爱丽丝那样很快地解离和自我转向，但这并不意味着我们面前没有艰苦的工作。我们一直避免的痛苦不会简单地消失，未来等待我们的艰难经历也不会自然消失。在创造这些转向的过程中，我们致力于发展解离的能力，让我们与我们的想法以及这些想法编织的错综复杂的思维网络保持距离。在这段旅程中，我们几乎肯定会再次被大脑“独裁者”的声音吸引。大脑不断念叨的关于我们是谁的无益故事（比如我们的经历是如何伤害自己的），肯定会再次出现。我们肯定会陷入欺骗自己和他人的陷阱中，再次试图增强我们的自尊，树立我们所坚持的自我概念。关键是要抓住问题的核心，注意我们何时再次与大脑“独裁者”的声音融合。你可以短暂地处于融合状态几分钟或几小时，但千万不要一直处于这种状态。如果我们睁大眼睛，保持警觉状态，即使是偶尔的融合也有助于学习。

当情境、想法和情绪击垮我们时，这些方法能够帮助我们重新恢复平衡。这就是使用ACT的解离方法并和真实的自我联结如此重要的原因。我将在第二部分介绍的练习，以及在这里介绍的词语重复练习，都可以很好地融入我们的日常生活中，进而不断发展这些灵活性技能。随着时间的推移，与我们的想法解离，并与真实的自我联结就成了我们的第二天性。每当我们面临有可能再次激活消极模式的新挑战时，就可以运用这些技能。当我们开始努力接纳糟糕的想法和情绪时，这些技能就会非常有帮助。

第6章

直面恐惧

ACT 在 2006 年迎来了让它出名的 15 分钟。已故的约翰·克劳德（《时代》杂志记者，后来成了我的好朋友，这本书也是献给他的）写了一篇关于我的工作故事，题为《幸福并非常态》。我从没和他讨论过这个，但我知道他为什么认为这个题目是合适的。我们需要直面痛苦，这一原则似乎在暗示必须放弃对快乐的期望。对于你那遵循逻辑原则的大脑，它接收到的信息听起来就像在说“你注定不幸福，要想幸福你必须消灭痛苦”。

我想，既然很容易推断出这个令人悲伤的信息，ACT 就能够流行起来，这令人诧异。

与你接收到的信息恰恰相反，生活其实是一段精彩的旅程，即便它伴随着悲伤。但是，你只有把“内在独裁者”设置的目标“一定要感觉良好”抛到一边，才能拥有真正快乐的旅程。

从我自己战胜焦虑的经验中，我了解了接纳有多难。为什么呢？首先，正如前面所说，我们受到文化观点的大力鼓励，试图否认或消除我们糟糕的想法和情绪。有些人是从父母的命令中学会了这样做。父母会告诉一个哭泣的孩子，“安静！没你想的那么糟糕！”或者“别哭了，我会把你想要的东西给你。”当然，各种自助图书、杂志、广播和电视也充斥着这样的建议。畅销书说，我们能够也应该学会感觉良好，管理好焦虑，或者摆脱抑郁，却没有多少如何从自身经验中学习的信息。我们的药方是抗抑郁药、抗焦虑药或抗精神病药，这似乎在暗示消除抑郁、焦虑是我们唯一明智的目标。我们的心理疾病被称为“心境障碍”“思维障碍”或者“焦虑障碍”，这再次助长了这样一种文化观点：任何痛苦都是我们的敌人。我们必须把这些无用的信息放到一边，创造空间来尝试真正的新事物。

很难去接纳的另一个要命的原因是我们强烈的“或战或逃”本能。在应对外部世界对身体的威胁时，这种本能对生存至关重要，即便今天也是如此。得益于人类语言技能的发展，我们的内在感受变得更加生动。对那些具有威胁性的内部体验（痛苦的想法和感受），也表现出同样的反应方式（或战或逃）。在我们的精神世界里，象征性思维能力可以把任何情况都当成威胁。

最重要的是，我们的机体发展出了对逃避行为的奖励机制。在你逃避困难或可怕的情境时，大脑的激活区域、释放的化学物质（这些物质标志着你获得了积极回报）都是一致的。[1]“啊，”你的身体说，“感觉好多了。”如果你能够躲避角马的攻击，那么你的身体所做的选择就是正确的。但如果你想避免在工作中因为公开演讲而产生的焦虑，那会怎样呢？同样的化学物质会阻碍你实现目标。

很多时候，生活不顺是因为我们所做的事情是以更大、更迟到来的代价来换取更小、更即时的好处。回避行为引发的即时满足感欺骗我们放弃长远的利益。短期收益与长期目标相一致的发展才是健康的。所以，关键在于利用象征性思维选择那些当下的行为，应该是只要坚持就能够带来丰厚长期回报的行为，即使目前实践这些行为存在难处。

当然，说起来容易做起来难。一旦开始奋勇前进，就会感受到我们一直在回避的痛苦。这时“内在独裁者”就会对我们大喊大叫，敦促我们再次使用回避的方法。

我明白，想要发展ACT，其中一个关键组成部分是创造出一些方法来帮助人们首先发生转向，理解接纳的需要，然后再培养接纳的能力。

20世纪80年代，当我和我的团队开始研究ACT的接纳方法时，大量的心理学研究表明，回避痛苦的想法和感受对我们的身心都是有害的。人本主义心理学几十年来一直倡导接纳这一理念，同时其他一些心理学流派也赞成这一理念，比如理性情绪疗法就提倡将无条件自我接纳作为目标。只不过缺少的是帮助人们停止回避的强大方法，以及一种能够将接纳和有关改变的其他关键特征联系起来的理论。

我们开始设计一些方法，运用解离和自我觉察的技术来应对接纳的恐惧和痛苦。学会与“内在独裁者”的声音解离，有助于我们与那些不请自来的负面信息保持健康的距离。比如，“你在开什么玩笑，你不可能解决这个问题！”除此之外，它还能削弱我们思维网络中那些无益关系的联结。这些关系联结常被接纳所涉及的痛苦激活。例如，渴望抽烟的不适感会激活吸烟和感觉良好之间的关系。当我们面对生活中不愉快的事件时，重新与真实自我建立联结有助于我们实践自我慈悲，而不是因为犯了错误或害怕应对痛苦而责备自己。我们看到的不是一个破碎的、弱小的或受折磨的自我，而是一个能够主动选择痛苦的、强大的真实自我。我们会帮助人们在投入接纳过程时有意识地使用这些新技能，比如把所有无用的想法放在溪流的落叶上，让它们随溪流而去。

我们还发现，当了解自己是如何被回避行为所伤害时，就会产生接纳不适的巨大动力。当你对痛苦敞开心扉时，就会开始聆听痛苦给我们的教诲。

接纳的智慧

假设你家里有一个闪闪发光的不锈钢灶台，上面有一些奇怪的污渍。你可能会执着地认为，一定要把那些难看的污渍清除，否则你永远不会对灶台感到满意。你用各种工具擦洗，但是都没有用。这些污渍依然存在——如果说有什么不一样的话，那就是它们更加明显了！然后你试着用油漆盖住这些污渍，但油漆很快会脱落。你还得继续擦洗。

有一天，你的邻居走了进来，看到你不停地擦洗。她高兴地说："我有你需要的东西！"很快，她拿着一个玻璃制品回来了。在你看来，那东西像一把刮刀。"这个肯定有用。"她说道。然后，你对她表示感谢。

你拿起工具再次开始，一直刮刮刮。有那么一会儿，这些污渍似乎要消失了。但随着你不断努力地刮，你意识到这只是一厢情愿。哎！又是个死胡同！

如果你把玻璃刮刀举到眼前，它就像放大镜一样。你第一次清楚地看到，灶台上的污渍实际上是关于如何烹饪的信息。有些是关于烹饪失败的尴尬故事；有些读起来甚至令人痛苦；其他则是掌握烹饪技巧的喜悦，并讲述你与所爱的人分享美味佳肴的故事。你立刻发现这些信息其实对你有很大的帮助。

当然，这里的教训是，一旦不再试图将人生经历中的各种痕迹抹去，我们将从这些经历中收获颇丰。当我继续寻找能够解决这一问题的方法时，我意识到可以采用一些从戴维·巴洛的暴露疗法中学到的技术。

根据戴维用于帮助恐怖症患者的技术，我认为类似的方法可以帮助人们学会应对其他类型的心理问题。我们先回顾一下戴维的方法。他曾让来访者体验他们因为害怕和恐惧而产生的不适感，而实际上他们并没有真正暴露于他们所害怕的情境中。他会让来访者先适度地体验这种感知觉，然后再逐渐加强。我认为逐步深入地思考糟糕的生活经历和记忆也同样是好办法。但是我怎样才能激励人们继续努力地做这件事情呢？如果糟糕的想法和情绪会消失的承诺无法兑现，那么怎样才能让来访者坚持下去呢？

当小时候在噩梦中直面恐怖源（恐龙）时，我便会得到一个奖励（从噩梦中惊醒），鼓励我继续这么做。同样，学会接纳糟糕的经历并直面痛苦也会带来回报——接纳并不是终点，而是通往更加充实生活的起点。我必须帮助人们理解，接纳不仅仅是为了不伤害自己，也是为了从我们的经历中获得智慧。在早期 ACT 工作坊教学时，有一天我得到了这一重要的领悟。

痛苦中蕴含的信息

在“地毯之夜”后过了好几年，有一次我给一群治疗师讲授我们的第一套方法时，突然感到一阵极度的焦虑。就在那时，我发现了焦虑体验的积极意义（时至今日，我偶尔仍会有强烈的焦虑感）。我当然不喜欢焦虑的感觉和想法。为什么在这些焦虑时刻我能感受到积极意义呢？我能给出的最贴切的解释是：我从中体验到了活力和好奇心。我感到有挑战，好像正在学习用一种不同的方式体验生活——这对我有帮助，也对我和其他人的工作有帮助。这着实是一段神奇的经历。

然而就在那天的工作坊，在感到焦虑后，一股意想不到的情绪波动向我袭来，几乎把我撂倒在地。不知什么原因，我突然有种想要哭的冲动。我停止授课，当场进行我一直研究的解离练习，即只关注这种令人惊讶的情绪波动的强度，直到我注意到工作坊学员脸上充满期待的神情。这种感觉来得快，去得也快。很快，我就回到了教学中。

直到下一个工作坊又发生了同样的事情，我才想起这段经历。这一次我有了新的觉知火花。我觉得自己非常非常年轻。对此我感到很困惑，便问自己（即便我还在工作坊教学中），“你觉得自己多大了？”答案蹦了出来，8 岁或 9 岁。紧接着一段记忆飞出来，就像一只飞蛾突然从自行打开的抽屉里飞出来。我只瞥了一眼，就知道那是什么了。

飞出来的是一段记忆，一段多年来都没有回忆过的记忆片段。这段记忆似乎从它发生以后就一直处于休眠状态。当时，我很快地把注意力拉回到工作坊教学中。但那天晚上，我特意把注意力集中在这只飞舞的记忆飞蛾身上，端详了许久。

在我八九岁的时候，有一次我藏在床底下，听到父母在争吵。父亲那天喝醉了酒，回家晚了。当他进家门时，我拥抱了他。杜松子酒和汤力水的气味从他皮肤上散发出来，因此他那凉爽的熨烫过的衣服上充满了杜松子的香味。有时，他喝了酒会安静地和我一起玩游戏（直到今天，我闻到那种气味还会露出幸福的微笑），但那个晚上我们没有玩游戏。时间一分一秒地过去，母亲一直在生闷气。她计算父亲靠卖铝制品挣的微薄收入有多少浪费在了卢巴赫（圣迭戈市中心父亲最喜欢的餐厅酒吧）。甚至在我拥抱他欢迎他回家时，母亲还用尖锐的声音指责他。我预感到事情不妙，于是迅速地跑回自己的卧室。

声音变得更加刺耳，他们开始大声吼叫。我吓得藏到床底下。母亲指责他是个失败的父亲、不称职的丈夫。作为回应，他对她大喊大叫，要她闭嘴。他的威胁只是让她的声音更加尖利。

突然，可怕的撞击声响起，接着是母亲的尖叫。我后来才知道，那是客厅的咖啡桌被掀翻的声音。但在当时我只能颤抖着想象发生了什么：会有人流血吗？我想知道。他在打她吗？他们在互相伤害吗？

我的大脑中清楚而有力地出现了一句话：我该做点什么？在接下来的几分钟里，我有一种冲到隔壁房间，阻止这场冲突的强烈冲动。但我努力抑制住了这种冲动。

最终，我还是没有起身。一想到要面对他们，我就害怕。一两个月前，我看到哥哥格雷格想要阻止父母的冲突，结果差点儿被打到脸。我极力抑制住想做点什么的冲动，在床底下又往后挪了挪，蜷在那里哭了起来。

当我回忆起这段未经检查的记忆片段时，我对那个小男孩有一种强烈的自我慈悲，他是自我的核心部分。我意识到焦虑中的一些有意义的东西完全被掩盖并遗忘了。

通过抑制家庭暴力对我内心的影响，我将自己封闭了起来，这导致我无法理解焦虑产生的关键性根源。难怪心理学系那些老顽固们争吵的声音会让我陷入恐慌！想要阻止那样的场面（父母争吵）发生，同时又害怕自己没能力阻止他们。在我很小的时候，这些想法就牢牢地粘在我的脑海里。小时候躲起来是个明智的选择，但现在我不需要这么做了。我还意识到，克服焦虑的努力阻碍我去实现成为心理学家的初心。我本想为人们的苦难做出自己的贡献。这个决定不是源于“头脑”，而是源于“心”。

我没能拯救我的父母，他们是那么可爱、那么有爱心，却又心理失常。但也许我能帮助别人减轻痛苦。

然而我突然意识到，跟我自己说我的焦虑是无效的，这实际上是在打我内心里的 8 岁孩子耳光，是在告诉他要么闭嘴，要么走开。我曾想否认自己的脆弱，但这也意味着我不仅要否认自己的痛苦，还要否认自己所关心的对象——因为它们是同一件事的两个方面。

那个小男孩究竟做了什么要受到如此严厉的对待？是关心他所爱的父母吗？是关心他自己的安全吗？是在一种可怕的情境下害怕吗？

这样的认知让我意识到，我没能看清自己内心的焦虑，让一种不健康的、回避型的野心在职业生涯早期就占据我的心灵。过于专注于自己的职业成就，被一种没有意识到的动机所驱使：为了回避那个不适应环境的小男孩所经历的痛苦、脆弱。当我用“成就”来驱赶焦虑时，我同时把那个小男孩也赶走了，但他正是我成为心理学家的初心。是他让我去“做些什么”。试图用空虚的成功来“摆脱痛苦”其实是一种自我物化，就好像我（以及内心那个脆弱的小孩）是一匹被鞭打的马。

就像几年前，在“地毯之夜”我所做的那样，我做了另一个选择。“再也不会了，”我向那个脆弱的年轻时的自己保证，“我不会离开你，不会忘记你传达给我的有关人生目标的信息，希望你一直陪着我。”

正是通过解离技术与“内在独裁者”保持距离，以及对焦虑的接纳使我打开心灵空间，让我带着慈悲而不是批评、否认来回忆那个小男孩。通过学习如何直面自己的焦虑，我也学会了以一种更加饱含爱意的方式对待自己——我的整个自我，并在工作中重新确立了目标。我意识到，只有我准备好接纳他时，那个小男孩才会感到安全，才会再次出现。

这套“组合拳”可以帮助我们摆脱评价性思维的支配。首先，我们意识到回避并没有用。回避得越频繁，可以预测到结果也会越糟糕。其次，在“放弃”回避后，我们会意识到在与回避完全相反的道路上，其实还有其他可替代的选择。无论是从短期还是长期看，这些选择都会给我们带来回报。帮助人们走上接纳的道路，就意味着找到方法，既要让他们明白回避行为的徒劳无用，也要让他们从接纳中有所收获。我们不想让人们遭受痛苦，只希望帮助他们接纳痛苦。这种接纳痛苦的方式能帮助他们过上自己想要的生活。

放下绳子

我早期使用 ACT 时的来访者对我进一步扩充、发展 ACT 提供了巨大的帮助，后来这些方法成为 ACT 的主要内容。其中一位来访者提供的隐喻故事是帮助人们认可接纳的最好隐喻之一。

这位来访者患有焦虑症，她使用早期版本的 ACT 治疗方案，效果良好。我让她解释是什么帮助了她。她回答说："我学到了我所需要的。""有很长一段时间，我觉得自己好像是在和一只巨大的焦虑怪兽进行拔河比赛。它试图把我拉进一个无底洞。我奋力挣扎，但无论怎么努力，我都不可能赢。而且我既不能放弃，也不愿意坠入无底深渊。事实上，我并不需要赢得这场比赛。要意识到这一点其实很难。生活没有要求我一定赢得比赛，它希望我放下拔河的绳子。一旦放下绳子，我就能用胳膊和双手去做其他更有趣的事情了。"

从那以后，许多学习 ACT 的人都被要求想象放下那根绳子，或者用一根真正的绳子进行小组体验。为了促进接纳，我们开发了许多强有力的隐喻来帮助大家理解这个转向。我将在本书的第二部分分享更多与接纳相关的隐喻。

我们和来访者一起继续努力完成这个转向。一旦你这么做了，生活几乎会立刻给你积极的反馈和有益的领悟。我学会了观察它们，并相信它们是进步的最大标志。人们与被压抑的渴望建立自发的联系，并实现了我们在工作中从未刻意追求的行为改变。他们向失散多年的老朋友伸出援手。他们放下怨恨，与所爱的人一起收拾过去的烂摊子。他们开始大胆行动——换工作、寻求晋升、旅行、培养爱好、创业。他们开始了"真正的"生活，随之而来的积极强化帮助他们保持积极的改变。

修正暴露疗法

为了培养接纳的能力，我们迅速打磨新方法。在帮助人们放下绳子之后，会引导他们进行暴露治疗（更多的暴露方法将会在本书第二部分介绍）。暴露疗法包括情绪标签、注意冲动、有意识地感受自己的感觉、触发的记忆类型、感知你的身体在做什么。ACT 暴露疗法的关键是要认识到，它不是一种摆脱情绪的方法，而是一种在我们应对情绪时创造更多灵活性的方法。

我的团队和越来越多的同道开始在实验室里对这种方法进行严格的测试。其中一项研究是帮助易焦虑者应对因吸入大剂量二氧化碳而引起的不适。该研究探讨了相比横膈膜呼吸这种标准的暴露疗法，接纳法是如何起作用的。研究人员让 60 名被试暴露在二氧化碳含量高达 10% 的空气中（大气中正常二氧化碳含量比这个含量的 1/20 还少）。在几秒钟内，如此高剂量的二氧化碳会导致呼吸急促、出汗和脉搏加快，这正是焦虑和惊恐发作时身体的反应。这会让人感觉很糟糕。

在进行大剂量二氧化碳挑战前，接受 ACT 培训的被试在一个短暂的会谈中学习“观察”自己的身体感受，就像观察天空中的云朵一样；要求他们放弃任何想要控制这些感受的尝试，就像放弃让云朵移动得更慢或更快的尝试一样。对照组则被要求放松并专注于呼吸。

所有小组都表现出相同的生理唤醒，做呼吸练习的对照组被试中有 42% 感到对情绪失去了控制，而控制组中有 28% 的人也有相同的感受。但是参加 ACT 培训的被试都没有那样的感受，而且这些被试也更倾向于再次参加实验。

我们很快了解到，患有惊恐障碍的人也有大致相同的反应，而这也可能影响治疗的其他方面。对患有惊恐障碍的人来说，进行大剂量二氧化碳挑战实际上是一种暴露：故意制造你希望回避的感觉。戴维・巴洛的学生吉尔・莱维特（Jill Levitt）证明，接纳法并不能减少大剂量二氧化碳所带来的不良感受（如呼吸急促、心跳加速），甚至也不能减少焦虑。[2] 只不过症状给他们带来的困扰减少了，他们更愿意进行下一轮研究。[3] 接纳使得暴露疗法更加有效。

这些早期研究逐渐发展为大规模的临床研究，并有长期随访（比如一年或一年以上）。研究结果得到了证实。[4]

为了一个有意义的目标而暴露

我们在暴露疗法中加入了另一个重要的元素——它是追求更有意义生活的一种方式：按照你真正渴望的方式生活。我们帮助人们认识到：他们一直回避的经历，以及对这段痛苦经历的记忆的逃避，是因为对他们来说这些经历或记忆是痛苦而可怕的。这是因为他们在乎——他们在乎过上饱含爱意而充实的生活；在乎成为一个有教养的人；在乎能否找到具有内在吸引力、有意义的兴趣爱好，不论社会是否看重这些兴趣爱好。

这意味着，暴露疗法应该服务于有价值的行动。例如，在帮助广场恐怖症患者时，我们会让他们去商场。这不仅是为了激发他们的焦虑体验，而且是为了让他们带着给爱人买礼物这个明确目的去购物。或者，如果有人一直在回避死亡的想法，那么我们可能会建议他们去亲人的墓地。不仅仅是为了战胜他们的死亡恐惧，也是为了表达对逝者的爱和尊重。

在帮助了一个又一个来访者之后，我发现和他们共同探索糟糕经历会让他们认识到，对过去痛苦体验的回避是他们过上丰富、充实生活的阻碍。回想一下爱丽丝的例子，她因为儿子的去世而感到痛苦万分，以致变得沉默寡言。乔安妮不仅向爱丽丝展示了否认痛苦的做法是多么无益，还帮助她重新找回了对世界做出积极贡献的渴望。她问爱丽丝的第一个问题是，如果不再依赖止痛药，她想要做什么。爱丽丝回答说，她想再次工作。这样的想法最终引导爱丽丝走出家门，找到了一份好工作。

从接纳到承诺

当看到帮助人们重新找回了对理想生活的渴望，我们又增加了更多的方法来帮助他们实现另外三个转向——接触当下、澄清价值和承诺行动，并意识到它们是对解离、自我和接纳三个转向的必要补充。ACT 不仅仅是帮助人们学会“接纳”，还必须帮助人们重新融入生活，并致力于自己设定的新的行动路线。用人本主义心理学的话来说，ACT 应该包括帮助人们自我实现的方法。然而，人本主义者发展出来的用于帮助人们的方法还没有被西方科学实验全面检验。我相信，ACT 将帮助我们填补这方面的知识空白。

第7章

承诺开启新征程

ACT 的最终目标是让我们有能力去做自己选择的事情，从而过上想要的生活，这是它被称作“ACT”的原因。归根结底，就是做自己想做的事情以及明白为什么要做这件事。无论我们所面对的是什么问题——焦虑、抑郁、消极的思维反刍、自我怀疑、慢性疼痛，它们都不能阻止我们采取行动，过上有意义、有目标的生活。

想想历史上的伟人吧。我们为什么要记住他们？是因为他们所拥有的财富，还是因为他们配偶的外貌？或者是因为他们为自己的行为做出的合理化解释？都不是。我们记住他们是因为他们的行为，以及这些行为所反映出的价值。他们中的一些人肯定有心理问题。贝多芬以躁狂而闻名，亚伯拉罕·林肯的朋友们在信中称他是他们所知道的最抑郁的人。但重要的是，他们如何应对这些挑战。

随着我的团队不断开发 ACT 新方法，我们开始专注于帮助人们识别并承诺行为改变，最终让他们过上更加充实的生活。当然，要改善生活就必须采取行动，这一主张并不新鲜。这种想法在某种程度上已经融入了我们的文化。但是就像人类做过的许多其他努力一样，这种观点已经被简化为简单的口号："尽管去做！""大胆一点！""展现你的勇气！"

转向新的行动不同于咒语的暗示。这不仅仅是要你"尽管去做"，重要的是你"如何"做。

以开放和灵活的方式致力于改变是一项艰巨的工作，即使可以清楚地看到我们想要走的新道路，也是困难的。这在一定程度上是因为试图改变行为这个想法本身就容易让我们回避和自我批评。我们很担心自己是否有能力坚持一条新的道路，而大脑只会尖叫着嚷嚷，认为只有在不焦虑的时候才能解决这个问题。我们在新的旅途中会不可避免地犯错，这更容易引发自责。"内在独裁者"则趁机开始嘲讽："哦！得了吧，你还没准备好呢！"

前三项灵活性技能可以为你坚持到底提供强有力的支持。解离可以使那些无用的想法失去力量。与真实自我相联结可以帮助我们避免顺从的影响，避免被别人的看法所左右，帮助我们和诸如"他们能够看出我仍在和抑郁做斗争""我没开玩笑，我就是觉得自己是一个失败者"这些想法解离。解离还有助于我们避开善意的谎言，比如当我们已经有很多工作要做的时候，面对别人的请求，可能会对自己撒谎说："现在很好，我的问题已经解决了！"接纳让我们不再把注意力放在解决不必要的问题上（比如解决我们感受到的痛苦），而是将注意力转移到这些感受所带来的有益见解上。

随着 ACT 的继续发展，我们意识到另外三项技能——接触当下、澄清价值和承诺行动对心理灵活性的发展有着重要的作用。在致力于帮助我们过上崭新生活的过程中，它们会给予我们巨大的帮助，提供必要的额外动力和精神上的敏捷性。

过去的密室逃脱

最近，我和孩子们在一个"密室逃脱"游戏室里度过了愉快的一小时。如果你住在大城市，或许你家附近也会有这样一个游戏室。你和你的团队成员被锁在一个摆满各种物品的房间里。你们的任务是找到线索来解开谜题，从而能够逃出房间。我们像疯子一样跑来跑去，打开抽屉，写下线索，检查物品，试图破译其意义。我们抓起书本、蜡烛、图片，以及其他各种物品，希望能找出线索。如果发现它们和线索无关，就丢在一边。我们艰难地列出了各种可能的线索，但之后发现这些都是死胡同。最终还是没能完全解开那个谜题，但已经接近答案了。

这是一个有趣的游戏，但是如果我们得用自己的余生来进行这个游戏，那就不会这么有趣了。如果游戏的假定前提是：除非你解开谜题，否则你将永远被困在这里。你还会认为这是个有趣的游戏吗？我估计你不会觉得这是个有趣的游戏，哪怕只是片刻。实际上，我们都知道，无论胜利、失败还是平局，我们都会在一个小时后重获自由。

如果我们不知道这一点呢？

许多人终其一生都在努力从头脑中的密室逃脱。我们太专注于过去，太专注于过去的经历如何帮助我们，而不是享受当下。这对于问题解决取向的大脑来说是自然而然的事。

假设你饿了，决定去做一个三明治，但是转眼间你发现自己置身于一片美丽的森林中。我猜你不会停下来欣赏树木或者花朵，你只想知道“我是怎么到这儿的”“怎么才能出去”。换句话说，试图理解过去的想法（“我是怎么到这儿的”）会完全支配你的大脑，这样你就可以控制未来（“怎么才能出去”）。再换句话说，你可能会将所遇到的情境当作一个需要解决的问题。

如果你的大脑试图解决所有问题，那么你可以发现这样的策略：观察你所处的情境，找到问题所在。回顾过去，分析成因，试着理解你是如何走到这一步的。展望未来，分析目标。从未来得到你想要的东西要基于你对过去和现在的理解。

大多数的疗法都鼓励这样做，表明这是接纳过去经历，尤其是痛苦经历的主要方法。因此，我们很容易将治疗想象成一种慢动作的密室逃脱游戏。在这里，我们的经历只是作为摆脱某些东西的一种手段。你被困在焦虑、抑郁或痛苦之中，你的任务是找到逃生的出口，然后离开。

显然，把自己从过去的陷阱中解放出来是很重要的。但是在ACT研究中我们发现，如果学会把注意力集中在当下，并且在每一刻都有能力决定该如何行动，那努力将会更加有效。

培养灵活的注意力

我的正念练习经历让我明白，将注意力持续集中在当下的能力可以把我们从过去的陷阱中解放出来。人们想要探究过去，并从中获得理解的冲动并不会使他们误入歧途。我们确实想花些时间思考这些问题，而其中的关键在于不要上当受骗。我们可以带着过去的经历来关注当下，而不是迷失在过去的经历之中。这就是“接触当下”所要求的，可以帮助我们将认知能力专注于当下积极的可能性。

实际上，人们往往只是关注当下的表面现象，却害怕真正进入当下。接纳的技能可以帮助我们解决这一问题，这是灵活性技能相互支持的又一个例子。如果我们接纳了恐惧，就会立刻更清楚地看到当下的可能性。当遇到引发糟糕情绪记忆的情境时，我们可以愈发警惕与这种痛苦相关联的东西，并以一种有用的方式引起我们的注意。我们可以将过去的痛苦视为过去事件，而且可以从中获取多种智慧。

这就是我将我的焦虑和早年的家庭暴力联系起来的原因。我一直没有意识到这种联系，因为一直致力于用精心设计的密室逃脱游戏来克服我的焦虑。它让我专注于如何走出密室，而不是专注于当下。一旦学会了接纳焦虑，我就能够密切关注当下的体验，并捕捉父母争吵的瞬间，而不是冲动地把当下体验推开。当充分意识到这一点后，我便能够对其进行更深入的重新体验。

将注意力拉回到当下

研究者们发现，我们的思维常常会脱离当下。[1] 有时行走很长一段时间，你却不会真正关注当下行走带来的感觉，或者至少没有以一种全面而有用的方式关注它。

我们必须学会活在当下，这有点儿奇怪。毕竟，除了当下我们无处可去。我们会担忧未来，但这是当下对未来的担忧。我们当下拥有记忆，但这都是当下对过去的记忆。我们所做、所想的任何事情本质上都不是在过去或未来，而是在当下。

关于正念以及正念如何帮助我们应对生活的文章已经有很多。不幸的是，一些过于简化而无益的正念概念在大众之中广泛流传。正念不能简单地理解为活在当下：青少年在玩电子游戏时注意力高度集中，也是活在当下。但是这种情况，很难说他们是高明的正念者。我儿子在玩《我的世界》时，即便在他耳后开一枪，他也不会退缩。正念并不是迷失于当下，相反，对当下的关注应当是灵活的、流畅的，并且自愿的。它允许我们思考过去，思考未来，同时也让我们的注意力回到当下。

想象一下，在一个黑暗的房间里，你拿着一个可以调节光束宽窄的手电筒，可以把光线调亮，也可以调暗。你可以把手电筒的光束照向任何地方，或者你也可以摘下灯罩，让它像桌子上的灯一样照亮周围的一切。

我们的注意力就像这个手电筒，它让我们把意识集中在一个点上。正念练习让我们学会扩大或缩小注意的焦点，并将其导向对我们最有帮助的地方。换句话说，当意识的柔和之光照着自己的过去时，我们就能够以更真诚和自我慈悲的心态来看待自我成长中普通的，甚至有些丑陋的部分。这束光有助于我们明白：正是与过去的斗争导致我们无法追求与自己的价值、渴望的目标相一致的生活。

一种常见的正念练习是把注意力集中在呼吸上，被称为“正念呼吸”。练习一会儿你就会发现注意力已分散，不再集中于呼吸了。一旦你发现这一点，就将你的注意力重新带回到下一次呼吸上。这就是一个注意力控制过程。通过一遍又一遍的练习，你将锻炼出一种精神上的敏捷性，以一种灵活、自愿的方式集中注意力。

在各种精神、智慧、宗教传统中都有冥想的身影，这是有原因的。大量研究表明，冥想练习不仅对大脑，而且对我们身体的每一个细胞都有积极影响。[2]因冥想练习而产生的大脑结构和反应性方面的变化，会导致更强的内部感知能力、更少的情绪反应、更高的注意效率，以及其他几个重要认知过程的改善。[3]冥想还能改变 7%~8% 的基因表达，这主要是通过表观遗传的改变来调节参与应激反应的基因。[4]

但是，我对于在 ACT 中加入传统的冥想练习还是有点担心。作为一个 20 世纪 60 年代出生的人，我深知各种正念传统之间相互冲突。所以我希望深入挖掘冥想练习的本质，并从中提炼出能够培养心理灵活性的元素。我明白传统冥想的价值，因此我想对经典正念过程进行改造，使之和 RFT 观点保持一致。[5]

RFT 相关研究表明，融合与回避将我们的注意力分为两部分：一部分用来关注当下；另一部分用来关注问题解决的效果（“它在起作用吗”）。因此，我们没有采用经典的正念练习，比如正念呼吸，而是采用了一些让人们发现想法是如何“吸引”他们，并转移他们注意力的练习。这是一个你现在就可以尝试的例子。我建议用两分钟来做这个练习，你可以在智能手机上设置一个闹钟。

想象你正坐在阅兵场的看台上，看着人们举着一个个巨大的、没写任何内容的白色标语牌。当你的注意力集中在这些标语牌上时，把你的想法写在上面。可以是图像，也可以是文字。你要做的就是专注于这个过程，一旦察觉到你的注意力分散了，就把它重新拉回来。当你发现自己已经跑到精神世界的其他地方，或者如进入游行队伍而止步不前时，可以从你的精神世界中后退一步，看看在注意力分散时你的大脑在想什么。看看你是否能捕捉到作为触发器的想法、感受、记忆或感知觉，然后把它们记录下来，供以后探索分析。然后迅速地把你的注意力重新拉回到阅兵场的看台上，重新开始关注空白标语牌。准备好了吗？让我们现在一起试一试。

……

欢迎回来。你注意到了什么？

有些人做这样的练习会感觉很难。你可能会有这样的想法，比如“这不适合我”，或者“我不擅长想象”。你是否尝试过将这些想法贴在标语牌上？如果你再次做这个练习，会发现这样可以把这个练习做得更好。

或者练习时，在你的脑海里想象阅兵场的游行已经开始，但是很快有其他想法吸引了你的注意力，你原本注意的游行立刻停止。这是认知融合的标志。一个新的想法（如“这对我不起作用”）控制了你对练习任务的注意力。具有讽刺意味的是，在做这个练习时，最常见的分散注意力的想法恰恰是关于这个练习本身的想法（如“我做得对吗”或者“这么做是不是很傻”）。这就是控制你的意识，让它顺从的力量。

在许多临床试验中，这个练习和其他类似的练习都展现出了它的好处。[6] 除了能帮助人们与侵入性的消极想法解离外，它还能增强对疼痛的耐受力，减少冲动的影响。研究还表明，仅仅解释这项练习多么有价值，让人们尝试一次是不够的——人们必须练习使用它，才能获得最大的好处。

为了更好地理解为什么培养注意力的灵活性如此重要，我们可以再做一个快速练习。环顾房间或者你所在的任何地方，看看你能否看见一些你此刻没有注意到的东西。

这是个奇怪的练习，但务必试一下。

我打赌你一定做不到。你能看见一切你现在能看见的东西。对吗？

接下来，让我们再次环顾四周，但这一次请评价你所看到的东西。将它们进行对比，指出你想要或者不想要的东西，哪一个是好的、坏的或者无关紧要的。如果你看到不喜欢的东西，可以想一下如何改造它以及你可以做点什么来改变它。然后当你做完这一切时，看看你现在能否百分之百地觉知当下。

我打赌你还是不能。如果你在家里，可能已经开始思考与你评价的事物相关的记忆。如果你看着书架，或许会想到读过的一本书，或者想到某人曾经来做客，就坐在房间的椅子上。你甚至已经在大脑里回放那次家里来客人的场景了。

为什么你不能审视自己的想法，并停留在当下？毕竟，你现在正看着墙上的一幅画。对吧？你坐在椅子上，可以感受到臀部与椅子的连接。对吧？为什么你不能用同样的方式来注意自己现在思考的内容呢？

事实上，你是可以做到的！原则上，注意大脑中的想法与注意臀部的感觉没什么不同。棘手的是，当我们专注于想什么（about）的那一刻，"当下"就会溜走。有趣的是，about 这个词的原始意思是"在其外面的时候靠近它"。不是在其内（in）或者其上（on），它是在"外面"（ab-out）。你在当下之外（out），你不在当下之内（in）。所以，当你专注于想法内容（about）时，就会在当下之"外"（out），脱离当下。

换句话说，一旦你处于心理评估和故事模式，你就会很大程度上偏离"当下"。再加上解决问题的思维倾向，你会迷失在这种解决问题的认知网络中，很难关注当下。这就是为什么我们人类能够在经年累月的生活中，几乎不停地回顾过去以思考如何应对未来。就这样，我们迷失在了生活的"密室"中。

过去和未来皆是当下虚构的

在培养注意力的灵活性时，记住这些是很有用的：未来只是纯粹的想象，而我们对过去的记忆则大多是扭曲且不完整的。我们所说的"记忆"在当下不断地被重构。[7] 当老朋友或兄弟姐妹在一起回忆往事时，会很快意识到他们的记忆有分歧。一个人会用这种方式记住细节，而另一个人则会用那种方式记住细节；在一个人的记忆中是几个人分开旅行，而在另一个人的记忆中则是一起旅行。在我们内心深处，通常相信自己是正确的……当然，这不可能对所有人都适用。显然有些人在歪曲和改写自己的历史。

其实这个"有些人"是指我们所有人。发生这种情况的部分原因是我们追求记忆所述故事的一致性（回想一下第 5 章里的一致性效应，这是心理僵化的三个核心认知效应之一）。所以当我们回顾过去时，并不是真的回到了过去，而是在重构过去。

我们无法完全关闭心理重构的过程，但可以学会不要沉浸其中，或者不要相信这些重构。我们可以更清楚地意识到大脑正滑向这种模式，并选择以一种专注于当下的意识来审视对过去的回忆和对未来的猜测。想法只是想法。如何对待这些想法，如何行动，完全取决于我们自己。

加入价值工作

很多人都害怕冒险向自己和他人承认：我们其实非常在乎自己的真实愿望。我们不珍惜自己的生命；我们不敢有远大志向而目光短浅；我们经常拒绝表达自己的深爱，否认所拥有的丰富关系。这难道不是因为害怕失败或被拒绝后而受伤吗?

在继续发展 ACT 时，我们想找到方法帮助人们转向他们最深切关心的东西。只有这样做，才能够致力于发现真正有意义的新生活道路。接纳是这个过程的开始。回想一下，接纳意味着接受，像接受礼物一样。或许，接受情绪上的痛苦所得到的最有价值的礼物就是重新发现我们深切关心的东西。

我们想找到更多方法来帮助人们审视生活中真正重要的东西，帮助人们与他们的价值重新建立联结。顺从是许多人的特点。他们努力遵循社会要求，给他人留下深刻印象，以致完全忽略了对我们来说真正重要的东西。我们过于看重成就（或者未能实现的成就）而忽视了这样一个事实，即实现成就的途径是以一种本身就有意义的方式生活，而不是其他目的，比如社会认可或财富。

在这方面，研究表明关注我们真正的价值是有用的。这样做可以减少挑战性任务带来的焦虑，减少生理压力反应，缓冲他人的负面评价带来的影响，减少防御，帮助我们接受那些难以接收的信息，比如伤害了自己所爱的人。我们知道这一切发生的原因。考虑我们的价值有助于关注自己对他人的影响，而这反过来又有助于我们超越对一直极力回避的痛苦的恐惧。我们再次看到灵活性技能之间是如何相互增强的。与价值联结有助于接纳。

价值并非目标

ACT 将价值定义为你所选择的做人和做事的品质。价值可以用动词和副词的组合来表达，比如：慈悲地教导，感激地给予。价值常被当作我们所拥有的东西，但实际上价值不是物品、不是目标，而是我们行为的品质。

目标是有限的，比如获得某种成就。一旦你获得了这种成就，就完成了任务。然而，价值是持久的、持续的生活指南。你无法实现一个价值，只能依据价值来行动，以此来表现你所选择的价值。

具有讽刺意味的是，按照价值生活往往被我们对目标的追求所破坏。以解决问题为导向的思维模式将我们的注意力和行为导向过于狭隘的目标。这在某种程度上是有害的，因为我们追求的目标往往是在顺从的影响下我们想要实现的。我们认为这些目标是实现社会认同的路径。追求目标也可能是一种回避接纳自我以及回避真实愿望的方式。例如，如果我们设定了一个获得法律学位的目标，这其实是为自己提供掩护，避免在追求艺术的过程中因失败而产生痛苦。

从本质上讲，目标意味着我们还没有到达生活中应该到达的地方。目标通常表现为条件句（比如，如果______我会______；当______我会______。）当我获得学位时，我会______。如果我结了婚，我会______。当我有了孩子时，我会______。当我赚了第一个 100 万时，我会______。这样的想法自然会导致我们认为目前的状况是不好的。同时，如果我们未能实现目标，就会将失败作为自身能力不足的证明。

目标可以成为价值之旅的一部分，而且通常如此。比如，如果你的价值取向是助人，你获得法律学位就可以帮助有法律问题的人。获得法律学位就是一个符合你价值的目标。然而，即使有了这样的目标，我们也不能忽视价值赋予目标的意义。实际上，我已经忽视了这一点。因为我太专注于建立我的专业名声，而忽视了我帮助人们更好生活的初心。

澄清价值这个转向是从那些社会顺从或回避的目标，转向你选择的价值生活。ACT 的一个重要目标是帮助人们在今后的生活中能够按自己的价值采取行动。

为了帮助人们了解如何与自己的价值重新建立联系，踏上新的征程，我们开始着手在澄清价值方面做些工作，也就是说我们开始将人们的注意力引向价值品质。这些价值品质是他们自己选择的，在生活中能够体现他们做人和做事的品质。即便没人欣赏，没人鼓掌喝彩，这些品质对他们来说也是重要的。

价值澄清工作有助于我们认识到什么是自己最关心的。以下是深入挖掘你内心价值的方法：

- 拥抱朋友。
- 对你的宝宝微笑。
- 当看到一个伟大的精神领袖时，低头致敬。
- 向士兵致敬。
- 当爱国歌曲响起时，把你的手放在胸口。
- 善待每一个人。

当我们以一种不设防的方式行动时，体验到的就是价值。

澄清价值需要灵活性

探索价值可能会使我们重新陷入回避，因为这可能引起痛苦，产生自责和羞耻感。所以我们在进行价值澄清时需要其他灵活性技能的帮助。知道如何与“内在独裁者”的声音解离，可以使我们远离那些偏离了价值的自我判断。value（价值）也是判断性单词 evaluate（评估）的词根。正如许多关于价值的公开讨论所表明的，价值可以被当作棍棒，用来打败自己和他人。思考价值也会引发内心“不得不”的声音，而不是非评判性的自我反省。与真实自我的联结可以帮助你不再专注于取悦他人或顺应社会压力下的“价值”。例如，某人真正的价值是运用已掌握的技能帮助他人，但他可能会声称他的价值是通过学习新事物来挑战自己，因为他所处的文化要求他这么做。接纳技能可以帮助我们应对工作中的情绪问题，而接触当下则可以帮助我们评估自己的价值是否与日常生活中的价值保持一致。

有许多方法可以帮助我们重新与价值建立联结。我们将在第 13 章更详细地阐述这些方法。现在，我会分享一个在 ACT 中常用的方法，它会让你体会到价值如何激励人们对生活做出改变，即便这很困难。想象一个你不认识的人，但是你非常尊重或钦佩他。想想你选择的这个人，他什么地方打动了你？是他的财富、房子，还是豪车？是他性感的外表、华丽的衣服，还是漂亮的鞋子？是因为他从不悲伤、孤独，或者从不自我怀疑吗？是因为他获得的奖项、得到的掌声，还是因为他著作等身？这些问题帮助我们提醒自己，这些存在的品质和成就并不是真正打动我们的东西。

什么东西能打动我们？问问你自己，究竟可以用什么品质来代表你敬仰的这个人的生活。

我猜：这正是你在生活中想要的品质。你希望在你的行为中看到这些品质。你想要在你的世界中展现这些品质。你的大脑也许会说你没有展现出这些品质，甚至会说你根本做不到，但你内心仍然渴望按照它们生活。这就是你钦佩这些人的生活方式的原因。

我们开发的价值练习在激励人们去做他们真正想做的事情方面有显著的效果。以几年前我参与的一项研究为例。这项研究中的练习是你现在就可以做的（只需要几分钟），当你开始学习它时，你的生活将得到改变。

我们邀请 579 名大学生参与这项研究，通过一个简短（15 分钟）的网页练习来提高他们的学习成绩。共有 132 名学生自愿参加（但我们也跟踪了其他 447 名没有参加学生的成绩）。志愿者们被随机分配到三组中：控制组——我们没有对他们进行任何干预。干预组分为两组，一组我们教他们如何设定好的、具体的目标；另一组除了让他们学习如何设定目标之外，还进行了一次价值写作练习。

这个价值写作练习再简单不过了。我们要求把价值看作一个他们选择的方向。如果你选择向“西”，那么当你偏离航线时，你可以使用路线图或指南针为你指路。但是“西”不是一个具体的目标，它是一个方向，无论你朝这个方向走多远，你仍然可以继续前进。而目标不是这样的，它们是你登陆的地方，而不是你选择的方向。你选择做人和做事的品质就像方向：你可以一直朝那个方向前进，但是你永远不会“到达那里”。

在学生们理解这一区别之后（是的，我们给学生们做了一个测试。嘿！他们可都是学生），我们将价值与行动联系起来。网站程序要求他们把上学想象成打理花园。假设你欣赏花园的美丽，喜欢看植物生长。你很快会意识到没有完美的地方来种植植物。但是你可以选择一个地方，即使它不完美，即使你不确定结果，也可以承诺并打理好这块土地。打理花园是一项艰巨的工作，需要长期的细心照料。在当下并不总是感觉良好，但所做的事情会令人满意。因为在每一个时刻，你都在做对你来说很重要的事情。然后，我们让学生们考虑，如果他们把学习的每一刻都当作一项充满生机的活动来对待，他们接下来的学习会是什么样子。

最后，根据他们学习中的行为品质，让他们花 10 分钟写一篇文章来谈谈教育对他们来说真正重要的是什么，并要求他们注意价值与目标之间的差异（当然，你可以选择生活的其他方面，比如人际关系、工作或心灵成长，随便哪个，只要你喜欢就行）。例如，有人会认为最重要的是自由地选择学习内容，或者慷慨地与同学分享见解。要求他们写下这些品质是什么，为什么它们很重要，并思考当他们的行为表现出这些品质时会发生什么，没有表现出这些品质时又会发生什么。如果教育是一场基于价值的旅行，那么你会有什么样的生活？它看起来怎么样？会有什么感觉？

在接下来的一学期里，控制组学生的表现与以前大致相同，甚至和没有参加研究的学生一样。只接受目标设定训练的小组表现也大致相同——单靠目标并不能显著提高学业表现。但是，接受基于 ACT 的短期价值训练，以及目标设定训练的那一组学生，他们的平均学分绩点（GPA）在接下来的学期上升了大约 0.2。[8] 在那之后的一个学期，我们对控制组进行了同样的训练，同样的事情发生了：平均学分绩点几乎跃升了 0.2。

15 分钟的写作能带来这样的改变还是不错的。在接下来的 15 周里，它以一种可测量的、积极的方式改变了这些学生的行为。

一旦知道了我们想要的生活方式，下一步就是养成基于所选价值的行为习惯。当我们以行动为支点，从回避或顺应社会的行为转向体现我们价值的持续行动时，这一切就开始了。

承诺在行动中成长

最后一个转向造就了有价值的生活习惯。要知道，改变任何我们已经习惯的行为都是困难的。即使最小的动作，比如咬指甲或跺脚这样的神经性习惯，也很难改变。我们采取某些行为是因为它有助于回避情感上的痛苦。无论我们是否意识到这种想法，改变它们都是具有挑战性的。

我们发现，实现这最后一个转向并坚持行为改变的关键是从小处开始，然后养成更大的习惯。当人们从看似微不足道，甚至无关紧要的承诺开始做起时，习惯培养会更加有效。你可以将此视为承诺实践的原型，即使是与你想要改变的行为无关的行为，也可以这样做。例如，你最终想要改变饮食习惯，但是要做出一个营养学家推荐的改变实在是太难了，你可以通过做出不那么具有挑战性的改变来培养你的承诺技能。

你可以从练习遵守诺言开始。假设你和朋友约定中午 12 点共进午餐。这不意味着你在中午 12 点的时候才离家赴约，也不意味着你在 11 点 55 分打电话给朋友，但你离约定地点还有 10 分钟车程。准时意味着在约定的时间你已经到达约定地点。这是一个很好的承诺练习，因为即便你没有准时践约，大多数人还是会原谅你的。如果你稍微迟到了几分钟，也可以找到一百个借口。朋友可能每次都会原谅你，但要当心：你正在形成一种不可靠的模式。所以，即使后果不是很严重，你也应当对此保持警惕，尽量守时。

ACT 关于行为改变的基本理念是：我们不能指望一夜之间就在生活中培养出新能力。如果你不采取这种态度，解决问题的头脑就会变得僵化。它专注于想象当你变得与众不同、变得更优秀时的样子，然后判断你现在在哪里、在做什么；它还会在你最需要坚持的时候，摧毁你的毅力。如果你正试图戒烟，并且认为你必须百分之百戒烟。一旦你稍微有点儿没做到，“内在独裁者”就会对你怒吼：“你这个失败者！”许多想戒烟的人都会落入这个陷阱，他们认为自己做不到，而没有意识到真正的问题是他们把最初的目标定得太高了。

有一点需要注意：当你设定了一个比较小的目标时，“内在独裁者”会找出一千个理由来告诉你设置这样的小目标没有任何意义。在这里，我们可以再次看到灵活性技能是如何相互增强的。如果你一直在进行解离练习，就不用去理会那些胡言乱语。

承诺不是永远不犯错，而是即使犯了错，也要为我们正在开创的更好的生活承担责任。有一次研究环节我记得很清楚，那是我们第一次对滥用多种药物的阿片类药物成瘾者进行 ACT 大型随机试验研究。凯利·威尔逊（Kelly Wilson）的一位来访者走进来，给我们讲述了一个悲惨的故事。他告诉我们他再次吸毒的经历。他说，这说明他永远不可能戒毒成功。凯利耐心地听着，当来访者说完后，他简单地问道：“你的价值中，有哪些发生了改变？”在一阵令人印象深刻的沉默之后，来访者肯定地说：“没有。”“在我看来，”凯利说，“你可以选择要强化哪种行为模式。是承诺戒毒—失败—再次承诺，还是承诺戒毒—失败—放弃戒毒？目前只有这两种选择。”这位来访者静静地坐了一会儿，然后再次承诺不再吸食毒品。

承诺有这样的内涵：承认变化要么从此刻就开始，要么就不会开始。小而具体的步骤是最好的，小的步骤很重要，一遍又一遍地重复也很重要，想要塑造一整套行为模式也很好——它们都能带来显著的进步。你最终能够实现你的梦想。

ACT舞蹈

在 ACT 研究中加入所有 6 个转向方法后，我们看到了更好的结果。这些技能结合在一起，在我们的日常生活中建立起了心理灵活性，就像单个舞步结合在一起，让舞者在地板上跳出优雅的舞蹈。

如果我们坚持这些练习或者其他我们认为特别有用的核心练习，就可以在出现心理挑战时随时使用它们。当感觉到消极的自我评价开始吸引我时，我会快速地做第 4 章的单词重复练习。如果你患有糖尿病，忍不住想吃一大块含糖甜点时，你可以快速地进行一次价值澄清练习，让它帮助你重新认识到保持健康对你来说是多么重要。

我的学生詹妮弗·维拉特和我的团队提出了强有力的证据，证明当所有6个转向都完成时，ACT的力量会大大增强。我们进行了一项研究，对一些患有焦虑症和抑郁症的来访者进行了不完整版本的ACT治疗。[9]在一个版本中，我们省略了接纳和解离；在另一个版本中，我们省略了价值澄清和承诺行动。在这两个版本中，都包括自我和接触当下两个部分。我们比较了两种不完整版本的ACT——一个没有A元素，另一个没有C元素（放心，我们不会将它们命名为CT和AT）。

这两个版本的ACT都大大提高了生活质量，但正如你所料，那些接受过价值澄清和承诺行动的人改变了他们的行为，生活质量也有很大提升。但是在症状严重程度上，这个版本的效果是糟糕的。而那些接受过接纳和解离练习的人，当遇到困难时则不再挣扎，他们的痛苦得到了更好的缓解。这个研究给了我们哪些教训呢？心理灵活性只有在目标明确时才会使我们发生全面改变，你需要所有的灵活性过程。

我们已经做了70多项研究来测试用ACT中的一个方法或多个方法的疗效，结果很明显：所有的灵活性技能都很重要，当它们结合在一起时会变得更加有效。[10]这样我们就可以拥有自由的心智，从“内在独裁者”的控制中解脱出来。

学习如何使用所有6个转向看起来令人生畏，但正如我将在下一章中向你展示的那样，你的内在智慧将支持你，并指引你前进。

第8章

我们都有转向的能力

这6个转向很容易达成。其实在读本书之前，你就知道它们很重要。遗传基因和生活经验已经让你明白了这一点。

我可以在1分钟内向你证明这一点。

想想你面临的一个极具挑战性的心理问题。我指的是一个与你的感觉、想法、意识、记忆相关的问题，或者一件你被迫做或不做的事情。对你来说，这件事是心理痛苦方面的挑战。可能是失去亲人的悲伤、因背叛而产生的愤怒、面临挑战时的焦虑，或者其他上千种此类痛苦中的任何一种。

一旦你有了一个明确的想法，环顾四周，确定没有人看你，然后摆出一个你在最糟糕的状态下去处理这个问题时会出现的姿势。你要装成一个栩栩如生的雕像，这样别人看到你时能猜出你的内心状态。我希望你的身体能反映出你最无力、最无助，或最不堪重负的一面。设想一下那个姿势，感受一下此时自己的感觉，然后在内心对你身体摆出的姿势拍一张快照。明白了吗？好的，让我们开始吧。

现在用你最好的状态去处理同样的问题。想象一下你在处理这个问题时最有效、最协调、最有力的状态。用你的身体来表达。只管去做，不要犹豫（加油，毕竟没有人看你），关注自己的感受，然后对你的身体再拍一张心理快照。开始吧！

如果你和我们大多数人是一样的，那么你的第一张快照显示的就是一个人自我封闭的状态。也许你双臂抱胸，双眼微闭，目光下垂。你的腿无力地弯曲着，或者蜷缩起来像个胎儿，好像是要躲起来。或者就像被击倒在地，蜷缩成一团。你双手紧握成拳，下巴和胃部神经紧绷。你甚至已经处于战斗状态，准备发动攻击；或者因害怕而逃跑；或者就像真的在战斗一样，正四处乱窜。

在第二张快照中，你可能正处于开放的状态。你可能会抬头，眼睛睁得大大的，胳膊和双手都很放松。你可能站着，迈着大步自信地走来走去；精力充沛，注意力集中，准备随时迎接挑战。

这个简单的练习表明，其实你已经知道了许多我们通过科学研究得出的结论，知道和你的问题做斗争根本没好处。第一张快照中你的身体采取的是回避姿势，第二张快照中则是灵活接纳的姿势。你知道，躲藏、斗争或逃避是没有用的，敞开心扉，让你的手臂和双手自由地拥抱问题并从中学习，这样效果会更好。

在工作坊中，我已经和数千人一起做了这个练习。我的研究团队也分析了几百张我们为世界各地的人拍摄的照片。到目前为止，无论你是居住在美国、加拿大还是伊朗，分析结果都是一样的。人们在最佳状态下都会展现出更为开放的姿势，而在最差状态下则会展现出更为封闭的姿势。

这是因为我们拥有内在灵活性的智慧。但是，灵活性智慧常被规则取代。这些规则控制了我们的心灵，使我们陷入了解决问题的陷阱中。

如果你再多给我几分钟，我就可以提供更多的证据。

在上一章中，我问了一个问题，是关于你未曾谋面的一位伟人的。而这和那个问题有点像。这次我希望你想想在生活中最能赋予你力量的关系。这种关系应该是和某个人的关系，他激励过你，以某种方式促使你前进。他可以是配偶或兄弟姐妹，爱人或朋友，老师或教练，父母或监护人——可以是任何人。这种关系甚至可以是一种精神关系。如果真的没有人鼓舞过你（可悲的是，有些人确实处于这种状况），那么你可以选择你渴望与之建立起这种激励关系的人。

关于这种关系，我会问你 6 个问题（我会把这段关系定义为过去的关系，当然这段关系也许现在还存在）：

- 你觉得自己被这个人接纳了吗?
- 你经常感到自己被评判、批评吗? 即便这种评判是以某种柔和的方式，或者你感觉不太强烈的方式。
- 当你们在一起的时候，那个人的心思是放在你身上吗? 还是心不在焉，没有全身心投入；甚至偷偷瞥手表，好像想要离开?
- 你是否有一种被那个人看穿的感觉，就好像他深深地理解你?
- 你关心的事情对那个人重要吗?
- 你们是否可以以最合适的且双方都认可的方式相处，还是总是由另一个人以他喜欢的方式相处?

在这 6 个问题中，每一个问题对应心理灵活性六边形模型的一个部分。如果你的答案是我猜测的那样，那么我可以这样说：在这种关系中，你拥有心理灵活性。你可以感受到开放、友善、活在当下和目标明确这种生活方式的好处。如果你可以像对待那个人一样对待自己，并且愿意成为关怀、支持他人的人，那么你和你所爱的人将会收获很多好处。

ACT 之所以如此强大，部分原因在于它能提高我们真正关心并需要的生活品质。通过培养心理灵活性技能，你将有意识地把这些品质带入日常生活。为了达到最佳效果，你必须努力培养所有的技能。记住，它们实际上是一个整体的六个方面。

为什么心理灵活性技能是一套“组合拳”

当我意识到所有6个转向可以相互协作，结果相得益彰时，我在思考为什么它们会形成一套“组合拳”，即为什么这六种技能可以很好地协同工作。答案来自另一个科学领域——进化研究。

大多数人只从遗传学的角度来考虑进化，但这是错误的。文化、思想、行为和基因的表达（可以开启或关闭你的基因）也在进化。此外，我们可以通过构建环境和做出选择来影响我们的进化。我们的进化不仅仅是偶然事件，我们还被赋予了一种伟大的天赋，能够有意识地适应自己的思想和行为，有意识地改造环境，以便过上更健康且有目的的生活。六种灵活性技能组合在一起时变得如此强大，是因为每一种都能让我们满足进化发生的六项基本标准之一。它们提供了生命有意进化的工具。

我可以说得更简单一些。ACT是应用进化科学的一种形式。我不是唯一提出这个观点的人，首席进化科学家戴维·斯隆·威尔逊（David Sloan Wilson）对此表示赞同。[1]他和我一直在合作探索使用ACT来促进有意的生活变化的新方法。（我们将在后面的章节中回顾这项工作。）

简而言之，以下技能可以帮助我们满足进化条件。

（1）变化。俗话说：“种瓜得瓜，种豆得豆。”而进化需要有选择的余地。基因如此，文化实践也是如此，我们的情感、想法和行动也是如此。我们可以利用这种洞察力有意地在生活中尝试新方法。僵化是变革的敌人。

（2）选择。我们必须找到一种方法来选择那些使我们更能成功应对生活挑战的变化。虽然动物界其他动物不能有意识地选择哪些变化是最好的，但我们的高级思维能力使我们能够做到这一点。根据指定的标准，我们有能力识别并有意识地选择最有效的变化。

（3）保留。进化还要求我们继续做有效的事情。在遗传进化中，信息储存在基因以及体内调节其活动的机制中。在文化中，它储存在我们的传统、规范、媒体和仪式中。在思想和行为中，我们将有益的思维方式和行动方式储存在对世界做出反应的习惯中，而这些习惯已经在我们的神经网络中根深蒂固。

（4）适应。我们必须根据情况选择有效的方法。在一种情况下最有效的方法，换一种情况可能就没效果。换句话说，我们必须对语境敏感。当我们身处其中时，就能认识到特定的方法在哪些生活情境和领域最有效。

（5）平衡。我妈妈常说："保持平衡，亲爱的。要保持平衡！"她是对的。每个生物都是一个生命系统，具有许多错综复杂、相互关联的特征和维度，包括生物、认知、情感、注意力、动机、行为和精神方面。你的整体健康取决于你对所有这些方面的培养并使它们保持平衡。例如，如果你不关心身体健康，即便采取措施保持情绪上的健康，也不会有什么效果。

（6）多维度。所有生物都生活在生态系统中。换句话说，所有的生命都依赖于其他生物。站立在田野里的一棵树看起来是独自成长的，实际上它得到了其他生物群体的广泛支持，从地面的真菌到树叶上的昆虫群落。同样，我们也都是社会群体的一部分。这个社会群体的结构是多层次的，从我们体内数以万亿计维持身体机能的微生物，到日常生活中与我们互动的个体，一直到我们所在的社区和整个社会。进化选择在各个层面都应该成功，一个层面的成功并不足以让生活欣欣向荣。如果你的亲密关系持续瓦解，那么即便在更大的社会范围内高度发展，假设你建立了一个庞大的社会网络，这对你来说仍没什么好处。另外，如果你杀死肠道中所有细菌，你很快就会死亡，因为你无法再消化任何食物。

这就是 CliffsNotes 版本的进化科学。所有生物的适应都基于多样性和对行为的选择性保留。这些保留下来的行为能够适应环境，在关键维度上保持平衡，并在多个层次上运作。同样，与所有其他生物相比，人类最引人注目的是我们可以利用认知能力有意识地满足所有这些需求，并有目的地自我进化。

即便是最低等的生物，其进化的过程也可以被引导（而不单纯是随机进化的结果）。[2] 例如，如果你在培养皿中培养细菌（这是一个很好的例子，因为它们代际更替只需要几分钟），从培养皿中去除某种基本的食物，那么细菌的遗传变异将会大大增加。这就好像细菌是在这种不利的生存环境中有意寻找另一种进化道路的。

因为没有象征性思维，细菌并不是真的“有意”寻找，但人类可以“有意”选择。我们可以有意识地选择相应的行为，从而让进化更健康。我们可以超越由过去经验引导的进化，将进化发展成由我们对未来的建构所引导的进化。

这就是心理灵活性技能的用武之地。[3]它们通过这些选择来帮助我们：通过远离回避和融合，缩小我们的选择范围（变化）；通过价值澄清，告诉我们什么才是重要的（选择）；实践有益的行为，并养成承诺行动的习惯（保留）；通过关注当下，有意识地为不同的情境选择不同的方法（适应）；关注我们心理存在的所有关键维度（平衡）；积极培育社会支持网络和身体需求（多维度）。

组合技能

为了向你展示如何将这些技能组合起来，以及练习后会取得什么样的进展，我将介绍一项研究成果。该研究评估了 ACT 是如何帮助人们应对慢性疼痛的（慢性疼痛是最难治疗的疾病之一）。

这项研究的目的是探讨通过 ACT 训练能否帮助瑞典减少病假和预防残疾。该研究于 2004 年实施，当时瑞典适龄劳动者中有 14% 的人长期休病假或因残疾而提前退休，这一比例令人震惊。公共卫生工作者（包括护士、老年人或残疾人护工、日托工作者等）的工作情况最糟糕。瑞典每位公共卫生工作者平均每年有 2.25 个月的时间无法工作，其中多达 50% 的人曾经有过伤残。[4]瑞典“疾病清单”中两种主要疾病是肌肉骨骼的慢性疼痛和压力导致的职业倦怠。这项研究的对象为公共卫生工作者，他们被评定为长期残疾的高风险人群。研究是由治疗爱丽丝的治疗师乔安妮·达尔和她的学生安妮卡·威尔逊，以及我以前的学生凯利·威尔逊合作进行的。

瑞典所有公民都可以免费获得的医疗服务，包括家庭医生、专科医生和理疗师。在早期阶段，治疗包括解释如何避免压力、放松练习，以及改善运动、睡眠和饮食。一半的参与者被随机分配到控制组，接受 4 次 ACT 训练。每周 1 次，每次 1 小时。结果令人震惊。

在接下来的 6 个月里，那些只接受常规医疗服务的高危工作者因为病假而缺勤了 56 天，相当于他们正常工作天数的一半。统计数据告诉我们，这些工作者中约有一半将永久放下工作，成为无工作能力的残疾人士，永远无法回到工作岗位。那些被随机分配接受了 4 个小时 ACT 训练的工作者在整整 6 个月里平均只缺勤半天——病假减少了 99%。在此期间，接受常规医疗服务的参与者就诊 15.1 次；ACT 训练组就诊 1.9 次——二者相比，ACT 训练组减少了 87%。两组成员的疼痛感和压力都减轻了。但重要的是，ACT 参与者在疼痛感和压力减轻的同时能正常上班，而接受常规医疗服务的参与者缺勤很多，并发展成终身残疾。就像政府所担心的，他们是“高风险”人群。

这 4 次训练的内容是什么，以至于产生如此戏剧性的变化？在第一次练习中，ACT 治疗师让参与者思考他们在 12 个生活领域（工作、娱乐、社区、精神、家庭、身体健康、朋友、教育、养育、亲密关系、美育、环境）中真正想要的是什么，以及阻止他们按照这些价值生活的障碍是什么。比如，负面的身体意象让他们不敢去健身房；或者是害怕失败，让他们不敢向老板提出要求，承担新的工作责任。思考之后，治疗师复印了一张表格，让参与者把它们写下来（见图 8-1）。[5]

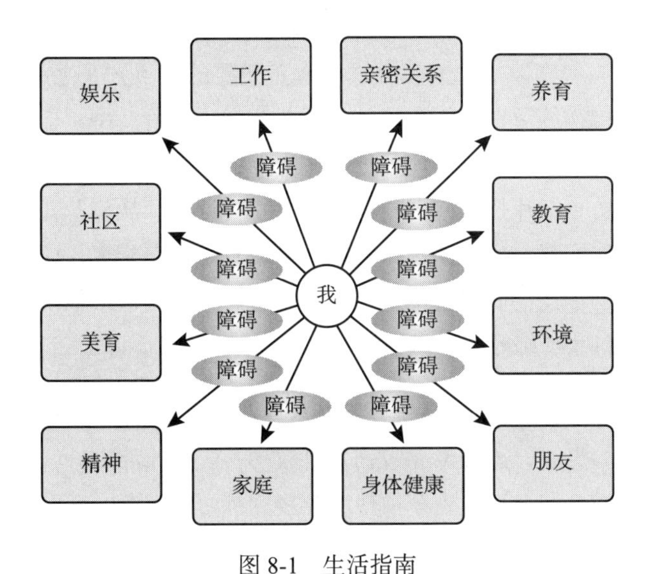

图 8-1　生活指南

参与者被要求填写这份生活指南，写下他们在这些领域真正想要的东西。然后，让他们着重考虑在向这些方向前进的道路上存在哪些内部障碍。例如，对疼痛的恐惧使他们无法进行锻炼。然后，让他们考虑如何应对这些障碍。人们可能在去健身房这件事上一直拖延。接下来，他们仔细研究了自己的应对策略，并评估这些策略是不是一种回避，以及这种策略是否有效。这个过程有助于参与者意识到自己需要“放下绳子”，需要“接纳”。它还有助于把想法和情绪作为 ACT 技能的应用对象。

他们用了几个解离和接纳练习来处理发现的无用想法和情绪。最后，他们承诺采取一两个符合他们价值的行动，比如打电话给朋友或出去散步。

在接下来的练习里，治疗师们在接纳和解离技术上做了更多的工作，并增加了当场练习。要求参与者有意识地唤起糟糕的想法和感受，治疗师和他们坐在一起，以冷静的、好奇的态度关注那些糟糕的想法和感受。例如，治疗师要求他们关注在身体的什么地方出现了糟糕的感觉，并放弃与之抗争。最后，他们报告了自己在采取行动时的表现，并做出新的承诺。

第三次练习是关于价值和自我的。在这次练习里，他们写下了将来去世后最想看到的关于他们的文章。这有助于人们更仔细地审视自己所编织的自我故事，并看到他们一直以来的生活方式和真正想要的生活方式之间的差别。[6] 他们还做了很多接纳练习，包括玩了一个游戏。在这个游戏中，他们被要求在卡片上写下他们的心理障碍。治疗师把这些卡片扔向参与者，同时告诉他们要挡住这些卡片，防止卡片打到他们身上。在注意到这场“战斗”耗费了太多精力后，治疗师让他们想象拿起卡片，并把它们放在衣服口袋里，以便在生活中随身携带。这有助于让他们理解接纳实际上是更容易的方法。他们还额外做了一些关于解离和自我的练习。

在第四次练习里，参与者回顾了在解离练习中他们需要克服的障碍，包括学习倾听自己的想法。这就像你听别人讲故事，听得津津有味，而不至于像听到“独裁者”的命令一样，完全被他所控制。练习结束时，所有成员会告诉大家他们在每个领域的价值，以及他们将如何追求这些价值。

仅仅 4 个小时的练习就取得了令人瞩目的成果。显然，许多参与者做出了关键性的改变，并继续运用所学的知识。

如此简短的 ACT 练习，效果能持续多久？我们真的不知道。在我们的研究中，随访通常持续 1 年以上，而长期随访的研究结果也让我们充满希望。一个例子是对 108 名经历了近 10 年慢性疼痛的人进行的干预研究。在经过短暂的 3 个月 ACT 练习后，46.9% 的人在社会心理障碍方面有了显著改善。3 年后，这个数字几乎相同：43.1%。[7]

另一项研究跟踪了 57 名抑郁症患者，他们在 5 年前接受过 ACT 技能训练。[8] 接受训练时，他们在广泛使用的抑郁量表中的平均分数已经达到了临床抑郁值。仅仅经过 4 次 ACT 训练，39% 的参与者的抑郁症状消失了。6 个月后，这个比例上升到了 52%，5 年后上升到了 57%。即使只进行了 4 次训练，但在这之后的 5 年里，2/3 的人仍然在进行 ACT 训练，只有 6% 的人在使用抗抑郁药物，而最初的使用率是现在的 5 倍。他们在心理灵活性和生活满意度方面的评估得分显著提高。当被问及是什么样的想法帮助了他们时，回答包括“我已经能够影响自己的幸福：我不会陷入情感之中，而是把它们视为独立的东西”“我的生活发生了很多变化，但我已经能很好地应对这些变化：不与过去纠缠”。

这些结果看起来令人吃惊，[9] 但它们是真的吗？以上研究的参与者通过 ACT 训练唤醒了他们的生活智慧。你刚刚用你的身体证明，你也拥有这样的智慧。他们不再回避，从他们的想法和自我故事中后退一步，关注自己的意识，把注意力集中在他们所关心的东西上，开始朝着价值方向前进，尽管过去的痛苦仍然一路随行，但他们学会了改变。

持续的人生之旅

初次接触 ACT 迸发出能量并不意味着学习这些技能只是几个小时的事情，也不意味着你花几个小时就能培养出心理灵活性。我们需要不断练习，才能真正掌握这些技能。

我们还应该继续把这些技能应用到生活的更多领域。如果你开始是想解决抑郁问题，那么你可以从更健康的饮食入手，然后继续使用这些技能来改变你那陷入困境的事业。这就是 ACT 之旅常见的打开方式，它会很自然地带你进入新的、更有挑战的方向。你猜会怎样？新事物总是让人有点儿恐惧，即使它也令人兴奋。我们还将不可避免地面临一些生活抛出的新难题。当面对这些持续的挑战时，我们会再次被引诱，回到回避、融合或离开当下的状态。我们将不得不再次努力使用 ACT 技能。像任何学习过程一样，心理灵活性的培养是一个断断续续的过程。对一些人来说，巨大的变化来得非常快，但对大多数人来说，这是一个前进两步、后退一步，再前进两步的过程。

在理想情况下，练习 ACT 会成为我们生活的一部分，就如同日常的体育锻炼。许多 ACT 练习者都会在他们的日程表中安排时间，进行持续的练习。在第二部分中，我将向你介绍一些最有效和最流行的练习方法。在第三部分中，我将向你展示如何创建自己的 ACT 工具箱，其中包括一些你认为特别有效的方法。然后，我将提供把它们应用到各种生活挑战中的指南。随着时间的推移，你可以继续往工具箱中添加其他练习。通过大量的在线资料以及图书等形式的 ACT 文献，你可以自己找到更多的练习。相信你现在已经明白如何找到这些资源。

一位一直致力于开发 ACT 技能的人，在雅虎网站一个名为大众 ACT（ACT for the Public）的讨论贴吧里，发表了一段很有影响力的留言，很好地描述了人们对正处在发展中的 ACT 的期待。这个贴吧是数以千计的 ACT 爱好者自愿管理的，已经持续了十多年，拥有近 3 万条信息。这些信息我都读过，给我留下了特别深刻的印象。

作者称自己为蒂姆（论坛可以使用网名），他给贴吧中的一位新成员提建议。这位新成员正在苦苦挣扎，她说：“我的焦虑太严重了！”如果不大量服用苯二氮卓类药物，她就无法应对生活。蒂姆的回答很智慧。很明显，他的回答来自他练习 ACT 的体验：

和大多数人一样，你来到这里的时候，已经给自己预设了很多有害的废话。没关系，我们都做过同样的事情。这是人之常情，你没做错什么。

然而，你仍然是需要承担责任、解决问题的那个人。这个贴吧可能会有很大的帮助，但是你不能忽略了自己而去找解决方案。你是这个过程中最重要的部分。

在说这些没有意义的话时，我的意思是大脑错误地把可接纳的东西认为是可怕的东西。关键是，你有很多工作要做，所以集中你所有的力量，准备好充足的耐心来应对即将到来的转变过程吧。

在你前进的过程中，要做好起起落落的准备。在效果不佳时，你的大脑肯定会向你尖叫，说你偏离了轨道。不要相信它的鬼话。不要担心你的问题会向何处发展。假设你会为之奋斗终身，因为现实很可能就是这样，但你也会从 ACT 练习中获益。你可能会在某个时刻大脑一片空白，并有一种宣布自己痊愈的冲动——你感觉你已经“摆脱了那个东西”。这是一个陷阱，因为“那个东西”的一丝气息都有可能再次将你拖入糟糕的状态。当恐惧的警报响起时，你的大脑可以把任何东西都变成“那个东西”。

你坚持练习就可以了。允许痛苦存在于你的生活中。这就是现实，你无法完全摆脱痛苦。你的大脑会出现一些古怪的想法，告诉你怎样找到一种完全没有痛苦或焦虑的新生活。这是一个谎言。如果你相信了，会发生什么？嗯，实际上无论现实发展得有多好，都无法满足你的大脑所追求的标准。它只会不停地说：“啊！继续前进！继续战斗！我们还没有完全成功呢！”

恕我不能苟同。即使现在仍然处于痛苦中，你也非常非常接近你所追求的有意义而充实的生活，因为你现在所做的正是你需要的。挑战你必须到达“某个地方”的想法。有些习惯需要改变，我们可以从学会观察、接触当下、关心开始。

这需要时间。虽然有意义的生活离我们只有半步之遥，但这“半步”很不容易跨越。恐惧、悲伤和思想的纠结很难摆脱。虽然难，但这是可以做到的。

蒂姆的留言深深地打动了我。我们人类面临着如此艰巨的挑战，但每一种智慧和精神传统都在传递我的信念：如果我们能够学会善待生命，就可以拥有充满活力的生活。

在这一章的开始，你用自己的身体展示了你的内在力量。你可能已经更好地理解了痛苦、恐惧、羞愧、愤怒、怨恨或者其他一些你试图回避的情绪，以及你想要改变的行为。

所以，让我们去学习如何驾驭自己的想法吧。

A Liberated Mind

第二部分

开启你的ACT之旅

导 言

第二部分是你学习、实践 ACT 的个人工作坊。你可以将这一部分看作一个导航。无论你陷入什么样的困境，它都能帮助你“放下绳子”，从而为旅途做好准备。你将会学习一种有效的方法来识别回避的想法和行为。在阅读这些章节时，你就可以运用灵活性技能。

每一章都致力于帮助你掌握一个转向，并学习这个转向所对应的技能。我会阐述每一个技能是如何满足人类对健康的深切渴望的。但不幸的是，我们常常以一种有害的、僵化的方式来满足这种渴望。比如，对归属感的渴望会导致我们说谎，进而导致我们与他人失去联结。我常借那些已经完成转向者的故事来说明，将内在能量转向对健康生活的渴望是多么容易完成。

在第二部分的每一章，我都会先提供一组入门练习，之后是供你继续提升技能的附加练习。我建议你做完入门练习后就去学习下一章。在完成了第二部分所有章节后，再回过头来做每一章的附加练习。这样做的话，你就能很快体验到如何培养这六种技能，以及它们之间是如何相互支持的。在多年的 ACT

教学中，我们发现最好的学习方法是先快速地学习一组相对简单但较为完整的技能，然后不断练习这组技能。在此基础上，逐步扩展你的技能。

在你阅读这些章节的过程中，可能会想将这些观点和技能运用到你目前正在努力应对的一个具体挑战中。也许是戒烟、坚持节食、应对抑郁症、缓解压力、在工作中和一个糟糕的老板斗争，或者是管理养育孩子时的挫败感。如果你已经计划应对某种挑战，或者正在接受心理治疗、心理咨询，学习这些技能将对你有所帮助。

如果你决定在阅读第二部分时将这些技能运用到某一具体挑战中，那么也许你首先需要阅读第三部分中关于 ACT 如何应对具体挑战的材料。如今，许多临床心理医生在一定程度上都了解 ACT，并且许多治疗方案也包含 ACT 的某些要素。所以，询问周围的心理医生或咨询师也可以。

不过，ACT 并不仅仅被用来处理具体问题。灵活性技能是一种让你的人生更健康、更充实的方法。因此，在阅读这些章节时，你有充分的机会将这些方法应用到每天遇到的任何挑战中。

请按照自己的节奏自由地完成第二部分的内容，记住充分实践能最大限度地完成六个转向所对应的全部技能。你可以设定目标：在一两周时间内完成第二部分的阅读。理想状况下，每读完一章后花一两天的时间进行入门练习。但你也可以加快速度，比如一次读两章，或者也可以花更长的时间连续阅读第二部分的章节。但是，我强烈建议你挤出时间来一章接一章地连续读完这些内容，中间不要有较大的时间间隔。我想你一定会很快从这些练习中看到一些积极效果，这有助于你保持较强的学习动机。

谨防用新方法玩旧把戏

当你进行技能练习时，要记住一件事，那就是你有时会发现自己将灵活性技能用于服务旧的坏习惯上。这就如同把放大镜当铲子使用。比如，你可能会在进行自我练习时，开始编织神话般的新的自我故事——我现在具有超级强的灵活性！不要对自己太苛刻，每个人都会做这样的傻事。但要注意一点：不要期望你倾向于解决问题的大脑会停止提供回避性的“解决方案”。你可以期望的是，你会越来越明白这些想法是无用的，并礼貌地拒绝它们。

关于练习，我对你的唯一要求是：在练习过程中，仔细倾听自己的想法和感受。在你取得进步或遇到任何困难时，要善待自己。ACT 学习中最不应该做的事情是指责自己。你在学习一种新舞蹈时总会有一些失误，但如果你以开放的心态进行练习（无论其中一些练习看起来有多奇怪），你很快就会看到一些积极的效果，这将帮助你坚持下去。俗话说得好：买来了厨具还不够，你必须使用它们，才能为自己烹饪出营养丰富的美食。

准备好了吗？让我们开始吧。

你是怎样回避的

学习转向的第一步是意识到你的回避想法和行为，并承认它们是无效的，甚至是有害的。为此，我们开发了这个练习。

想想你面临的挑战，并把它们写下来。在第 2 章中，我列出了自己使用过的一些战胜焦虑的方法，包括：

- 练习放松技巧。
- 尝试更理性地思考。
- 坐在门边，以便很容易地逃出去。
- 喝杯啤酒。
- 避免演讲——让研究生去讲吧。
- 服用镇静剂。
- 说话的时候看着朋友。
- 强迫自己露面。

现在轮到你了。列出一个类似的清单，说明你是用什么方法尝试解决问题的。要列出那些你确实着手使用过的方法。

下一步要做的是仔细研究这些方法是否有效。如果有效，那么是长期有效还是只在短期内有效。你通常会发现一些甚至是全部方法在短期内有所帮助，但从长期看它们没有带来有效改善，甚至可能会使事情更糟。

看看我列出的方法。在我惊恐发作最严重时，我拒绝了一个演讲邀请，而不是去面对恐惧，我感觉如何？我感觉棒极了！如释重负，也平静多了。但是，我被这个问题套得更紧了。下一次被邀请演讲时，我的焦虑会更加严重。

现在是时候看看你列出的方法了。

每次问自己一个问题：从长远看，你使用的方法是否真的有效。如果没有效果，就仔细看看这些方法给你带来了哪些较小但是更直接的好处。你会在这个练习中意识到这些方法对你有何意义。它们可能是努力控制或回避你的体验；或者被“内在独裁者”的“必须”信息所驱动；或者已经放弃了基于价值的方法，而去寻求令人上瘾的短期化学奖励。慢慢来，对你使用的所有方法都这么问一问。

在思考你的方法清单时，不要责备自己。虽然这个练习的目的是帮助你“放下绳子”，认识到接纳的意义。但具有讽刺意味的是，它可能会引发自我否定，使我们意识到自己解决问题的努力是多么无效，甚至是适得其反。这确实令人痛苦，甚至会导致自责或羞愧。如果情况确实如此，那么在你发展灵活性技能时，可以用灵活性来处理苛刻对待自己的这种情况。

现在从你的清单中退后一步，问问自己：如果你继续使用这些方法，能让你过上你希望的生活吗？在思考答案时，可能会听到“内在独裁者”在反击，说这些方法是有效的。你使用的一些方法确实是符合逻辑的。但是，它们有效吗？完全有效吗？如果从长远看呢？

是时候回答这个问题了：你信任谁？是你大脑中的那个声音还是你的经历？抛开那些在你的实际经验中行不通的“解决方案”吧！还有什么是比这更符合逻辑的呢？

当你阅读这些章节时，可能会发现：写下你的解决方案，仔细考虑它的短期效果和长期效果，并多次重复这一过程是很有用的。我希望你会因为在方法清单上增加了一些更高效的新方法而感到欢欣鼓舞。

你要做的最后一个准备是评估你的心理灵活性程度。你可以用它作为基准来衡量你在发展灵活性技能方面的进展。我们在研究中就是这么要求参与者的，让他们在接受培训前先填写评估表，培训结束后再次填写评估表。有时还会在几个月后做随访时再次要求他们填写。但是你不必依赖评估来获知学习这些技能会给你带来多大的好处。所以，你不愿意进行评估也没问题。

在一整套与 ACT 相关的研究中（现在数量已经达到了上千个），还没有哪一个在心理灵活性方面有改善，而结果却是无益的。最基本的结果是：如果你掌握了灵活性技能，那么它们将以许多不同的方式为你提供帮助。所以如果你准备好了，我们就开始吧！

A Liberated Mind

第9章

第一个转向

解离——驾驭你的想法

由 ACT 社群发展出来的解离方法，能够帮助我们以一种更加开放、更有觉察且基于价值的方式来看待我们的想法。[1] 学会对自动化思维有更多的认知；学会与那些无用的想法保持距离，就好像告诉“内在独裁者”:“谢谢，我已经搞定了。”批评的声音和命令不会消失，但我们更可能将它们视作心理机制的产品，就像《绿野仙踪》中创造出来的奇妙装置发出的声明一样。我们不需要和想法争论，而是将想法拴在皮带上，随身携带即可[㊀]。

在审视我们自身痛苦或恐惧的根源时，会产生许多糟糕的想法。解离在这方面会给我们带来巨大的帮助。我们经常对自己大加指责，并陷入无用的思维反刍中。一旦学会从自我评价中解离，就能够用自我慈悲来替代自责式的思维反刍。解离还能让我们暂停强迫性解决问题的思维模式。它打开了一扇勇于改变的门，允许我们承认自己的无益想法并制订摆脱这些想法的方案。

㊀ 这是原文“put the mind on a leash”的直译，可理解为驾驭自己的想法。——译者注

对一致性的渴望

学习解离有助于理解：是什么驱使我们过分关注自我信息，以及为什么会有强迫性解决问题的冲动。这是一种渴望，渴望在精神世界不和谐的杂音中找到逻辑上的一致性和对它的合理理解。这是一种完全可以理解的愿望，它是语言本身所固有的，因为杂乱的思维过程令人不适。当想法不能很好地契合，尤其是这些想法相互矛盾时，就会让我们有一种脆弱感。我们想知道："究竟该相信哪一个？哪个才是真的？"

有时，我们所看到的想法中的矛盾根本不是矛盾。比如，"我爱我的丈夫，但是（but）我无法忍受和他生活在一起。"这看起来很矛盾，并且"但是"（but）这个词也证明了矛盾的存在。"but"是"be out"古代的缩写形式。这里隐含的意思是，对丈夫同时有如此对立的反应看起来不合逻辑，因此两种反应中肯定有一种"出局、不合适"（be out）。然而，这一陈述并没有真正不合逻辑的地方。真相可能是："我爱我的丈夫，以及（and）我有无法忍受和他生活在一起的想法。"我们之所以认为这是一个矛盾，是因为一条简单的文化规则——我们应该对爱人一直保持积极的感受。但事实是，我们对爱人有不同的反应是很有意义的。人是复杂的生物，为什么不能产生复杂的反应呢？

另一些时候，想法的确会存在字面上的矛盾。比如，我们会同时想"我是一个好人"和"我是一个坏人"。这是因为这些想法反映的是我们过往的不同侧面。试想一下这样的情况：判断自己的不同想法哪一个正确、哪一个错误，就像解决两个正在争论的一年级学生的分歧一样。如果你已经决定去判断谁对谁错，那你必须参与到争论中。但是，如果你仅是站在一边，带着好奇心和温和娱乐的心态来看着他们，那么你会觉得没必要决定谁是对的。你甚至能帮助他们放下分歧，共同努力，即使争论没有解决。

这就是认知解离带给我们的力量。它能将我们的大脑从僵化的思维中解放出来，从而找到处理问题和渴望的新方法。

如果我们不去期待"杂乱的"想法和感受消失，那么对一致性的渴望不仅是自然而然产生的，而且ACT也可以满足这种渴望。这使得我们不再把"正确”作为主要标准。如下面的透视图（见图 9-1）所示，我们用漏斗打个比方。当把错误的秩序施加于我们的想法后，我们就会把对一致性的渴望引导到更狭隘的生活中。如果这种一致性是努力寻求自我故事以符合社会期望的结果，那就应该停止这一努力。如果这种一致性是选择严格遵守规则，以便它能提供生活“答案”的结果，那就应该停止这种选择。只有一种建设性的一致性能适应转变：关注那些有用的、与我们的价值保持一致的想法，同时摒弃无用的想法。我将其称为功能上的一致性（functional coherence），它能够把我们对一致性的渴望引导到广阔的生活中。在图中，我们用扩音喇叭来比喻功能上的一致性。在解离之前，我们常注重形式而非功能；解离之后，我们相信功能胜过形式。这时，我们开始接纳混乱的思维，并将注意力和行为转向有用的想法。

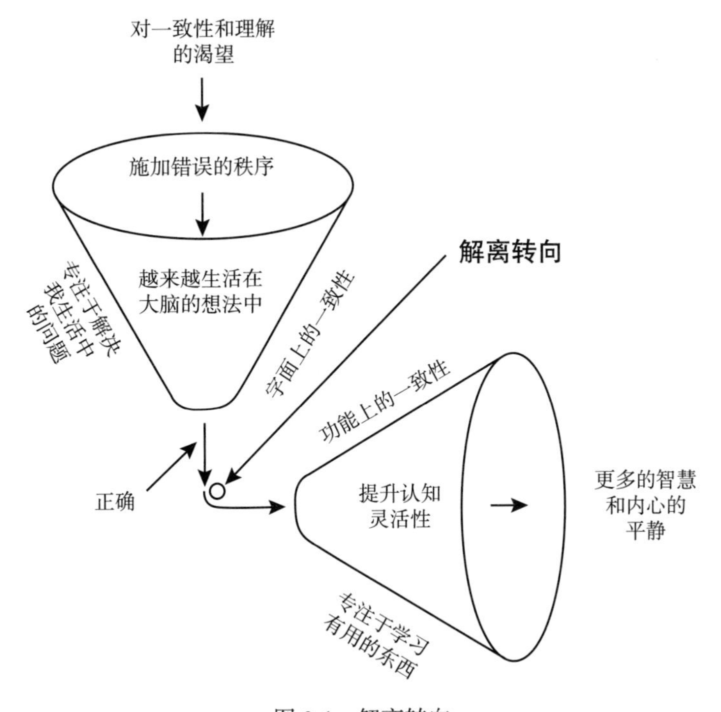

图 9-1　解离转向

具有讽刺意味的是，当养成解离习惯时，我们的头脑在某种程度上的确会变得更加平和而有序。解离有助于我们关注那些有用的想法，不再关注那些混乱的思维内容，进而帮助我们拓宽并建立有用的思维网络。

捕捉自动化思维

进行这一转向的第一步是要认识到思维过程的自动化和复杂性。这也是CBT的目标，ACT社群建立在此方法上并扩展了相应的范围。一种方法是放飞你的大脑，让它自由几分钟，然后记录大脑出现的所有想法。

下面是我在写这一章内容的那个早晨醒来进行这个练习时写下的一些想法：

> 该起床了。不，时间还没到，才6点钟。我只睡了7个小时，但我需要8个小时的睡眠——这是我的目标。感觉最近有点儿胖了。嗯，生日蛋糕。我得在儿子的生日宴上吃蛋糕。也许可以吃一块，但不要太大。我敢打赌，我的体重已经有196磅了。唉……等到了万圣节糖果派对/感恩节挑战时，我会重回200磅。但也许不会更重，也许会瘦到193磅。也许我会进行更多锻炼。一切事情都可能会变得“更好”。我要专注。我有一章内容要写。写作进度已经滞后了，而我越来越胖了。注意到这些声音，让它们随着思绪飘荡，或许是写这一章的好开始。最好继续睡觉，或许会有用。雅克提出的这个建议真是贴心。她早早起床了，可能她感冒了。也许我该起床看看她是否还好。可现在才6点15分，我需要8小时睡眠。现在已经接近7个半小时了，还没到8小时。

这些想法不仅迂回往复，而且通常与规则和惩罚有关。许多想法还自相矛盾。我相信你一定很熟悉这种迂回往复的想法。这是人类常有的现象，欢迎加入人类！

即使是小孩，也知道这个古老的卡通式场景：在一个人的肩膀上，一边是魔鬼，一边是天使，他们争吵不休。我们和自己的辩论争吵是再自然不过的事情。在语言能力得到发展，“内在独裁者”刚出现时，我们就已经这么做了。当全神贯注于一项心理任务时，心智便会处于一种流动状态。在这种状态下，思想、情感和行为都会暂时保持同步。但更常见的情况是心智漫游徘徊，通常表现为想法上的分歧。

关于心智游离所涉及的大脑部分，我们称为默认模式网络，[2] 因为它会在大脑没有关注特定任务时被自动激活。有趣的是，神经科学对大脑的扫描研究表明，参与决策的大脑执行网络在心智游离时同样会被激活。这从生理上证明了当你没有关注自己的内心时，大脑会自动清理不和谐的想法。解离所激发的开放意识能够使默认模式网络平静下来，使头脑平静，并聚焦于我们想要关注的想法。解离可以被视作一种使内心平静的技能。当我们体验到专注于有效性的大脑在功能上的一致性时，就会获得精神上的平静。

讲一个我个人的例子。有一次，我在斯坦福大学做演讲，谈到了安眠药使用量的惊人增长。根据已有记录，人们在安眠药上的花费增长了数十亿美元，但我说的却是“数万亿”。当时，我没有注意到这个错误，但大脑注意到了。因为在那一天的半夜，我突然坐起来并大喊：“数万亿？！你真傻！”然后我就一直在房间里踱来踱去，并责备自己的愚蠢。最后只好去做铁钦纳式的单词重复练习。在本书第 4 章我提到过这个练习。坐在床的一角，我用了 30 秒重复单词“愚蠢”。做完之后，很快我就睡着了。花费时间试图说服自己“我不愚蠢”都是不值得的。不需要通过争论说服大脑相信我不愚蠢，那样只会使争论更激烈。

为了让你看看思维过程多么自动化，多么迂回往复，现在花 1 分钟时间将你的思维指向任何你想指向的内容，然后努力追踪它。要记录下所有你所注意到的东西。

完成这个练习后，重复做两次。每次都让你的心智随意游走 1 分钟。在第二次练习中，想象你的工作是弄清楚每个想法在字面上是否正确或者恰当。在第三次练习中，把你的想法想象成一年级学生争论的声音。你要带着好奇、愉悦的心态去聆听，除了注意这些声音，不要做任何事情。每次练习 1 分钟，开始吧！

在第一次重复练习中，你可能会体验到被拖入思维网络中的感觉。此时争论的声音更大了，你会更关注想法的内容。你可能会注意到自己已经陷入争论之中。

在第二次重复练习中，你可能会更多地注意到想法的流动变化。非常有可能的感受是，想法的具体内容已经不那么重要。此时，你有一种置身于争论之外的感觉。

这两次重复练习的差异解释了为什么解离练习能削弱自动化思维和行为之间的联系。[3] 随着练习的进行，我们从想法中退出的能力会变得越来越强。

解离转化的力量

学习解离已经帮助许多人改变了他们的生活，甚至是那些被消极思维模式困扰而痛苦不堪的人。例如，两位 ACT 的重要开发者发现解离帮助一名来访者摆脱了思维反刍对她的控制。

经常思维反刍的人容易产生各种焦虑和情绪问题，比如广泛性焦虑症（GAD）中常见的游离性焦虑症状。用 ACT 治疗广泛性焦虑症最多的两位研究者是来自萨福克大学的苏・奥西洛（Sue Orsillo）和来自马萨诸塞大学的丽兹・罗默（Liz Roemer）。苏和丽兹使用正念来处理认知融合。[4] 正念教会人们从思维反刍中退出，并从旁观者的角度观察思维反刍的内容。

碧是她们的明星来访者之一。你如果见过碧，肯定无法想象认知融合曾几乎毁了她。现在的她身上散发着自信，但之前并非如此。在努力获取一所顶尖大学政治学系终身教职的过程中，她才智过人，在政治理论方面富有才华，并且具有长期的社会活动经验。这在政治学领域是不同寻常而又至关重要的资历，因而她被认为是炙手可热的人物。起初，人们对她的期望极高。但她很快发现，在荣耀的光环下，自己就像一头冻僵的小鹿动弹不得。

“在那种级别下，学习如何教学和写作的压力非常大。”她告诉我。在努力学习学术写作的时候，她开始不停地问自己：“这样足够好了吗？”“我什么时候才能完成这篇文章？”她在反复地沉思、反省，并且反省得越多，写的东西却越少。很快“我就要失败了”这一消极的想法成为她脑海中的杂音，让她完全不知所措。

她会连续几个小时专注于无用的细节，比如文档页边距是否完美。思维反刍阻碍了她的行动，使她的研究停滞了两年多而毫无进展。这让她感到很绝望，勉强提交了一些成果作为获取续聘的申请资料（这可以使她的任期增加几年）。她随手找了一篇半成品文章，将其作为连任申请书的附件。

同事们看到她提交的文章很震惊。他们深知她的潜力，所以竭力为她辩护。但是这次申请仍旧没有被接受。她必须做出改变，并且需要很快进行改变。

后来，的确发生了一些改变。但是，是朝着更坏的方向。

碧开始喝酒，服用阿德拉（Adderall）—— 一种苯丙胺药物。由于阿德拉在大学校园里被广泛应用于提升学习成绩，因此也被称为“学习灵药”。有时她在服用阿德拉的同时又饮酒，导致头脑不清醒。

在苏和丽兹教她解离技术后，碧开始摆脱那种堕落状态。她们给碧展示如何练习用一种开放的好奇心态，退后一步观察自己的想法。她们教给碧的练习目前已经成为ACT的重要组成部分，被我们称为“溪水落叶”。当然，如果你愿意，现在就可以试试。作为一种有引导的冥想，这个练习通常需要闭上眼睛。

> 想象你正看着一条静静流淌的小溪，小溪上漂着落叶。把进入你脑海的想法放在一片树叶上，看着它顺流而下。如果又有想法出现，那也没关系——只要把第二个想法放到另外一片树叶上就行。你的目标是待在小溪旁边，观察你的想法。有时，你会发现自己不知不觉中停止了这个练习，思绪已经飘到别的地方。这是很正常的事情。这时，请看看是什么东西让你的注意力分散了。几乎可以肯定的是，这时你和某个想法发生了认知融合。应该有什么东西突然出现在了脑海里，你不是把它放在叶子上，而是沉浸到了它的内容中，并触发了你的自动化思维。注意到“融合触发器”开始工作时，请把注意力拉回来，继续观察小溪，重新开始刚才的练习。

碧需要从解离开始。如果她不能将大脑从思维反刍中解救出来，就不会有任何进步。做到这一点之后，她的进步很快，还学习了ACT其他部分的练习。仅仅在一个月后，碧就成了一个多产的作者。令人开心的是，她最终获得了终身教职。

当学会解离技术后，我们就可以从阻碍创造性的渴望中汲取能量，并将能量转向学会如何以体验为指导。这样，我们会变得更珍视功能而不是形式。当体验到关注有用想法的好处时，我们会越发有动力去和“内在独裁者”的声音解离，从而建立正反馈环路。

NBC新闻专栏作家莎拉・沃茨亲自体验了解离是如何帮助她从阻碍性焦虑（debilitating anxiety）中恢复的。她这么描述解离的作用过程：“几周内，在大量练习后，之前那些曾导致我无力行动的想法，慢慢松开了对我的控制。比如‘癌症很快就会杀死我’‘我得排出另一块令人痛苦的肾结石’。[5] 这些想法既不是真实的，也不是不真实的——它们只是想法。我现在有能力随心所欲地处理它们。”当她开始新生活时，感慨道：“这才是正常人的感受！”

实际上，这并不是正常人的感受，它是人们放弃依附于心理形式而重视心理功能之后的感受。很不幸这并不是常态，但是这种感受已经触手可及了。

准备好练习解离

我们最好从一个基本评估开始，以了解你在多大程度上与使你痛苦的消极想法相融合。第一步是完成“认知融合问卷”[6] 的快速评估。

认知融合问卷

下面是一系列陈述句。请评估对你而言每句陈述在多大程度上是真实的，并在相应的数字上画圈。最后，在下表中进行选择。

1	2	3	4	5	6	7
从未	罕见	少见	有时	多时	常见	总是

1. 某些想法使我感到烦恼和痛苦。

1 2 3 4 5 6 7

2. 我被某些想法困扰以致无法完成要做的事情。

1 2 3 4 5 6 7

3. 我过度地分析某些情况，但这对我毫无用处。

1 2 3 4 5 6 7

4. 我在自己的某些想法中挣扎。

1 2 3 4 5 6 7

5. 我为某些想法感到心烦意乱。

1 2 3 4 5 6 7

6. 某些想法让我很纠结。

1 2 3 4 5 6 7

7. 虽然明白放下就好，但我仍然纠结于某些令人烦恼的想法。

1 2 3 4 5 6 7

现在将每小题分数相加得到总分。分数与认知融合程度没有严格的对应关系，但粗略的评估指标是：如果你的分数低于20分，就意味着你能灵活地思考；如果你的分数接近30分或30分以上，就意味着认知融合在你的思维中占有一定的主导地位。本章所介绍的方法能够帮助你和你的想法保持必要的距离。其实，不管你的想法是融合的还是灵活的，解离方法都值得练习。就如同你身体虽然健壮，但是锻炼身体对你仍然有意义，值得你去做。解离练习会使你的思维保持良好的灵活性。

随着时间的推移，当我们再进入融合状态时，对思维过程的新认识会使我们变得更协调。需要牢记的关键点如下：

（1）你的想法是可预测的。这些想法已经出现很多次了，次数多到它们如同你自身的一部分。记住这些想法，将其写下来，然后你可以通过练习逐渐摆脱它们。

（2）你有一种从幻想中醒来的感觉。这意味着你已经在想法中迷失了一段时间。你可能会发现时间已经悄悄流逝，而本该完成的事情没能完成。当发生这种情况时，和“溪水落叶”练习一样，请尝试记录下你的想法，并确认你迷失的时刻，这将有助于识别融合触发器。

（3）你的想法带有强烈的比较性和评价性，并且你开始走神。当你的大脑只关注什么是有效的，即寻找功能上的一致性时，一旦你注意到，评价性的声音就会停止。如果你发现自己的思维在兜圈子，或者你的评价变成了自我反思并常常进行比较，就说明你该进行解离练习了。比如这样一连串想法：“我能申请将晚宴作为一项慈善活动进行减税吗？是的，我想我能。我很高兴会想到这个。其他人应该会错过，但我不会。我想即使我的税务顾问也会错过。”

（4）你的头脑处于过度忙碌模式，比如参与一场水火不容但又充满自我告诫和规则的角力（“你错了，你不需要那个甜甜圈！它会让你发胖的，甚至更胖！这就是人们躲避你的原因。哦，别这样，这只是个甜甜圈……”）。

认知灵活性培育创造力

学习解离技术不仅有助于应对痛苦的生活挑战，还能帮助我们在解决问题时考虑更多的可能性。换句话说，它增强了我们的认知灵活性。

多用途任务（Alternative Uses Task）是最常用来快速评估认知灵活性的方法之一。[7]下面就是这项评估，你准备好了吗？

环顾房间，拿起一个你看到的常见物体。比如一支笔、一副眼镜、一枚回形针，或者一个信封——什么都行。用你的手机定时两分钟。等我说“开始”时启动计时器。任务如下：尽可能快地说出你所看到的这个物体所有可能的用途，计数或把你想到的用途写下来以便得到一个准确的数字。好，准备好了吗？开始！

你的得分就是你想到的用途的数量。认知灵活性的研究者称之为流畅性指标，即测量任务完成的相对速度。如何评估你的表现呢？一般来说，两分钟的流畅性指标得分通常为八九分。如果你参加一项认知灵活性的研究，那么研究者们还会对你想到的用途的新颖性进行评分。比如，如果你能想到眼镜可以用来搅拌饮料或者增加阳光的热量，或者你能想到用镜片做圣诞节装饰，你的得分会更高，因为这些想法与众不同。

在你尝试这项练习时，你可能会感受到和想法融合会干扰此项任务。比如，如果你想到用眼镜搅拌饮料，可能还会想用眼镜搅拌其他什么东西，而不是想更多其他的用途。这种现象被称为功能性固着（functional fixedness）。

具有讽刺意味的是，当我们放弃"内在独裁者"的统治和它不断地解决问题的思想时，我们就可以利用思想更有创造性地解决问题。在第 18 章，当我们讨论学习和业绩时会再回到这个话题。ACT 研究甚至还发现我们可以使用认知灵活性训练成功地提高智力。

如果将自己的内部声音视作一个"顾问"而不是一个"独裁者"，我们就会受益颇多。正如《绿野仙踪》里的故事，那个人说他不是一个坏人，只是一个不合格的巫师。我们亦如此，只要不让心智严格控制我们的行为，因为它本身并不坏，不会对我们造成伤害。它只是一个工具，当我们学会驾驭它时，它就会更好地为我们服务。正如前面所写，我们都有很好的心智，只不过"独裁者"很坏。

入门方法

这是一套包含四个常用解离技术的入门方法。前两个是一般性的培养解离技术练习，第三和第四个是量身定制用来和特定的问题性想法解离的练习。这四个练习可以作为你最初解离训练的核心。在学习解离的最初几周内，每个练习每天至少练习一次。除此之外，如果在某天你发现自己陷入某个想法无法自拔，请重复进行这几个练习，以便最终摆脱那些糟糕的想法。

如果你愿意，可以在入门练习后继续进行后面的附加练习。但我建议你先读第二部分剩余的其他章节，然后再回来进行这些附加练习。最后，你可以选择你最喜欢的一种方法进行练习，一种你能轻易记住，并能在需要的时候随时开始的方法。

在生活中持续不断地进行解离练习是很重要的，这可以使你的思维变得更加灵活。我们的目标不只是学会某个转向技能，而是要学会 ACT 舞蹈。你需要在接下来的人生中继续提升解离技术，正如冥想者必须持续练习冥想技能一样。持续练习解离可以避免由于对一致性的渴望而导致我们努力让所有的想法都保持一致。这种一致性——可称为字面上的一致性（literal coherence），是根本不可能的。但是，学会采纳有用的想法而舍弃无用的，即功能性一致性（functional coherence），是有益且可实现的。

尽管能在数分钟内，让你因为摆脱想法的控制而感到自由，和那些想法保持距离是可以实现，并且也是有用的，但请你务必小心！大脑可能会试图说服你，你已经解决了融合问题。千万不要相信它！融合远没有结束。“内在独裁者”只不过是给你一个新的需要解离的想法。无论你多么擅长解离，大脑会一直产生新的想法，而你会自然而然地又与之融合（比如“我是世界级的解离专家”）。清楚这一点很重要。我已经练习解离超过 30 年，但现在每当与自己的想法纠缠时，我还得不断地警醒自己。每天，真的是每天都会发生这样的事。但现在只要随时警惕就可以了。如果不行，我会立即进行一次解离练习。有时候，融合仍会悄悄地回来。那是不可避免的。我们的目标是进步，不是完美。

友情提醒：有些方法看起来很奇怪，甚至会让你觉得很愚蠢。不用担心。事实上，这里需要幽默心态。（我们是有趣的生物！）让我们带着自我慈悲进行练习吧。

故意不服从

我先从一个看起来令人费解的问题开始。相信我，它看上去确实令人费解。

站起来，拿起一本书慢慢地在房间里踱步，将下面这个句子大声读几遍。（要真正地边走边读，好吗？准备好了吗？站起来，边走边读。开始吧！）

这个句子是：

“我不能在这个房间里走来走去。”

继续走！慢慢地走，但同时要清晰地重复这句话……至少 5~6 遍。

“我不能在这个房间里走来走去。”

现在你可以坐下了。

这是一件非常小的事，不是吗？这个练习的效果就如同轻轻戳了一下“内在独裁者”的眼睛，或是轻轻拉了一下“超人”的披肩。

这个练习是我们关于解离最早的发现之一。在 20 世纪 80 年代早期的 ACT 研究中就应用过它。虽然只是一个小小的练习，但爱尔兰一个团队的实验室研究显示，它能迅速提升对疼痛的忍耐程度达 40%！我不是在谈论那些说自己可以忍受疼痛的人。我指的是那些刚说完不能忍受疼痛，但在经过练习后，却能将自己的手放在一个非常热的盘子上的时间延长 40% 的人（没有热到造成烫伤的程度，只是热到足以引起真正的疼痛）。[8]

想想看，即便是最微小的证据，证明大脑中的想法对你的控制是一种幻觉，也能让你更自由地去应对困难的事情。你可以把它作为一种常规练习纳入日常生活中。（比如我此时正在想，我不能写下这个句子！我不能！）

我们才刚刚开了个头！

给你的头脑起个名字，礼貌地倾听它

如果你的头脑有了一个名字，就与“你”不同了。当你倾听他人讲话时，可以同意他们所说的，也可以不同意。如果你不想引发一场争执，那就最好不要试图说服他同意你的观点。这就是你对内部声音要采取的态度。研究显示，给你的头脑命名有助于实现这一点。比如我把我的头脑称作“乔治”。任选一个你喜欢的名字，哪怕是头脑先生或者头脑女士也行。现在，请用新名字来向你的头脑问好，就像在一场晚宴上初次认识它一样。如果你身旁有其他人，你可以完全在大脑里这么做——不需要说出来，免得把别人吓坏。

对你头脑的努力工作表示感谢

现在请倾听一下你自己的想法。当你的头脑开始喋喋不休时，可以用类似这样的话来回答：“感谢你的想法，乔治。真的，谢谢你。”如果对自己的头脑说话的态度是轻蔑的，那它还会继续解决问题的思维模式。请真诚一点儿。你可以加上一句：“我真的明白你想有所作为，所以谢谢你。但我自己能搞定。”

如果是你自己一个人待着，甚至可以大声说出这句话。

请注意，你的头脑可能会用诸如愚蠢、没有用之类的想法来回应你的欣赏、感谢。请再次回复："谢谢你的想法，乔治。谢谢你。我真的明白你在努力有所作为。"你甚至可以平心静气地、带着好奇心询问它是否有更多的想法："你还有什么要说的吗？"

唱出来

当你有一个非常棘手的想法时，这个方法会非常有效。把想法变成一个句子，如果你此时是一个人，试着大声唱出来。如果旁边有别人，那就在你的大脑里唱。任何曲调都行。我预设的曲调是"生日快乐"歌。不要担心措辞是否巧妙，也不需要讲究押韵。这不是让你去拿美国达人秀（*America's Got Talent*）的大奖。只要用曲调去重复想法就可以了。看看现在你能否找到一个正在困扰你的想法来尝试一下。可以尝试不同的曲调，节奏可快可慢。衡量"成功"的标准不是想法消失，也不是想法失去所有的力量或变得不可信，而是你能够把它看作一种想法，并且看得更加清楚一点。

其他方法

倒着拼写

找一个消极单词，这个词处于经常反复出现的、令你困扰的想法的核心。找出这个词后，倒着拼写它。比如，我想我太愚蠢（stupid）了。你知道，愚蠢（stupid）倒过来拼是 diputs 吗？这样奇特的解释会提醒你，你正在进行思考——其中的关键点是：倒着拼写单词并注意你的想法，而不是跟着想法的内容去思考。（一个有趣的变体是将老歌《名字游戏》（*The Name Game*）的曲调换上这些歌词："Stupid, stupid, bo burpid, banana fana fo furpid, fe fi mo murpid. Stupid!"）

把想法看作一个物体

将想法想象成一个摆在你面前的物体，并问自己一些问题。如果这个物体有尺寸，它会有多大？如果它有具体的形状，它会是什么形状？ 如果它有颜色，它会是什么颜色？如果它能运动，它运动得有多快？如果它有力量，它的力量会有多大？如果它表面有纹理，它的触感如何？如果它内部有填充物，那会是什么？

如果在回答了这些问题后，想法的力量没有减弱，那么就将注意力集中在你对想法的反应上，尤其是你的判断、预测、负面情绪或者评价（例如，“我不想那样！我鄙视它！”）。记住这些。然后找到一个看似最主要的核心反应。将第一个想法放到一边，将核心反应放在你面前。现在回答相同的问题：如果有尺寸，它会有多大？依此类推。

回答完所有问题后，再回头看看第一个想法。它的大小、形状、颜色、速度、力量、纹理和填充物是否产生了变化？通常，你会发现它已经发生了改变，影响力变得越来越小了。

不同的声音

换一种声音大声说出困扰你的想法。你可以用最不喜欢的卡通人物或电影明星的声音。尝试不同的声音。但是要记住，永远不要嘲笑你自己。这些声音是为了帮助你审视你的想法，而不是用来取笑这些想法，或者取笑你自己。

手部练习

想象一下，把想法写在你的手掌上（不必真的把它写下来，只要知道它在那里就可以了）。然后把手靠近你的脸。在这种姿势下，你很难看到其他东西——即使是你的手和写在上面的想法，也很难看到。这是关于融合的身体隐喻：想法支配着你的意识。

把你写着想法的手垂直地从脸前移开。现在，可以比较容易地看到你的手以及手以外的其他东西了。把你写有想法的手往旁边移动一点，这样既可以在需要的时候聚焦于你的手，也可以看清前方。这些动作模拟了你应该对想法采取的立场。每当发现自己被一个想法支配时，反思一下它离你有多近。是像手紧紧地贴在你脸上，还是远离你的脸，抑或在前方的一侧？如果紧紧贴在你的脸上，看看能不能把它移到一边。请注意，你无法用这种方式让想法消失——事实上，你甚至会更清楚地看着它。你还可以用这个姿势做很多其他的事情，这也是解离的核心要点。

将想法随身携带

现在，将你的想法写在一张小纸片上，把它托在手中，像看一张珍贵而又脆弱的古老手稿一样看着它。这些文字是你成长历史的经验总结。即使这个想法很痛苦，也要问自己，是否愿意选择随身携带这张纸片来纪念这一历史。如果你的回答是“愿意”，请小心地将其放在衣袋或钱包中，随身带着它。在你随身携带的日子里，时不时拍拍你的钱包、口袋，或其他任何摆放这张纸片的地方，好像承认它是你旅程的一部分，你欢迎它的陪伴。

内在小孩

这个练习将帮助你发展自我慈悲。重要的是要意识到，与我们的想法解离不应自嘲，也不应对有这样的想法感到痛苦。你并不可笑。你是人类，人类的语言和认知就像我们骑了一只老虎一样，不可避免地会将我们带入一些危险地带。没有人能够避免在头脑中形成无用的想法。

选一个很早以前就困扰你的想法，并把拥有这个想法时的你想象得越年轻越好，或想象成其他有这个想法的孩子。花一点时间来想象一下，你在那个时候的模样：头发是什么样的，衣着是什么样的。然后，在你的想象中，用你孩童时的声音说出那个想法。其实，就是请你尝试用你想象的孩子的小嗓门来做这件事。如果你在自己的私人空间，请尝试大声把它说出来；或者，在你的脑海中聆听它。然后，想象如果你真的在产生这个想法的情境中，会怎么做。你的目的是陪在那个孩子身边。想象你正在帮那个孩子，比如给他一个拥抱。然后问自己：“如果我是他，我现在该怎么帮助自己呢？”看看是否能想到有用的主意。

社会分享和解离

当你已经能熟练地与评判性想法保持距离后，就可以开始练习依靠社会分享的高级方法了。只有认识到重要的是首先做好内部工作，而不是指望分享就能帮你完成工作，这种情况下这个方法才是高级的。与他人分享可以掌握更强大的解离技术，但如果没有做好准备就逼迫自己离开舒适区会适得其反。你不应像一匹马一样被负面评价鞭打。放弃融合性的评判是相当感性的工作，它始于你和镜中的那个人。

ACT 专家罗宾·沃尔瑟（Robyn Walser）在帕洛阿尔托（Palo Alto）的退伍军人事务部工作。她的第一个实践练习是在给退伍军人进行团体治疗时提出的。许多士兵从战区回来后都患了创伤后应激障碍（PTSD）。他们很多人都经历过道德创伤，对自己及自己的行为产生了糟糕的评判性想法。罗宾深入挖掘团体中融合性的自我评判，持续寻找退伍军人们想要摆脱并解离的想法，但他们还需要最后一步才能实现。

她做的事情非常大胆。她让退伍军人们在标签上用大大的字写下自我评判的内容，然后贴在胸口来参加团体活动。这相当于一种宣言："我不会再让这种评判影响我的生活了。"

他们写下来的东西让你看了想哭。凶手、罪恶、危险、破碎。如果你仍然在和"你是一个凶手"这样的想法融合，那么仅仅将其写下放在胸前就没有多大价值。这甚至可能压垮你，因为你真正相信的东西也会被其他人知道。但是，如果你已经准备好将评价视为一种想法，并且选择不再受它左右，那么将其放在胸前就是这个选择的最有力体现。

第一次尝试时，这种练习的强大力量就给我留下了深刻的印象。我在一个工作坊上知道了这个方法，当时就决定自己也要试试。这种冲动之下，我在标签上写下了刻薄（mean）这个词。这让我很惊讶，因为我没有意识到自己有这样的想法。我不记得曾经有意识地责怪自己的刻薄，但我就是写了这个词。

突然，我想起来了。在我六七岁时，被放大镜所吸引。我很想弄清楚，如果用放大镜烧狼蛛的屁股，它们到底能跑多快。当时我住在圣迭戈的郊外，那里有很多狼蛛。我和朋友们对狼蛛既着迷又害怕，时常玩弄这些可怜的家伙，包括用放大镜烧它们的屁股。母亲悄无声息地走到我们身后，她很震惊。脸上的表情充满了厌恶、恐惧和愤怒，怒火好像能轻易将一个活物变成石头。我完全忘记了这件事，这次回忆让我产生了一种非常难受的耻辱感。在那一刻，我意识到我一直怀有一种恐惧，恐惧着长久以来对自己的刻薄！

我在贴纸上用粗体大写的字母写了 MEAN（刻薄），然后贴在胸口。在茶歇去喝咖啡时，我惊讶地发现自己不自觉地转过身，以防止厨师看到我写的东西——想法的力量仍然很强大。然而 20 分钟后，当工作坊结束时，我意识到这种力量已经完全消失了。完全！隐藏了数十年的羞耻感消失了！在一阵愉悦中，我将这枚“徽章”留在夹克上，并在接下来的几天内随身佩戴。一些餐厅服务员奇怪地看着我！我只是微笑着、开心地想，我再也不会逃避“刻薄”了。

在接下来的几年中，我收集了一堆这样的徽章：不可爱、厌恶、悲伤、可耻、不值得信任、可恨、欺诈、空虚、残忍、说谎、变态、愤怒、焦虑、危险。

我不是唯一这样做的人。荷兰 ACT 治疗师里克·凯尔盖德（Rikke Kjelgaard）制作了一个视频。视频里 ACT 治疗师们每人拿着一张纸，上面写着他们自己的消极自我评判。

基于这种方法，我开发了一种变式，可用于大型工作坊。你可以先与几个值得信赖的朋友一起试试。我要求人们排成两行，彼此面对面。例如，每行大概二三十个人。站好后，每个人都看对面的人的“徽章”几秒钟，并想想这些消极的自我评判给他们带来的痛苦和伤害。然后，要求每人花 30 秒左右直视对方的面孔，感同身受他们所承受的压力，对他们放下这种压力的勇气表示赞赏。然后两行队伍向相反的方向移动，重新配对后重复这一过程，直到完成所有的配对。

练习结束后，大多数人都有想哭的冲动，并想拥抱房间里的每一个人。几乎每个人都可以视所有“徽章”为己有。一种深刻的领悟如雷鸣般响彻人们的大脑和心灵：每个人都有相同的秘密。然而，我们却在羞愧和自我评判中体会孤单，不理解每个人都有相似的心路历程。

还有很多其他方法可以让你开始一段解离的分享之旅。比如，在T恤衫或棒球帽上印上你的恐惧或自我怀疑；写一本书，列一个清单（哦，我就是这样做的）；在公开演讲中分享你内心的想法（当然是在你完成解离后）；和孩子们真诚地讨论他们的想法以及你自己的想法；当别人和你分享他们内心的想法时请认真倾听，并分享你自己的想法。

如果你认真负责地这样做，就会体验到一种自由感及与他人的关联感。在几分钟或几小时内，你就能放下那些奴役你多年的无用想法。

第10章

第二个转向

自我——换位思考的艺术

让我们跟随记忆，回到小学时代。其实，稍加努力，你就能在脑海中回到小时候，重新体验小时候发生的事。

刚才感知“你”的那个人，是一个观察者。当我们的头脑运用换位思考认知能力时，这个观察者就出现了。从那一刻起，一种从“我”（I）的视角在脑海中进行观察获得的感觉就会时常出现在我们的生活中，我把这叫作“观察性自我”。因为它一直在我们的内心深处，不管我们身在何处，和谁在一起，我们的生活条件怎样。一旦我们有了这种意识，就会构建一个关于自己的故事，即塑造概念化自我，而这又恰恰可能阻碍我们对观察性自我的觉察。因为我们变得如此专注于支持和捍卫自己编织的这个故事，以致我们不仅对别人，也会对自己隐藏诸如我们是谁、我们的经历等客观事实。

对归属感的渴望

人类渴望被看见、被关心、被接纳为群体的一员。我们是社会灵长类动物，生活在一个个小群体中。毫不夸张地说，群体归属感对我们来说是生死攸关的事情。虽然对归属感的渴望是健康的，但我们的心灵、头脑为了满足这种渴望而尝试的许多方式会给我们带来精神上的痛苦。我们可能为了维护自我而撒谎，可能扮演受害者，可能因为没有达到取悦他人的严苛标准而自责，可能因为被拒绝、被忽视而担心不已。

当我们想要追求高自尊时，那些已经造成的伤害就显而易见了。高自尊是一个值得追求的目标，[1] 它通常与积极和高主动性有关。具有高自尊的人往往认为自己受欢迎、聪明、有吸引力。尽管他们也会承认自己过去的错误，但他们通常认为自己已经从中吸取了教训，正在迈向更光明的未来。这一切听起来很美妙，在某种程度上也确实如此。然而，对自尊的探寻不一定会达到这种境界。追求高自尊还可能会导致有害的自我欺骗和精神痛苦。

研究表明，当人们专注于建立、保护和维护自尊时，他们会变得更难以专注于自己真正看重的东西。[2] 在面对挑战时，他们更易于感受到压力、紧张、焦虑，缺乏灵活性。例如，学生如果把自尊建立在学业成就上，一旦他们得到一个较低的分数，就会感到很痛苦，增加罹患抑郁症的风险，尤其是当他们已经有抑郁倾向的时候。同样地，那些为自己编织美好故事的人，会认为自己比别人优秀。当这种情况发生时，紧紧抓住自己的故事不但无助于找到归属感，还会让我们感到疏离和孤独。

真正的自尊是柔软的，它能帮助我们正视自己的缺点；伪装的自尊是刻板的、防御的，并且拒绝忠诚于真实的自我。它们的不同之处在于是否与概念化的自我故事相融合。

从电视屏幕到你的工作场所，相应的代价无处不在。广告商乐于出售那些能保护自我形象的商品。[3] 当这种形象受到威胁时，我们很可能变得愤怒、激进和暴力。我们也会试图通过执行超出自身能力的任务来证明自己的价值，[4] 但结果通常会使我们的自尊受到更大的伤害。在这些情况下，追求高自尊所带来的短期情感收益，远远小于因不愉快、痛苦而付出的长期代价。

与观察性自我的联结

自我转向（见图 10-1）将渴望归属的健康能量转向与观察性自我、当下、此刻的觉知重新联结的方向，让这种觉知成为自我的核心。这使我们能够采取一种不受自我扭曲及自我故事所支配的方式，与他人和自己建立联系。同样重要的是，它让我们触及人类意识深处的归属感。

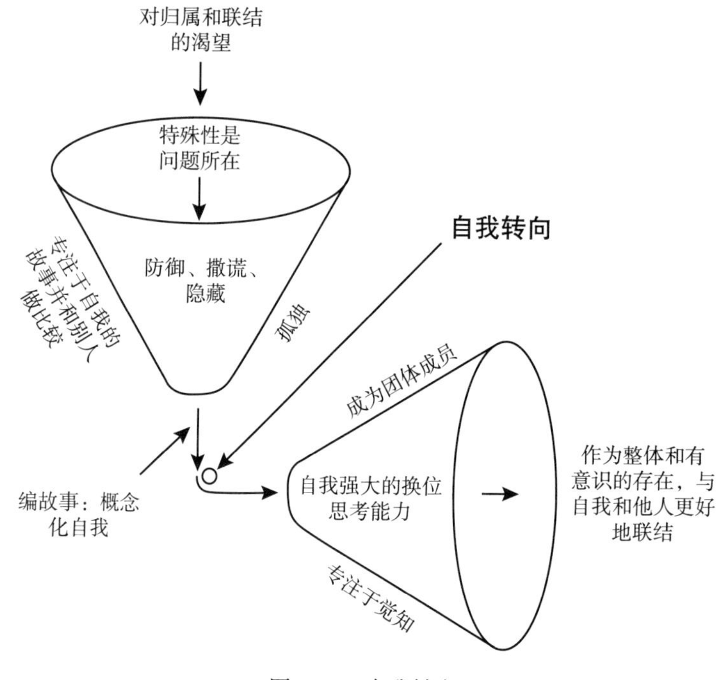

图 10-1 自我转向

在进行自我转向时，通过换位思考，我们与当下的观察性自我建立联结。这让我们摆脱了自我评价的束缚，也摆脱了一种观念，即只有让别人相信我们故事的独特性，才能建立联结和归属感。相反，我们会意识到，作为人类与生俱来的权利，无论我们如何将自己与他人的评价或自我评价相匹配，在意识上与他人都是相联结的。

自闭症儿童通过基于 RFT 的换位思考练习能够获得联结感，这样的故事很好地说明了换位思考在我们形成与他人的联结感方面起到的关键作用。

楚蒂和我在 ACT 领域志同道合。她的女儿萨曼莎（可以亲切地喊她萨曼）在两岁生日后不久就被诊断为自闭症。她早就预料到了，“我们之间没有交流。我没法让她笑。”她回忆道。我建议她和她的丈夫去澳大利亚西海岸的珀斯，拜访世界知名的残疾儿童 RFT 专家——达琳·凯恩斯（Darin Cairns）。这次拜访给他们留下了深刻的印象，最终他们全家搬到了珀斯。他们想这个数千英里[一]之外的地方可以拯救萨曼，让她摆脱终身残疾。他们预期至少在那里住 3 年。

达琳使用了一套核心的 RFT 程序来训练萨曼，培养她对人、地点和时间的换位思考能力。例如，告诉萨曼：“我有一个杯子，你有一支笔。”然后再问她：“如果我是你，而你是我，我会有什么东西？而你又会有什么东西？”

几个月后，楚蒂就发现情况有所改善。多年以后，我请她叙述当时发生的事情时，她热泪盈眶。“我们做了许多换位思考训练。我不断地问她‘如果我是你，而你是我’的问题。有一天，当萨曼从车上下来去诊所时，她转过身来看着我。这是她有生以来第一次这么做。”这时楚蒂有点儿哽咽。“她举起手，挥手告别。我想，‘哦，就是它。这就是作为父母想要得到的’。”她停下来，冷静了一会儿。“我想，‘这就是我曾经渴望的东西。’”

萨曼的新意识甚至让她反过来将了楚蒂一军。

有一天，楚蒂生了萨曼的气，训斥了她。萨曼离开了房间，几分钟后她回来了，双手叉腰，坚定地说：“如果你是我，你就会知道那一点儿都不好玩！”

萨曼拥有了社会化意识。当她与当下的自我意识相联系，能从一个特定的视角或观点进行观察时，她也就学会了将她的观点在不同的人、地点和时间之间切换。换句话说，当萨曼学会从她的眼睛后面进行观察[二]时，她也第一次意识到了楚蒂正在她自己的眼睛后面观察一切。萨曼可以将自己的视角换位到楚蒂的视角，然后通过她的眼睛来观察。这就是她挥手的原因——她看到妈妈正看着她。

[一] 1 英里 =1609.344 米。

[二] 所谓“从她的眼睛后面进行观察”是作者用形象的方法指代“观察性自我”。——译者注

一年半后，楚蒂一家搬回了原来的家。因为没有必要再待下去了。如果你现在遇到萨曼，你绝不会认为她有自闭症史。现在她是个适应能力很强的孩子。

这可能是一个特例，但它不是一个孤例。一项研究使用了与治疗萨曼时相似的程序，对一组自闭症儿童进行训练。结果显示所有儿童在换位思考方面都有所改善。现在，研究人员正在全球范围内推广这种方法来帮助有需要的儿童。[5]早期的数据令人兴奋。我们将拭目以待，看看这种方法是否经得起科学的考验。不过，我们目前正在进行的数十项研究，结果看起来仍然可靠。

进行转向

自我转向起始于捕捉隐藏不露的观察性自我。就像我在“地毯之夜”经历的，这种体验有时是由巨大的痛苦和绝望促发的。幸运的是，RFT 为我们提供了一套不需要遭受任何痛苦的简单方法。

ACT 建立了一套与我们深层次的自我意识相联结的准则，它由四个部分组成。

（1）就像前几章提到的，运用解离法来讲述自己的故事，从而摆脱对概念化自我的依附。

（2）领会如何打开心灵空间，让你对作为自我意识持续存在基础的换位思考有所感知。在观察心理内容时，既要注意到观察性自我和心理内容并不一样（“我不是我的想法”），也要注意到观察性自我包含心理内容（“我能够有意识地拥有想法”）。

（3）通过练习从时间（现在）、地点（这里）和人物（我）三个维度转换视角，以培养换位思考的习惯。

（4）利用换位思考来建立健康的归属感，并有意识地与他人建立联结，实际上是将个体的观察性自我扩展为一种大我（WE）的相互联结感。

在后面的入门练习中，前两个方法将帮助你迈出第一步，后几个方法则会帮助你增强对观察性自我的觉察，培养你与他人的联结感和归属感。

在自我转向后，你的世界将会焕然一新。当你可以从你的眼睛后面观察时，你就有能力从别人的眼睛后面观察。你注意到人们正注意着你，你也注意到人们已经注意到你在注意着他们。你能感受到一种将我们所有人联系在一起的意识。你会发现，无论是在杂货店、电梯、工作场所，还是在家中，你正在与人们形成更紧密的联结。你会注意到一个老妇人推着购物车，[6]艰难穿过商场，她敢于正视自己身体的不便；一个服务员热情地询问顾客需要什么；一个孩子渴望得到你的关注，却又不敢开口。

当我们能以完全开放的方式感知自己的意识时，就能更好地感知他人的意识。我们可以看到，意识的范围远远超越我们的想象，它能觉察到更大的空间和时间。从深层意义上讲，它是无限的、永恒的，它把我们所有人联结在一起。我们是有意识的，这使我们能以一种健康的、促进的方式满足对归属感的渴望；让我们既能充实自己，也能与他人建立密切关系。你的归属感是与生俱来的。

入门方法

在建立解离技术时，你会发现反复地、持续不断地进行以下所有练习能够增强你的换位思考能力。这些练习不是一次性的，要把它们看作换位思考的健身操，要不断地练习。

我是/我不是

简单练习是一个好的起点。以下是三个未完成的句子。拿出一张纸，把它们写下来。现在用一个词完成前两个句子。这个词代表你积极的心理属性。不要使用描述性的属性（例如，我是男性）。要写下你最引以为傲的个人品质。最后一个句子写上完全相反的属性。在这一句中，用一个词表明你害怕有或你认为你已经有的消极个人属性。

（1）我是________________。
（2）我是________________。
（3）我是________________。

让我们首先回顾一下前两个“积极”的答案。

我有几个简单的问题：你一直都是这样的吗？在每个地方都是这样的吗？对每个人都是这样的吗？毫无例外？

你这个骗子！

那最后一句呢？它完全是真的吗？在每个地方都是这样的吗？如果有人每天 24 小时、每周 7 天一直盯着你，他也会这样认为吗？

还有一个问题：这三句自我表述中有多少可以与他人比较？试试和别人比较看看。如果你写的是“我是聪明的”或“我是友善的”，看看这些表述是否与以下想法有关：你至少比某些人更聪明、更友善（或更愚蠢）。这不仅仅是你自己的故事，这也是你与他人相比较的故事。

难怪我们会感受到自己内心的孤独！

解决方案的第一步是注意到你与这些表述的融合。从第一个句子开始，一直到第三个。把每个句子后面的句号换成逗号，然后加上：或者并不完全是这样。例如，我是聪明的，或者并不完全是这样。

现在再把每一个句子读一遍，要慢慢地读。[7]看看会发生什么，慢慢来。如果你在做这件事的时候发现你的脑子里充满了消极的想法，那就用解离技巧对付它们，对自己说：“我现在有一个想法，这个想法是……”

你可能会感觉到有什么东西微微打开了，就如同有少量的空气进入了房间。在如何看待自己这个问题上，你会感到有了更多的选择。不要试图抓住那种感觉，它会来来去去，也不要和自己争论哪个版本更准确。这个心理过程提醒我们，你可以拒绝相信其中某个版本的故事。我们正敞开胸怀，迎接各种可能性。看看你是否能注意到这种开放的感觉，它既会出现在“积极”陈述中，也会出现在“消极”陈述中。

现在看着第一句话，把“我是”后面的内容划掉。如果没有这些内容，你会是谁？停下来思考一下这个问题，然后对后面两个句子做同样的处理。对于开放性的答案，你会有什么感觉？

这个过程产生了一个问题：如果没有关于自我的故事，没有自我防御，你会是谁？你想保护谁或想保护什么？如果有一天你醒来，发现所有诸如此类的句子都仅仅是个句子，它们都具有开放的成分“——或者并不完全是这样”，你还是你吗？如果你的内心回答：“老天，当然不是！”那么请花一点时间来注意是谁正在注意你的内心。你没有注意到这种心理反应吗？难道不是你正在观察那个更深层次的“你”吗？

这个小练习的最后一步，是把重复出现三次的两个字“我是”圈出来，并好好思考。假如我们所寻求的深层次自我意识更接近这两个单独的字，该怎么办？在编织我们的生命故事时，忽略了一个强大的可能性：生命本来的样子。

这个练习还有一个步骤，可以帮助我们清楚地了解何时会陷入自我故事而无法自拔。

基于自我的故事不仅会扭曲事实，而且往往过于笼统。实际上，在不同情况下，我们只会关注自我故事的某个方面。例如，当我们在家与所爱的人在一起时，可能会认为自己是有爱心的；在工作中，我们会更多关注自己的无能为力。意识到自我故事会根据不同的情况发生变化，有助于我们更好地与观察性自我保持联结，从而有能力在各种可能性中选择自己的未来。

那么现在，我们要通过重写来转换“我是……”句式。

首先，不要写“我是”，而是写“我感觉”或“我认为”。例如，如果你之前写的是“我是个有爱心的人”，那么现在换成“我觉得我有爱心”。如果之前写的是“我是个聪明人”，那就改写成“我认为我很聪明”。

接下来，通过使用以下这些限定词来描述你的感觉或想法以及行为。“当（情境）时，我（行为）就（认为或感受）。”例如，“当我妻子与我意见不同时，我会认真考虑她的观点，就会感受到爱。”或者“当我有很多事情要做时，我会花时间照顾自己，为此我认为自己是个聪明人。”你也可以写一些你感受不到爱或认为自己不聪明的情况。例如，“当有很多工作要做时，我会忽视 12

岁的儿子，因此我就感受不到爱。”（顺便说一下，所有这些例子都完全是编出来的，与我完全无关。嗯哼！）

这是一种非常有用的自我描述形式，可以指导我们何时以及如何不按照我们自己的真实愿望行事。如果你逐渐意识到自我评价进入了一个过度扩展的概念化自我，并且你有多种选择时，要持续进行这项练习。练习时需要从观察性自我出发，去注意这些选择并把它们指引到其他方向。

重写你的故事

退后一步的另一种方法是先写一个关于你自己的简短故事，然后重写。

先用几百字写一个简短的故事来描述你内心的挣扎——一个阻碍你前进且有一定历史的故事。一定要描述一些相关的个人历史，以及它对你内在和外在的影响。完成后，你用笔圈出所有表示反应的词语：想法、感受、记忆、感觉、冲动或实际行为。不要圈出你反应的原因，只圈出反应本身。

现在重新来一遍，在所有外部情境或事实下面画横线。我之所以让你标出反应（画圈的）和外部事实（画线的），是因为大脑有时会将二者混淆，这会让下一步工作变得更加困难。

完成这两项任务后，便是你的挑战：重写刚才的故事。要求故事主题、含义、结果或发展方向完全不同，但原故事中画圈和画线部分都要出现在新故事中。需要提醒的是，我并不是让你写一个更好的故事，或一个更快乐的故事，或一个更真实的故事。这个故事只要能说得通，能与画线或其他突出显示的词很好地契合即可。

下面是我的一位来访者撰写的第一个故事。下划线表示外部事实，黑体字“凸显”了反应。

在孩童时代，我很**伤心**。我感到**孤独、被忽视**，我的母亲似乎更在乎自己的痛苦，而不管她的孩子。我在学校表现很差，因为我会**把注意力集中在我的恐惧**而不是学习上。其他**孩子不是真的喜欢我**。和

> 妈妈一样，老师们对我也漠不关心。我经常被欺凌，**我认为自己很愚蠢**。直到中学，我参加了一个团体学科竞赛，我们赢得了全县冠军，**我才意识到自己很聪明**。然后他们对我进行了测试，让我坐下来，对我说我应该进入天才班。一切都那么突然，老师们对我刮目相看，但是同学们对我的态度并没有太大变化。我有一种感觉，可能我的父母现在对我的看法也会不同，他们可能会想"这个孩子是谁"。不过，其他孩子似乎觉得我很奇怪。在高中时，男生们开始注意到我。我知道我可以从他们那里得到更多的关注，这使得我表面上**感觉很好**，但内心仍然**觉得自己不够好**。某种程度上，我在学业上取得了成功，但**我认为这应该属于我**。**我很惊讶**，我竟然可以做到这一点。从外在看，我猜有些人会说我成功了；但经过这段成长经历，我更加**自我怀疑**了。

重写后的故事给了她启示。令她震惊的是，虽然没有一个事实或反应发生变化，但她的结论却大为不同。你将在这个重写的故事中了解ACT风格。由于我们一直在ACT的模型框架中工作，所以对这种风格很清楚明了。

> 在孩童时代，我很**伤心**。当我感到**孤独、被忽视**时，**我就会把注意力集中在我的恐惧上**，这可能是我最初在学校表现很差的原因。我想我一开始就对我母亲所看重的事物有了内化性的看法——当你痛苦时，就去关注你的痛苦，而不是去在乎眼前的东西。这让她付出了很大的代价，因为她无法关心自己的孩子，也无法感受周围的爱。我把这看在眼里，记在心上。当我觉得其他孩子**真的不喜欢我**时，或像我妈妈一样，老师们也对我漠不关心时，或当**我觉得自己很愚蠢**甚至被欺凌时，我都会专注于考虑对此我能做些什么。例如，在中学，我参加了一个团体学科竞赛，我们赢得了全县冠军。那次竞赛产生了深远的影响，因为在竞赛成功之后，老师们对我刮目相看，我还接受了测验。很快，他们让我坐下来，对我说我应该进入天才班。就连我的父母当时也对我有了不同的看法，比如他们会想"这个孩子是谁"。这让事情朝着一个非常不同的方向发展，而这一切都源于一些小的选

择，就是我试图从母亲的错误中吸取教训而做出的小选择。如果有些孩子不喜欢我，或者觉得我很奇怪，我就会想办法做一些积极的事情，这让我得到了健康的关注。我认为我的自信和成就吸引了其他人。例如，在高中的时候，男孩们开始注意到我。我学会了不管我**感觉很好**还是**觉得自己不够好**，我应专注于我能做什么，一步一个脚印。结果我取得了**惊人的**学业成绩——我只是按照自己的方式，做了需要做的事情。我的内心告诉我这应该**属于我**，但我想我们都会**自我怀疑**。总之，我是一个成功者。

要小心你那正讲故事的内心会在你重写故事时做什么。再次提醒，重点不是写一个积极的故事。这个来访者最终有了一个积极的认识，如果以此作为结果也很好，但这不是练习的目的，关键是我们要意识到自己总是在讲故事。我们创造故事的叙事方式，只是众多可能的叙事方式中的一种。为了增强你的意识，你甚至可以改天将故事重新改写一遍。

对自己成长历程的归因有两种，一种是将其归因为情境，另一种是将其归因为我们自己看待情境的方式。如果你的归因方式是前者，就会把自己对意义的理解抛在脑后，对其视而不见。这是一种自欺欺人。这个练习是将解离技巧运用到自我故事中的一种方式，这样我们就可以对事件的归因及反应方式所产生的后果负责。这个重写过程使我们看到，在编织自己的生活故事时，即便是非常困难的故事，我们也有极大的自由和创造力。

这个练习的最后一步确实有助于推动实现这一目标。问问你自己：如果世界上没有真实的故事，只有适用于不同环境和条件的各种不同的故事，以推动世界上不同的生活方式，那该怎么办？哪个故事情节会把你引向你想去的地方？哪个故事情节对你来说最有用？在什么情况下最有用？你更愿意由谁来决定哪个故事情节能吸引你的注意力？是你的“内在独裁者”，还是你的观察性自我？

一次真实的对话

另一个让你放下自我故事的好方法是练习在别人面前更充分、更开放地做你自己。你可以在任何一次与你信任的朋友或同事聊天时做这个练习，你也可以坚持每天轻松地与任何人练习。

一旦你选定一个人进行练习，在与他谈话时就要注意带着充分的觉察力。当出现关于你的讨论时，如你在工作上表现如何，请注意每一个你想要以撒谎作为反应的微妙方式。仔细注意诸如夸张、吹嘘、半真半假、无中生有、不懂装懂等现象。当你意识到自己想要撒谎时，请不要自责，给予自己关怀，因为你陷入了人性的陷阱。再来看看你自己，如果你还很年轻，刚出现撒谎的状况，看看你能否摆脱对撒谎的依赖。如果和这个人在一起你觉得很安全，那么看看你能否表现得更真诚。如果在这次对话中，你觉得缺乏安全感，那么就在心里记下下次与此人或其他你信任的人谈话时你要做什么才能更真诚。当这些机会出现时，试着敞开心扉，讲出实话。

也试试看你能否找出你为什么会有想撒谎的感觉。重点不在于我们必须努力做到永远绝对真诚，这根本不现实。重点是要打开通往困境（不安全、能力不足、害怕被拒绝等）的大门，并了解它们的可怕之处。如果你对任何困境都能了然于胸，就可以使用接纳和解离技巧，不断为自己创造更多的空间，让你成为你自己。带着这种感觉，去真诚地与他人建立联系，真诚地进行每一次交流。

当你确信说出真相比较安全时，就要有意去找一个不那么安全的谈话对象，尤其是你曾对其说过大话或者假话的人。为了不超出你的舒适区太多，就讨论一个你觉得有信心的话题，这可以保证你所说的都是事实。在交流过程中，注意出现的哪些想法和感受会让你觉得难以和这个人进行讨论。

快速捕捉自我意识

在日常生活中，定期问你自己这个问题："是谁在注意这一切？"你可以在手机或电脑上设置提醒功能。或者你设置一个规则来提醒自己，比如当你触摸手机、钥匙或钱包时。当这些线索出现时，问自己"是谁在注意这一切"，这时花一点时间来注意你的体验，并在一瞬间触摸自己的意识。小心不要让这个问题延伸到关于你是谁的心理论述——那是你试图讲述自我故事的评判性内心。当出现这种情况时，就运用解离技巧停止它。比如用唐老鸭的声音进行心理论述，或者想象你是一个夸夸其谈的教授。

目标是触及当下或你的观察性自我，即便只有 1 毫秒的时间。随着时间的推移，你会发现问自己这个问题已经成为第二天性，你和真实自我的联系会不断加强。

当你读到第 11 章时，请继续进行这个练习。你很快就会发现，你对待自己越来越有同情心了，感觉自己与生活中越来越多的人建立起了真诚的联系。然后，再来进行以下练习对发展你换位思考的技能非常重要。

其他方法

意识与意识内容之间的区别

下面这个小练习可以睁着或闭着眼睛进行。你可以在任何可以进行反思性思考的安全场所进行这个练习。做一两个深呼吸，注意是谁注意到了这种感觉，并记录下你的体验。不论你的注意对象是什么——一个外在的物体、一种内在的感觉、一个想法、一种感觉、一段记忆，或者其他东西，你都要把它弄清楚。然后以三种形式重述体验：首先，“我意识到（陈述内容）”；在停顿之后，加上“我不是（陈述内容）”；在另一次停顿之后，加上“我的意识中包含（陈述内容）意识”。[8] 例如，“我注意到了电视。我不是电视。我的意识中包含对电视的意识。”或“我在回忆 5 岁时的记忆。我不是回忆。我的意识里包含 5 岁时的记忆。”5~10 分钟的时间足够做这个练习，在第一次练习之后，你应该有规律地练习几天。然后，你可以简化练习过程。只要注意到了这种体验，就说：“我不是它；我的意识中包含这些。”不要陷入争论之中，而应该看看你能否深刻地认识到你对任何意识内容的依附，都与意识本身不同。

即将开始的会议

在工作中定期练习换位思考，将“你”的意义在社会层面上扩展，使你的意识中能包含他人的意识。假设你几分钟后要与同事开一个重要会议。这可能很有挑战性，需要你做到最好。你虽然做好了准备，但还是感到有点儿焦虑。当你在办公室等候的时候，一个好方法就是花两三分钟时间考虑以下要点和问题，你可以把这些要点和问题抄下来贴在你的办公桌上：

- 当你坐在这里等候的时候，谁会注意到你正在等候？
- 当你注意到这一点时，不要执着于一直关注它——花几秒关注一下，现在你就在这儿，正关注着这一切。
- 当你想到即将到来的会议时，寻找一段某种程度上与当前相关的记忆——如果你很年轻，那就找一段童年记忆。不要通过认知分析来寻找记忆。允许任何记忆自由地浮现，然后注意它几分钟。注意记忆中除了你还有谁，在记忆中你做了什么？有什么感受？在想什么？
- 在原始记忆中，谁注意到了这些事情？看看你是否能把最初的意识作为一种体验，而不是一种先入为主的想法。
- 你一直都是你。不管会议上发生什么事情，你都会注意到那里发生的一切。看看你是否能承诺与自己站在一起，更清楚地意识到会议中发生的各种事情。
- 想象一下来见你的那些人。想象一下他们此刻可能在哪里。花点时间去看看那些人的眼睛，想象一下他们来参加会议时所看到的一切。
- 这个人可能会感觉到什么？花点时间来感受一下。
- 这个人可能在想什么？花点时间考虑一下。
- 这个人可能会担心什么？花点时间注意他的担心。
- 这个人最在乎什么？看看你是否能感觉到。
- 这个人在即将召开的会议中可能特别关心什么？看看你是否能体验到这些东西。
- 现在回到此时此地。在这次会议上，你最关心的是什么？
- 然后，现在回到此时此刻的自己。请考虑以下问题：有没有一种方法可以让你们双方都达到更深层次的会谈目的？

你一定会明白，这个练习本质上是关于培养同理心的。这是一种换位思考练习形式的延伸，楚蒂曾用这种方法训练她的女儿萨曼。它可以培养你与他人沟通的能力，不仅更贴近生活，而且能更好地培养同理心。这是一种培养你与他人联结感的强大方法。

用换位思考来接纳

通过这个练习，你可以使用换位思考能力来帮助自己接纳糟糕的经历（我将在下一章详述这个技巧）。首先把它应用到你曾经挣扎过的经历中。然后，通过反复练习，你会发现可以将它运用于新的糟糕经历中。当糟糕的事情再次发生时，你可以在大脑中实时进行这个练习。请根据下面的指导语，将它们以音频文件的形式记录在手机上，每段之间暂停几秒钟。在练习时播放这个音频文件。

- 闭上你的眼睛，与任何你正在遭遇的糟糕情况保持联结。花点时间去感受你的感受，想想你正在想什么，记住你能够回忆的。不要试图去解决问题，试着和你的痛苦保持联结。
- 当你这样做的时候，请注意，你的一部分正在注意着这种痛苦。
- 请注意这部分意识，想象一下离开你的身体，然后回头看看自己。从外部注意你的外表，但要意识到你的内心正在遭受伤害。
- 问问自己（不需要回答……只是把这个问题放在心上）："如何看待那个被称为'我'的人？这是一个可爱的人吗？这是一个完整的人吗？"
- 将意识带到房间的另一侧，让自己坐在那里。现在从远处回望自己。看到自己坐在那里，受苦受难。你可能还会注意到，在房间里或附近不远处，也有其他人。可以肯定的是，他们中的一些人也正在遭受痛苦。
- 再问问你自己（不需要回答……只是把这个问题放在心上）："如何看待那个被称为'我'的人？这是一个可爱的人吗？这是一个完整的人吗？"
- 当你从房间的另一侧观察自己时，想象你正在读一本书。书中要求你从房间的另一侧看自己，同时感受那些引起你痛苦的事物。设想十年以后，你变得更聪明了。如果你能在那个更明智的未来，就如何与自己相处这个问题，给现在的你两三句忠告，未来聪明的你会给现在的你什么忠告呢？

- 带着这些忠告，安静地坐一会儿。在心里给自己写一个简短的建议。然后让意识回到你的身体，睁开你的眼睛。

关于这个练习，有趣的一点是，人们记的笔记通常符合灵活性技能教给我们的智慧：做你自己；努力去做；一切都很好，糟糕的经历都会过去；你很可爱；你可以让它过去。我相信这表明意识本来就具有心理灵活性。这意味着你在学习如何发展自己的心理灵活性方面有一个始终如一的盟友：那就是你自己——一个完整的、真诚的、真实的你。

A Liberated Mind

第11章

第三个转向

接纳——从痛苦中学习

在第9章中，我们了解到转向接纳的第一步是承认你为了应对困难所做的事情并没有奏效，因为它们的目标是逃避。既然你已经开始练习解离，并重新与观察性自我建立联结，接下来就是接纳的下一步——直面你的痛苦，敞开心扉去体验它并从中学习。

在学习接纳这一困难的工作中，解离和自我技能会给你强有力的帮助。当我们允许自己去感受痛苦时，我们"或战或逃"的本能就会被激发出来。大脑会尖叫着让我们喝下那杯酒，或者压抑自己的焦虑。我们遵循的所有无用规则都会顺从自己的感受（比如"即便是自我麻痹也可以，只要没有痛苦就好"），并且会产生很多消极的自我对话（"你太弱小了，没法应付这件事"或"这件事太难了""开什么玩笑，你只是个失败者"）。自我保护本能会欺骗自己，迫使我们改变行为，让我们认为自己是受害者——"你为什么要戒烟，吸烟上瘾又不是你的错"。

知道如何承认并放下这些无用的信息，能让你从痛苦中汲取智慧。你可以探究想要改变行为的潜在动机，就像我现在能体会到当年父母吵架时年幼的自己躲在床底下的恐惧情绪。通过培养你的接纳能力，你可以倾听自己记忆中的痛苦，以一种降低防御、减少冲动的方式来应对当前的困境。这时你能感受到的是那些有益的信息，而不是以往一直逃避的信息。你也能体会到痛苦带给我们的智慧——之所以有痛苦，是源于一种健康的渴望。

对感受的渴望

最具有讽刺意味的是，情感回避否定了人类最强烈的欲望之一——我们渴望感知自己的经历。它也否定了我们最大的一个优势。感受外界刺激是我们生存的关键，不仅能帮助我们了解危险，还能引导我们找到快乐和满足的源泉。

即便是刚出生的婴儿，也会利用一切机会去看、品尝、倾听，去感知这个世界。每一位父母都曾小心翼翼地看着孩子伸手去探索环境。他们用手揉、摸、拉、戳，用舌头舔，有时甚至以危险的方式捶打、投掷，发出叮当声。

孩子们对感受的渴望并不限于五官。他们喜欢在“躲猫猫”游戏中体验发现的惊喜，享受“挠痒痒”游戏中的被“威胁”感，以及被理解时的会心一笑。

伴随着成长，我们开始看各种类型的电影，比如悲伤电影、恐怖电影和喜剧电影。我们读着爱情故事，幻想所经历的甜蜜时刻。不管是好的还是坏的感受，你都能够在歌曲、文学或艺术中找到它们。

当然，我们希望感官刺激保持在一定的强度和可预测范围内。我们渴望感官刺激，但不喜欢极端刺激。我们喜欢能让我们“惊讶”的感官刺激，但不希望在一栋濒临倒塌的高楼里体验“惊讶”。婴儿享受“躲猫猫”游戏带来的惊喜，但他们也会因为过度惊吓而大哭。

当情绪体验超出舒适区时，我们的回避行为就会被唤起。问题解决取向的大脑认为它知道如何消除这种不适。它的方法是重新调整动机，努力寻找好的感受，同时回避那些糟糕的感受。实际上，大脑给出的这个“答案”扼杀了我们对感官刺激的渴望，除非这是一种好的感受。相反，接纳（见图 11-1）帮助我们张开双臂，接受所有（所谓的）不好的以及（所谓的）好的感受，打开我们感知和记忆的大门。我们要学会认真地去感受，而不是仅仅试图感受美好事物。我们对“内在独裁者”说：“你不能让我远离自己的体验。”这样，我们就发展出了情感灵活性。

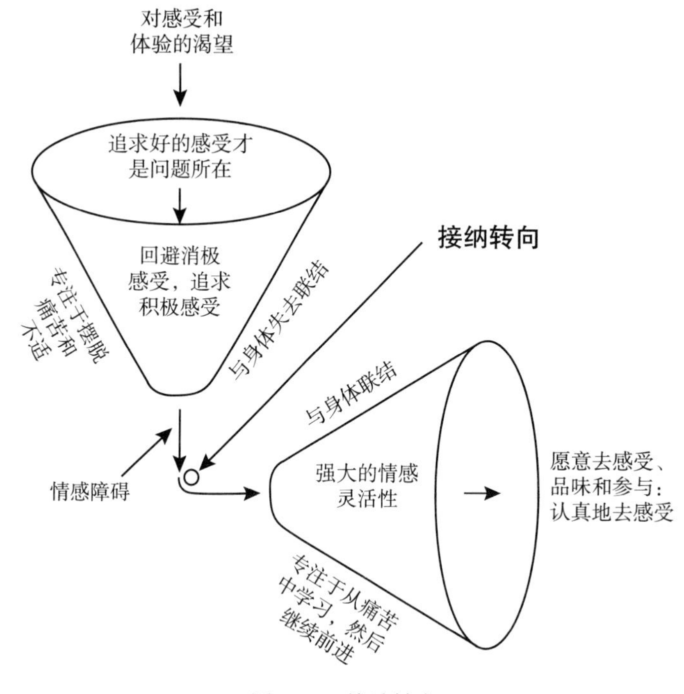

图 11-1　接纳转向

实现这个转向并不容易。没有人能定义它是什么样的，或期望它是什么样的。但是我们已经开发出强大的方法来实现接纳。这个转向可以带来的美好未来是这样的：当我们发展了接纳技能时，就可以继续更好地感受世界和体验世界。一个患有惊恐障碍的来访者曾经这样说：“我过去常用黑色、灰色和白色来描述我的情感世界。现在我看到了色彩。”

我们甚至可以接纳最具破坏性的经历所带来的痛苦。当开始写这一章时，我决定和桑迪（她是最早一批接受 ACT 治疗的来访者之一）谈谈学习接纳童年被虐待的痛苦是如何帮助她康复和成长的。

对一个人来说，最难以忍受的是童年期缺乏亲人的照顾。身体虐待或性虐待、被忽视、持续地遭受批评——面对这样的遭遇，我们的身体和大脑为未来的艰辛生活做好了准备，甚至在基因表达层面都做好了相应的准备。遗传学研究表明，我们的生活经历会导致部分基因变得更活跃或更不活跃。[1] 例如，一组特定的基因参与了压力反应。缺乏照料会加剧它们的活动，使我们处理压力的能力下降，进而降低对疾病的抵抗力。我们也可能因此情绪不稳定或情绪反应迟钝，[2] 这甚至会持续终身。

ACT 研究表明，这些影响导致人们在心理上缺乏灵活性——每一种缺乏灵活性的反应都与早期遭受的虐待有关。这一切桑迪都知道。当我和她坐下来想看看生活给她带来了什么影响时，结果发现她精力充沛，自信满满，在谈论艰难的人生经历时应对得体。

桑迪的父亲患有双相情感障碍，情绪常在抑郁和躁狂的两个极端来回摇摆。在桑迪 3 岁时，他在暴怒之下差点儿掐死她的母亲，之后他抛弃了这个家。因为对自己的行为感到羞愧，第二天他就搬到了一个遥远的城镇。然而不到一年，他突然闯入家里，带走了桑迪兄妹三人。“他确实问过我，”桑迪回忆说，“他问‘你想和我一起生活吗’，我当然想了，我想时时见到爸爸。如果他问‘你想和妈妈住在一起吗’，我肯定也回答愿意。”她已经好几年都没见过母亲，更别说和母亲一起生活了。

她的父亲后来组建了新的家庭，但他不稳定的情绪导致家庭生活混乱。在这样的环境中，桑迪长期被忽视。在她 10 岁时，被家人的一个朋友强奸。她很害怕，奋起反抗。然而她太弱小，反抗无济于事。即使那个人没有威胁桑迪，“不知为什么，我好像知道该怎么做，”她说，“我知道要保持沉默。”他后来对她又实施了几次强奸。多年后，当她长大成年，发现继母竟然知道这个男人曾猥亵儿童。桑迪告诉我：“当我知道这些时，非常生气。他们知道这一切，却还是把我推向了深渊！”

面对来自家庭的虐待、忽视和各种不稳定因素，桑迪发挥自己的智力优势积极应对，同时压抑自己的任何情感需求。她参加了学校为天才学生开设的专门课程，成了一个极客怪才。“我知道自己很聪明。”不幸的是，这只是一种掩饰，“在内心深处，我觉得自己应该被虐待。我没有任何价值。”

一个 10 岁时就被多次强奸的女孩怎样才能消除精神上的痛苦呢？她如何将手从那炽热的火炉上挪开？她无法消除痛苦，与痛苦经历相关的记忆将伴随她终身，直至死亡。正如我们所看到的，记忆深深地根植于我们大脑复杂的思维网络中，它们可以在任何时候被一次又一次地触发。即便我们认为已经妥善地处理了这些情绪，也仍然如此。痛苦经历的回忆可能是由我们没有意识到的事件触发的。这些事件在大脑中已经相互关联，它们甚至有可能在睡眠时被触发。

想想看，这其中的任何一种情况都可能发生在桑迪身上。这有助于理解为什么我们的思维过程会变得如此回避。听到“爱”这个词，或者想到一个相爱的时刻，都可能触发她关于强奸的记忆，因为在她的大脑中对立的事物是联系在一起的。大家很容易理解这种关系框架。在研讨会上，我常用一种非常微妙的方式来说明这种对立的关系框架。开始时我用低沉的声音说话，然后慢慢地提高音量。这个变化就足以让参与者想到相反的东西。比如我说到“冷”这个词，并问听众他们想到了什么时，很多人回答说想到了“热”这个词。

我们问题解决取向的大脑认为，回避痛苦的记忆和当前的糟糕经历是非常符合逻辑的。但这也再次说明了为什么“回避”是一个不可能完成的任务。“冷”使我们想到“热”，“爱”能让我们想到“强奸”。桑迪的回避经历也表明，否认痛苦会使我们远离它给予我们的智慧。对遭受性虐待的儿童来说，一个可怕的结果是如果压抑被虐待的痛苦，很可能使他们再次成为受害者。[3] 桑迪的遭遇就是这样。

16 岁时，她在教堂的一次社交聚会上与一名 20 多岁的男子进行了一次奇妙的交谈。她的聪明才智发挥得淋漓尽致，而他则是聚精会神地听着。他的关心让她感到温暖，他对她的欣赏也让桑迪受宠若惊。聚会快要结束时，他问桑迪是否愿意回家聊聊。她当然愿意了！“我太蠢了！”她说，“我以为他只是想继续和我聊聊，根本没理解当时的情形，就像是被情绪蒙蔽了双眼。”

到他家几分钟后，桑迪就发现有些不对劲。就像 10 岁时那样，她根本无力反抗。又一次，她不愿意把这件事告诉任何人。

后来，她还是把这件事告诉了几个朋友，但他们对她的行为感到震惊——某种程度上，这也是在责备她。“什么？”他们惊恐地问，“回家聊聊？难道你不知道他要做什么吗？”

桑迪确实不知道，至少她不能有意识地获取这些信息。因为在进他家之前，她就在不知不觉中压抑了自己的情绪。对许多遭受性虐待或人际暴力的幸存者来说，情况确实如此。他们已经形成了经验性回避和述情障碍这样的心理问题。你可能还记得，在本书第 1 章中就提到有这些心理问题的人将无法识别和描述自己的感受。这是人们否认情绪造成的最有害后果之一。如果你不知道如何定义你的情绪，你就无法谈论它们，而且你很容易让自己相信这些情绪根本不存在。儿童尤其容易产生这种防御机制，而且这种防御机制会一直持续到成年。

尤其可悲的是，那些在童年期因为性虐待而患上述情障碍的人（这是对可怕情况完全正常且可以理解的心理反应），长大后更有可能再次受到伤害，[4] 就像桑迪一样。与情绪脱节会使人们感受能力降低，这是很危险的。就像一个人可以把手放在炽热的火炉上而不自知。桑迪隐藏了自己的情绪，使得她更有可能和不安全的人一起回家。她的述情障碍使得她很难对可能伤害她的线索做出反应。这是可以理解的，因为在她看来这可以减轻过去受虐待所带来的痛苦。此外，她还有焦虑、抑郁、物质滥用、社会孤立和孤独等问题，这些都与回避有关。

在某种程度上，让幸存者学习新方法来控制痛苦并不公平（如果 ACT 社群不能找到阻止暴力犯罪和虐待的方法，将会导致失衡——我们将在后面的章节讨论这些方法），但是为了爱情和生活，我们必须这样做。否则，代价就太高了。代价不仅仅是焦虑、抑郁、物质滥用、社会孤立和孤独。经验性回避同样会导致其他令人不安的长期后果。比如，我们在回避不舒服感受的同时，也逐渐开始回避积极感受。

我的朋友托德·卡什丹（Todd Kashdan）是乔治·梅森大学（George Mason University）的心理学家。他是第一批明确表达这一观点的人之一。他让社交焦虑者一整天都在智能手机上报告他们在做什么以及他们的感受。结果清楚地表明，焦虑的人并不是一直都焦虑。他们有快乐和幸福的时候，比如当他们被称赞、被邀请参加聚会或取得好成绩时。但托德发现，那些高度经验性回避的人不能像大多数人那样维持积极情绪。当好事发生时，他们确实会感觉很好，但他们的积极情绪很快就会消失。[5]俗话说：块头越大，摔得越重。如果你不愿意感受痛苦，你也就无法享受快乐，最好只是保持麻木。

我们找了许多方法来帮助人们不再使用回避策略。我之所以想和桑迪谈谈，正是因为我知道她能够用一些 ACT 中的经典接纳方法来扭转自己的生活。在桑迪接受 ACT 治疗的 25 年里，她结了婚并养育了三个孩子，有一份很好的呼吸治疗师工作。她的生活用她自己的话说，就是“健康且快乐”。

她告诉我，这 25 年有日常养育孩子的起起落落，同时也是学习接纳自己过去和感受的过程。她说：“我明白除了智力优势，我还有无限可能。我已经学会了如何去感受。”在她丈夫去世后，她发展了一段新的长期关系，并继续运用她那不断提高的 ACT 技能。“我学会了告诉他更多发生在我身上的事情，告诉他更多我的需求。我可以谈论性，可以谈论亲密行为。我已经踏上了一段激动人心的旅程，知道做我自己是可以的。”

几乎每天她都在训练自己的心理灵活性，在谈到自己的经历时，她说：“我知道这永远没有终点，没必要追求一定要达到某种状态。我不是一无是处，我没有自暴自弃。我在学习和成长，这就足够了。”

接纳带来的礼物

回想一下，单词“accept”来自拉丁语词根，表示“接受，好像是在接受一份礼物”。在英语中，当我们说“我希望你能接受这个，以此来表达我的感激”时，这个意思仍然存在。

当选择接纳我们的经历、痛苦和所有一切感受时，我们获得的礼物是能够充分感受和记忆当下的智慧。这种智慧不会让当下的感受消失在关于过去的消极思维网络中。其他的灵活性技能对这一点也有所帮助。例如，解离帮助我们放下不应该感到痛苦的想法。其结果是，我们因此能欣赏痛苦感受带来的礼物。

我的惊恐障碍带来了什么礼物呢？当我努力培养自己的心理灵活性时，我的收获颇多。第一次，我重新发现了那个躲在床底下的 8 岁孩子。他让我想起了我的人生目标。很快，其他糟糕的童年经历也浮现出来。我记起在 4 岁时被一群十几岁的男孩性虐待。回忆这些让人恐惧的事件让我能更好地对待自己。我回忆起母亲与抑郁症、强迫症做斗争，内心是多么悲伤；父亲在清醒时是多么焦虑和尴尬。向这些记忆敞开心扉有助于我更好地理解那些经历过同样挣扎的来访者。接纳也帮助我和母亲重新建立了爱的联结。我意识到我把父亲的问题归咎于母亲，于是我和她坐在一起，请求她原谅这些年我对她的排斥（她满怀爱意地原谅了我）。我收到的礼物绝不止于此。它们并不都是甜美的，有些饱含泪水和恐惧，但它们都是珍贵的。

基于ACT的暴露疗法

早期基于 ACT 的暴露技术，效果令人印象深刻。我们在此基础上继续开发和测试，现在已经有了许多高效的暴露技术。回想一下，暴露是指人们有意把自己置于情感困境中。在传统的认知行为疗法的暴露技术中，患有广场恐怖症的人会被要求去购物中心，恐高的人会被要求在他人帮助下爬上高梯子。这种暴露技术的理念是，通过抑制恐惧来阻止回避行为的出现。在暴露过程中，不断要求人们评估自己感受到的痛苦程度。这传递的信息很明确：暴露的目的是让你不再感到焦虑。

研究（大多是受 ACT 和认知行为疗法第三波浪潮中其他方法的启发）表明这不是暴露起作用的原因。相反，通过观察、描述和接纳我们的情绪反应，暴露有助于与痛苦或恐惧的来源建立一种新的关系。这种变化反过来让更多的反应变得更具灵活性，这样在恐惧或痛苦出现时，就可以进行新的学习，并学习对恐惧和痛苦做出新的反应。主流的 CBT 也已经从这个新的角度来理解暴露技术了。[6] 通过接纳、注意和新学习，CBT 的暴露技术已朝着 ACT 方向大力发展，而不再专注于减轻焦虑本身。

请记住，暴露过程的基础是理解，这个过程将是渐进的。接纳技能的成熟需要时间，循序渐进是最好的。当你练习这种转向技能时，你是朝着一个新的方向前进的。但是在这个方向上，确实需要行进一段路程。不论你的接纳能力发展得多好，总会有一些经历会继续触发你问题解决取向大脑中的“或战或逃”本能。这就是为什么 ACT 在暴露之后要增加解离步骤：可以平息“内在独裁者”要求“回避”的冲动。我将介绍一些可以做到这一点的练习，比如在重温痛苦经历的同时给情绪贴上标签，记下冲动并与之保持距离，以及对触发的记忆进行分类。

随着时间的推移，你的接纳能力会变得更强。新的经历变得不那么具有威胁性。你更有可能从糟糕时光和美好时光中都有所收获。对于你为自己规划的基于价值的新生活，你所培养的情感灵活性至关重要。

所有的 ACT 接纳方法都以三个基本原则为前提。

（1）回避会导致痛苦。拥抱接纳最重要的一步就是认识到“回避”到底有多危险。ACT 使用了许多方法来说明这一点，流沙隐喻就是其中之一。如果有人陷入流沙，合乎逻辑的做法似乎是先抽出一条腿，试着向前迈一步。实际上，你最不能做的事就是抬起一只脚。身体受力面减少了一半，你猜结果会怎么样——越陷越深。相反，你应该平躺在流沙上，然后慢慢地爬回到坚实的地面。这个隐喻帮助人们认识到，增加与恐惧的接触实际上比挣扎着“逃离”更安全。

（2）接纳是为有价值的生活服务的。针对暴露技术，ACT 做的一个重要改动是，强调它为价值行动服务。不要只为了让自己暴露在焦虑之中而去商场，而是带着为爱人买礼物的目的去商场。如果你有逃避死亡的想法，不要只是为了战胜这种对死亡的恐惧而去亲人的坟墓，而是去墓地向逝者表达你的爱和尊重。事实上，接纳会让你更加了解自己的价值。在第 13 章我们讨论价值时，接纳技术将是至关重要的。

有很多方法可以使暴露更有意义，甚至更有趣。例如，如果对你来说，去购物中心是一种暴露的做法，除了购买礼物（毕竟不断购买礼物是要花钱的）之外，你可以专注于观察身边的人们，这是一种培养接触当下的方法。关注当下，而不是陷入回避的想法和情绪中。当我和一个广场恐怖症患者一起逛商场时，总是耐心地等待，一旦发现他关注当下，就会问："看看那个人，你认为他是做什么工作的？"或"这里谁的发型最差？"这样问，重点不是简单地分散他的注意力来缓解焦虑，而是表明他们可以坦然应对自己的焦虑，重新集中注意力来关注当下。这就是为什么我总是等待，直到他们关注当下，这样我就强化了他们正在体验的接纳的价值。如果你意识到这样做是为了接纳而不是为了逃避，就会有很好的效果。

你还可以参加很多其他有价值的活动，比如帮助残疾人过马路，或者与店员聊天，让他感觉很愉快。即便是品尝美食，也是有价值的。

（3）接纳不是控制。人们在尝试接纳时，就好像在用一把扳手来调节他们的情绪阀门。他们希望能够控制这个过程。这种做法可以理解，但实际上他们被误导了。接纳包括放弃有意识的控制——只需在安全的情况下打开阀门。你必须让情绪保持原样。

有时人们在进行暴露练习时会保持部分的情感封闭，这将严重影响治疗效果。这会导致当你需要接纳最糟糕的感受时，暴露技术可能根本不起作用。

常见的设定是对他们将要面对的恐惧或痛苦强度设定一个阈值，并排除某些曾经遇到的问题。第一个例子是"只要我不太焦虑，我就愿意练习接纳"。这永远不会有好的效果。为什么？一旦焦虑感上升了一点，你的大脑就会担心它可能会变得更高，越过你设定的阈值。这会引发更多的焦虑。瞧！你"太焦虑了"。

这并不意味着你不能设定其他类型的限制。例如，你可以通过设定时间（"我要去商场 5 分钟"），设定你处理的情况和情绪的类型来限制自己的暴露练习。你可以慢慢来，循序渐进。没有计时器粘在你的额头上。试图立刻解决最糟糕的感受，只会适得其反，压垮自己。从感觉、记忆以及当下不那么强烈的体验开始，其他问题可以等到你有了更强的心理灵活性后再处理。

打个比方，就像你可以从椅子或屋顶跳下来，而不是从悬崖上跳下来。你可以控制接纳的环境，因此在一定程度上，你自然会设定暴露练习中情绪体验的强度。之所以是这个特定的强度，是因为你控制的环境只诱发出这个强度的情绪，而不是因为你否认这种感受或试图压制它们。跳了就是跳了，即使是从一个矮凳上跳下来。当我们选择接纳时，必须“全力以赴”，否则就不会有好的效果。

从不那么强烈的恐惧和痛苦感受开始，并不意味着你应该排除面对某些问题的可能性。假设你决定永远不去面对你被性虐待的经历，然后你找到了生命中的真爱，却发现你处理不好亲密关系，因为这会让你想起性虐待。假设你决定永远不去面对你父亲的死亡，然后你的母亲得了绝症，而你却不能陪在她身边。我们都被迫在某种不可思议的悲剧中“收到礼物”。如果你已经努力接纳那些最糟糕的经历，你就会对那些冲击有更好的准备。

然而用接纳法处理最糟糕的经历，最好是在所有的灵活性就位之后进行。你不断增长的心理灵活性将指导你何时应对下一个挑战。出于这个原因，在本章中，我只提供一组核心的入门实践方法供你现在使用。许多更高级的实践方法将在第 12~14 章中介绍，这些方法将接纳与接触当下、价值和行为技能培养结合起来。

最后要指出的一点是，要想采用接纳的方法达到最好的效果，通常需要在专业人士的帮助下完成。

入门方法

肯定练习

接纳的一个核心技能是愿意让事件保持它们本来的样子。你只要环顾四周，就可以开始练习。当你的目光落在任何物品上时，从“否定”的角度去看它是什么感觉，比如“那不好”“这必须改变”“我要让它滚出去”“这个我无法接受”。简单地看一下你注意的这个特定的物品，在心里对它采取否定的态度。然后你继续扫视房间，将目光转移到另一个物品上，一遍一遍地做同样的事情。持续几分钟。

现在再次环顾四周，但这次从“肯定”的角度来看，意思是“好，没关系”“就像这样”“它不需要改变”“我可以让它顺其自然”。简单地注视你看到的一个具体的物品，在心里对它采取肯定的态度。然后继续扫视房间，将目光转移到另一个物品上，一遍一遍地做同样的事情。持续几分钟。

暂停一下，看看你是否能感觉到在肯定和否定之间，这个世界有多么不同。在第 8 章中，我让你摆出一种身体姿势来表达你在面对困难时的最佳状态和最差状态。如果你像大多数人一样，那么在最佳状态下你的身体会采取更加开放的姿态（例如，抬头、张开双臂）。用肯定或否定的态度来看待这个世界也有相似的思维模式：开放和接纳的思维模式，或回避和控制的思维模式。

加强这种“肯定 / 否定”练习的一种方法是增加身体姿势练习。这次，当你进行“肯定”练习时，让你的身体保持开放的姿势——站着或高高地坐着，手掌向上，双臂伸出，抬头，睁开眼睛，双腿分开。当你进行“否定”练习时，让你的身体保持闭合的姿势——手臂向内，头向下，眼睛微闭看着下方，双腿合拢，拳头紧握，下巴收缩，腹部肌肉紧绷。请仔细注意你的体验有何不同。

你可以带着特定的想法、情绪、冲动和记忆继续做这个练习。随着时间的推移，你会注意到：日常生活中，在精神上，也许在身体上，你会无意识地摆出“否定”的姿势。注意到心理和身体上的这些暗示可以帮助你洞察自己的状态，并有意识地摆出“肯定”的姿势。

关爱练习

选择一种你很难接纳的感受或经历。这种感受或经历会导致你无益的抗拒。让我们从小的感受开始，然后用至少 1 分钟的时间进行下面其中一种想象。

- 用双手捧着你的经历，就像你手中捧着一朵娇嫩的花一样。
- 拥抱你的经历，就像拥抱一个哭泣的孩子一样。
- 和你的经历坐在一起，就像和一个有严重疾病的人坐在一起一样。
- 凝视着你的经历，就像凝视着一幅不可思议的画一样。
- 带着你的经历在房间里走来走去，就像抱着一个哭泣的婴儿一样。
- 尊重你的经历，就像尊重朋友一样。即使很难，也要认真倾听。
- 吸入你的经历，像深呼吸一样。
- 放弃与你过去的经历做斗争，就像士兵放下武器步行回家一样。
- 接纳你的经历，就像喝一杯凉凉的纯净水一样。
- 随身带着你的经历，就像在钱包里放一张照片一样。

这些对待你的感受、记忆和当前经历的比喻方式在培养接纳能力方面很有效。即便你根据要求进行想象时，完全不知道该怎么做，这种方法也仍然是有效的。根据你的练习情况，你可以尝试不同的记忆、经历、情绪、冲动或想法。

更广阔的视野

感受到痛苦或困难往往会让我们把注意力集中在狭隘的地方，让痛苦或恐惧在脑海中浮现。如果我们能以更宽广的视角来看待这一经历，就能更有效地敞开心扉去面对深藏其中的礼物。

花些时间去想象一段糟糕的经历，把它完全记在脑海里，然后思考下面这些问题。

- 有没有一种特定的身体感觉与这种体验相关，你能对这种感觉说“是”吗？别着急，给自己1分钟时间考虑一下，看看你能不能做到。
- 你有没有见过家人因为这样的经历而挣扎斗争？如果有，你能否回想起这段经历，并带着同情的目光去看待他们的经历？再强调一下，别着急！尽可能地从问题中提取出什么来，然后继续。
- 有没有一个特定的想法与这段经历相关？你能对这个想法说“是”吗？

仅仅把它当作一个想法，不要与它斗争，只注意着它。

- 如果以后你成长为一个睿智的人，那时你回顾人生，你会认为这段经历有什么值得学习的地方吗？不要急于回答这个问题，也不要给自己太大压力。不要急于寻找答案，也不要怀疑自己。睿智的你在遥远的未来温柔地看着这一切，看看这段经历对你的人生道路有什么帮助。
- 这段经历以及你与它之间的斗争，暗示了你最在乎的是什么。在痛苦中，你能找到自己的价值。因为这个痛苦的所在说明你最关心什么，以及你的弱点是什么，暗示了你想要得到什么。
- 如果这种经历出现在你正在写的一本书里，那么有过这种经历的角色会因此变得更有智慧、更有活力吗？换句话说，如果这是一个英雄的成长之旅，这是英雄成长必须面对的挑战，他会如何利用这段经历来培养自己的能力和智慧呢？
- 还有其他与这段经历相关的回忆吗？能给自己一个肯定的回答吗？给自己 1 分钟时间思考一下，看看你能否想到相关的内容。别着急。
- 如果你把这段经历的糟糕后果归咎于其他人，回想一下你曾经做过和他类似的事情吗？也许你和他的区别仅在于程度上更轻微一些。有时，我们认为自己的糟糕状况应该由他人负责，但是这样做的目的只是为了避免看到我们的行为与他们的行为很相似。
- 如果你关心的人也为这样的经历而纠结，你会有什么感受？你会建议他们做什么？假设一个朋友正处于这种纠结状态，然后让你来回答这两个问题。知道他们处于这样的纠结之中，你对他们有什么感受？你对他们可能做的事会说些什么？
- 你要怎么做才能放下与这段经历的纠缠？你选择了一些你会对之持“否定”态度的东西，为了改变对它们一直持有的“否定”态度，你需要放弃什么？这是一个微妙的问题，不要急于回答。打开你所有的感知和意识通道。试着去感受答案，而不是去思考答案。有什么东西是你一直坚持的？
- 如果你可以没有任何心理防御去感受这些经历，你会做些什么呢？你可以伸手去触碰它，想象它。想象一下，你可以带着这段经历来一次冒险之旅。那会是一次什么样的旅行呢？

对抗练习

这是一项更高级的技能，是上一种方法的有趣变体。当你察觉到大脑告诉你不要做某事或不要想某事时，就可以进行这个练习。这是一种把恐惧的情绪和想法作为引导，从而产生良好的暴露体验的方法。

如果我和某人在购物中心做这个练习，我会问，“你的大脑说我们不能去哪里？”如果那个人回答“不能乘坐自动扶梯”，那我们就去乘坐自动扶梯。这永远是一个选项，没有必要强迫他必须去乘坐自动扶梯。你可以选择另一种方式，比如：如果爬楼梯不太难的话，那就爬楼梯。把乘坐自动扶梯作为备选行动计划，可以以后再尝试。不要低估这个练习的效果，尤其是如果它可以让心情愉悦。我看到一些来访者通过练习，可以重新进行已经放弃多年的活动。这有点像第一次决定乘坐高空绳索或蹦极，一旦开始，几秒钟之内你的恐惧就会被快速扩张的愉悦感所取代。谁知道呢？也许下一个你要挑战的就是跳伞！

A Liberated Mind

第12章

第四个转向

当下——活在此刻

通常，我不会在飞机上聊天。但在一次飞行中，我身旁的男士却喜欢这么做，我出于礼貌就陪着他聊。很快，我就被他吸引了。他是一名商业飞行员，居住在新奥尔良，热爱帆船比赛。他说自己作为一名帆船竞赛选手取得了惊人的成功，尤其是在他的家乡。“你一定了解当地的水流和风向。”我问他。“当然，”他不屑一顾地回答，并补充道，“所有当地人都了解。”在谨慎地环顾四周之后，他靠近我，低声说要把获胜的秘密告诉我。他停顿了一下，享受着这种感觉，说道：“我闻到了咖啡的味道。”

我有点儿目瞪口呆地看着他，但他并没有失去理智。他用一个故事解释了他在航行方面的优势。我在着陆后不久就进行了核实。

新奥尔良是美国第二大咖啡贸易港口。在路易斯安那州海岸，有一些工业规模的咖啡烘焙厂分布在密西西比河出海口的两岸。每个烘焙厂以其特定的咖啡豆和优良品质而闻名。因此，每个烘焙厂都有其独特的香气。当离岸数英里的时候，他所要做的就是注意那特有的气味，这样他就能判断风向！通过运用他那训练良好的鼻子和对城市的了解，他能够比那些观看风向标或举起湿漉漉手指[㊀]的竞争者们更快、更准确地感知微小的风向变化。在别人甚至还不知道发生了什么的时候，他就能提前应对这些变化。有时，船员会因为他那看起来完全不合理的方向选择而大喊大叫，但随着风向变得清晰，他们很快就会安静下来。

在我们内部和外部，我们都被大量潜在的重要信息包围着。通常我们并不注意和使用这些信息，尤其当我们的注意力僵化而又受到约束时。我们中有多少人会想到在帆船比赛中通过嗅觉来判断风向？寥寥无几。但一只狗或者猫可以很好地使用这些信息，不仅是因为它们有更好的嗅觉，还因为它们更多地生活在当下，这让它们有机会从经验中学习。

无法生活在当下，会大大减少我们所能获得的信息。这就好像我们在打网球时戴着一副用砂纸摩擦过的太阳眼镜。我们对模糊镜片的关注破坏了对打球的关注。

我可以在 1 分钟内向你展示我们的注意力是如何受到影响的。环顾房间 30 秒，并找到所有黑色的物体。将每个黑色物体分类，然后让你的眼睛**回到**书上这几个加粗的黑体字。

现在，闭上眼睛，回忆你刚才看到的每一个长方形物体。不要作弊！

* * *

你的视线回到书本上了吗？你在回忆长方形物体时有困难吗？

如果我让你说出你看到的所有黑色物体，那么你可能完成得很好。但是，尽管你看到了许多长方形物体（现在环顾四周找找看），但你的注意力被寻找黑色物体这一规则所支配，所以你的大脑只注意到了一部分你眼睛所看到的东西。这是一个教训：我们那具有判断力和解决问题能力的大脑不断将我们的注意力从对当下的充分觉察中转移出来。

㊀ 通过风吹干手指上的水分带来的丝丝凉意来判断风向。——译者注

另一种证明这一观点的方法是环顾房间并试着找出你所看到的一切存在什么缺陷。一个一个地寻找它们的缺陷。从现在开始，还是用 30 秒。

* * *

我敢打赌，你对“当下”的评估过程使你更多地感觉自己是生活在大脑中而不是在房间里。你可能会考虑近期的访客一定注意到了这些物品的缺陷，你还会想这些缺陷会影响他们对你的看法。也许你会因自己在装修房子时没有提高警惕，或者自己没有更好的设计品位而自责。当你忙于这些想法时，我打赌你几乎没有注意到脚趾感觉如何，你是否在自由呼吸，或者房间里是否凉爽。

即便有咖啡的香味飘过房间，你可能也不会注意。就像我们的那位水手一样，是否可以从当下的经历中学到什么呢？糟糕的是，你错过了很多。

前面学的三种心理灵活性技能都很重要。它们可以让我们更好地适应现在的生活，并从中学到更多。所有这些技能都支持我们转向当下，从对过去和未来的关注中转移到当下。我们还可以通过一系列的实践来培养生活中对当下的关注。这有助于我们依据自己的价值，每时每刻都走在正确的生活道路上。

对人生定向的渴望

当你开始致力于发展关注当下的技能时，重要的是要明白，过去和未来对你的吸引力不仅仅来自避免受伤害的冲动，还来自一种积极的渴望——渴望知道我们在人生旅途中的方向。

渴望方向是有意义的，没有人想要迷路。如果你突然发现自己在一个奇怪的地方，那么你会努力环顾四周，想弄清楚怎么回去。问题在于，我们那问题解决取向的大脑试图通过思考过去发生的事情和担心未来发生的事情来给自己定向，而不是通过我们的实际状况和拥有的机会来给自己定向。我们会纠结于“我为什么会在这里”“我怎么才能到别的地方去”“将会发生什么，我该怎么控制”这样的问题，最终深陷于大脑的认知杂草中。

我们太过专注于问题的解决，以致没有意识到有人对我们很好；没有抽时间给心爱的人打电话；没有在林间散步，为美丽的景色而陶醉。我们对精神世界的渴望导致我们迷失方向：没能完全意识到生活的全部选择就在当下，就在我们面前。

活在当下这一转向（见图 12-1）将我们对人生定向的渴望转向专注于此时此地。正念练习是至关重要的，有助于我们将注意力聚焦在有意义和有目的的日常生活中。

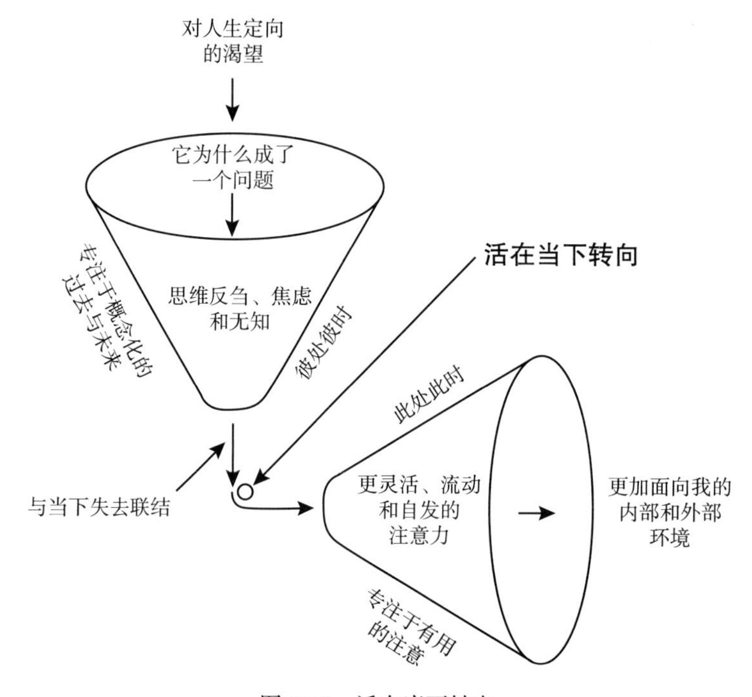

图 12-1 活在当下转向

为了理解正念的含义，向乔恩·卡巴金（Jon Kabat-Zinn）（一位同路人，马萨诸塞大学医学院名誉医学教授）求教是很有用的。他借鉴了亚洲丰富的内观禅修传统，被广泛认为是将正念引入西方社会的开创者。卡巴金将正念定义为“以一种特殊的方式注意——有目的的、当下的、非评判的”。ACT 进行了补充，认为这是由观察性自我的换位思考所促成的。卡巴金同意正念包含换位思考，但不认可观察性自我。

卡巴金很重视正念的目的性，这一点我们要特别强调。我认为他是说我们的觉知应该指向此时此刻，以便让我们过上自己想要的生活。正念不是一种逃避生活中压力、担忧、渴望和恐惧的方法。传统的正念方法被认为可以促进"正确的行为"（正业），帮助我们按照自己选择的价值活在当下。

那位健谈水手的竞赛技巧是很好的例子，说明了目的如何指导当下的活动。如果他注意到了风里的气味，却认为这会使自己在比赛中分心，那他的鼻子就不会帮助他成为一个有效的指挥者。相反，他利用气味来更好地适应环境，并决定哪条路线是最好的。实际上，那就是接触当下帮助我们实现的目标。

有了对正念的这种理解，我们就能够更好地认识到其他的灵活性技能是如何促成接触当下的。练习解离，与观察性自我联结，敞开心扉接纳，这些都会帮助我们保持非评判性，防止大脑陷入思维反刍和担忧中。

对正念保持正念

在过去的几十年里，人们对正念的兴趣激增，而 ACT 是这种文化兴起的一部分。实际上，ACT 研究中有 40% 都包含鼓励正念练习，并且所有的研究都包含一些来自正念的方法。ACT 社群也增加了一些自己对正念价值的见解，并警告：不要把正念当作一种回避或不健康的自我关注形式。

冥想练习是大多数正念的核心要素，它已成为一项十分普遍的练习，但是一些人的练习效果说明冥想可能存在一些潜在的问题。人们可能成为自私的冥想者（"你去照顾孩子！我得去冥想了！"）或者回避型冥想者（"我现在很焦虑，我需要去冥想一会儿！"）。有些人甚至对冥想练习着迷，沉溺其中无法自拔。研究表明：当以培养心理灵活性为目标进行冥想练习，而不是把它作为一种逃避生活压力或压抑情感的方法时，它的效果是最好的。当有目的地利用冥想练习来培养注意力的灵活性，让冥想者更充分地参与生活，而不是"远离一切"时，冥想的益处会显示得更充分。

例如，一项研究调查了冥想者和非冥想者是如何处理 Stroop 任务的，这是一种常用来 (也常会让人体验到挫败感) 衡量人们大脑“执行控制”功能的方法。“执行控制”是在大脑中组织信息并有效行动的能力。Stroop 任务需要非常认真地关注当下。人们看着计算机屏幕上弹出的颜色词，比如红色或蓝色。他们需要尽可能快地说出他们所看到的词的颜色。这个实验中有一个小把戏，即这些颜色词和它们字体的颜色是不一致的。红色这个颜色词可能用蓝色字来呈现，反之亦然。当你看到用红色打出的蓝色这个词时，要迅速说出“红色”。好吧，这真的很难！有人会脱口而出“蓝色”！

在 Stroop 任务研究中，练习过冥想的人得分会更高。当研究人员调查原因时，他们发现表现特别优秀的冥想者有更高的情感接纳度。[1] 为什么会这样？嗯，如果你努力让自己不因为错误的答案而沮丧，猜猜你在关注什么？你在关注最后一个词可能带来的情绪影响，而不是专注于辨认刚刚冒出来的那个词是什么颜色。

简而言之，当我们努力变得更加正念时，要当心不能让我们的大脑将这一有益的过程转变为另一种回避的方式。作为一种警告，一项研究表明专注于观察当下会引发思维反刍，导致更多的抑郁。[2] 所以，正念练习好坏取决于练习的目的。

我和一位大学老师交谈过，他从惨痛的教训中意识到了这一点。我称呼他为弗雷德。他通过阅读 ACT 自助书来培养自己的心理灵活性技能，表现相当出色。但不久前他给我发了封电子邮件，请求帮忙寻找 ACT 治疗师。大约一年后，他给我发了一封感谢信，告诉我说一切都很好。我打电话给他了解了详细情况。

弗雷德的故事和我的太像了，简直让人毛骨悚然。甚至他在小时候也有过类似的恐龙噩梦！在他的梦里，他试图在一本大书里找到正确的咒语来打败一个怪物，最终他学会放下书，拥抱怪物。

弗雷德已经绝望地度过了几年，在这几年中，他无意中使用正念作为一种回避或解决问题的方法。他一直在努力克服焦虑症。他的焦虑症开始于给一个班级上课。几个月内，他的焦虑症就发展成为害怕在公共场合讲话（我们还有其他更多的共同点）。和女朋友在一起时，他出现了一种强迫性想法（“我希望课堂上发生的焦虑症不要发生在亲密关系中”），随后，他便对自己在关系中的糟糕表现产生了强迫性恐惧。

对于弗雷德来说，正念就是他要寻找的良方。他对我说：“我做内观禅修；我学习佛学；我读一行禅师的作品，我去了他的禅修中心。但我的脑海里一直在想，这是否能解决我的问题。在我最低谷时，甚至只是给最好的朋友讲故事，都能引发惊恐发作。感觉我的世界已经缩小到我肌肤之外一两英寸[⊖]的范围。”

在低谷之后不久，他阅读了 ACT 相关图书，他回忆道：“知道自己可以放弃寻找良方后，我感到如释重负。”他说，他已经意识到自己必须改变使用正念练习的方式。“最大的变化之一就是我只是坐在那里，看着内心的恐惧，每时每刻，不再要求它有任何改变。我只是想看看会发生什么。当恐惧情绪和我关心的事情联系在一起时，我不再拒绝、否认这种感受，而是接纳它。”

把接纳加入正念练习 3 个月后，他申请了一个竞争性的教育奖学金。这个奖学金要求他周末在教育界的大人物面前接受一系列紧张的面试。他告诉我这“在 3 个月前是不可想象的”。最后，他获得了奖学金。并且在他的 ACT 之旅中，继续取得良好进展。去年，他完成了一项成功的发明，随后开始了一次艰苦的商务旅行来销售它。“我的生活丰富多彩，但当我努力寻找治疗焦虑症的方法时，我丰富多彩的生活就不见了，”他对我说。“老实说，我曾以为再也体会不到这样的丰富多彩了。”

他的大脑仍然告诉他，他需要担心：担心在公共场合说话时焦虑，担心他是否会在亲密关系中表现糟糕。“大脑依然还是那个大脑，”他说，“有时候，我觉得自己的大脑就像是把厨房的水槽垃圾扔向我，但是现在不那么严重了。我可以更容易地把注意力集中在我最关心的事情上，接纳所有的恐惧，让内心对自己想要的生活方式做出选择。”

⊖　1 英寸 =2.54 厘米。

正念就像手电筒

学会关注此时此刻，可以将其比作以一种特殊的方式扩大你的视野。“attend”（注意、出席、参加）这个词的词根意思是向某物伸展。在发展正念的过程中，我们想要增加我们的觉知范围并提升相应能力，以便专注于一个选定的方向。

你还记得我之前把扩大对当下的觉知比作用手电筒看得更清楚吗？嗯，我喜欢这个比喻，部分是因为我是个手电筒迷。我喜欢它们，并且我收集了很多功能很多样的手电筒。有一年圣诞节，妻子送了我一个可以调节光束的手电筒。它的光束可以调节得非常宽或非常窄，或介于二者之间。我有一个手电筒还可以转换成野营灯，向四面八方投射光线。还有一个手电筒实际上是由三个手电筒组合在一起的，每个手电筒的光束都可以投向不同的方向。

训练注意力就像学习如何使用这些高科技手电筒一样。我们可以通过各种方式练习调节注意力。冥想只是这些方法中最著名的一种。这些方法并不复杂，也不需要太多时间。许多类型的冥想练习已经非常流行，比如由卡巴金开发的正念减压（mindfulness-based stress reduction, MBSR）、超觉静坐（transcendental meditation），以及一些注重身体的传统方法，如瑜伽和禅宗禅修。对你来说，学习这些会很有收获。但是当你进行冥想练习，希望因此获得心理上的益处时，最好坚持简单而简短的练习。例如，关于冥想的研究表明，大约只有 7% 的益处是完全由练习时间决定的。[3]

练习的质量比投入的时间更重要。[4] 正确地做一点冥想会有很大的帮助，甚至一些益处很快就会出现。一项研究发现，让人们进行一次 15 分钟的冥想，就可以让他们做出更好的财务决策。其中一位研究者是这样解释这一发现的：

> 短时间的正念冥想可以鼓励人们通过考虑当下可用的信息来做出更理性的决定。冥想减少了人们对过去和未来的关注程度，这种心理转变减少了消极情绪。而消极情绪的减少可以促使他们放下“沉没成本”（在做出糟糕的财务决策后，将大量的钱扔在烂摊子上）。

入门方法

这里，我将重点介绍那些已被证明有效的简单方法。如果你还没有练习那些复杂的冥想，我建议从这些简单方法开始。每个练习都可以在几分钟内完成，这有助于你长期坚持练习。坚持不懈的实践是取得持久效果的关键。

理想状况下，你应该将其中一些练习作为心理灵活性技能工具箱的组成部分。经常练习，你就可以牢牢记住。一旦你发现自己的注意力无助地被过去或未来吸引，你就可以随时使用这些练习。你可以让它们成为日常生活的一部分，无论是在早上醒来后，还是在淋浴或吃早餐的时候，或者是在一天的中间或结束的时候。你马上就会看到它们的积极影响，特别是你做事情的专注度会得到明显提升。这通常对你有很大的激励作用。坚持每天的灵活性练习，将其作为你过上更有价值生活的第一个承诺。

对于初学者，我将从简单的冥想技巧开始，然后介绍几个培养注意力灵活性的练习。一旦你读完第二部分的其余章节，你就可以回到这里，选择你想要继续练习的内容。

简单的冥想

我研究生阶段的朋友雷蒙德·里德·哈代（Raymond Reed Hardy）在他的《禅师》(*Zen Master*）一书中提出了一种极其简单的冥想方法。[5]其实，他的建议并不新颖，还有其他更简单的练习。练习要求如下：坐下，背部挺直，眼睛微微睁开，眼睛以 45 度角向下看，注视着一个小的范围（不要把你的视线完全集中在一个特定的点上）。如果你盘腿坐着感觉不舒服，那就坐在椅子上。双脚平放在地板上。让你的注意力集中在呼吸过程中。每当你发现自己的注意力偏离，不是集中在呼吸上，留意一下是什么吸引了它，然后坚定地把它拉回来，让注意力再次集中到呼吸过程中。

就是这样。每天练习几分钟。

这么简单的练习如何起作用？它能锻炼你的注意力。每次觉察到你已经走神，就可以增强你的注意力和重新集中注意力的能力。

从注意一个对象到注意多个对象

拿起你的智能手机或其他可以计时的工具，设置一个两分钟的闹钟。你可以坐着，也可以站着。我会给你指示，然后你就启动计时器，闭上眼睛，集中注意力。

在前两分钟，把你的注意力集中在你左脚的脚底。专注于那个部位的感觉。你能感受到那里有什么感觉？看看你能否感觉到血液在流动；看看你能否注意到那个部位有多温暖或有多冷；看看你能否觉知到你的脚所占据的空间大小。如果你觉察到你的注意力分散了，就轻轻地把它带回到你的左脚脚底。继续关注你左脚脚底的感觉。直到两分钟的铃声响起，才能停下来。

好，启动计时器，闭上眼睛，开始。

* * *

在这个过程中，你可能和大多数人一样会走神，但迟早你会觉察到你在走神，并把注意力拉回来。你可能还注意到了你左脚脚底通常不会注意到的东西：那里的感觉、特征等。你可能已经注意到了它的大小、形状、刺痛感或温暖感。

现在再设定两分钟的闹钟，把注意力集中在右脚的脚底，做同样的练习。看看你这次是否能加深对感知觉和注意的觉知，比如注意到更多的方面或特征。同样，如果你走神了，轻轻地把你的注意力拉回来。

好，启动计时器，开始！

* * *

这次你注意到什么了？时间似乎过得更慢了吗？你的大脑告诉你没觉察到什么新东西吗？

现在再设定两分钟的闹钟，看看你能否同时持续地注意你左脚和右脚的脚底。试着不要交替注意左脚和右脚，而是拓宽你的注意力范围，让你同时注意二者。如果你的注意力分散了，轻轻地把它重新拉回来。

* * *

你觉察到了什么？注意到了什么？你的注意和觉知会来来回回，一会儿注意力集中在脚上，一会儿注意力又分散了吗？你是否发现有时只专注左脚，有时只专注右脚，而其他时候可以二者兼顾？太好了！把你的注意力先放在一只脚上，然后再集中在另一只脚上，这不仅能注意当下，还能培养灵活的注意力。记住，练习的目的是锻炼既灵活又主动的定向注意力。

这是由正念研究者尼尔巴伊·辛格（Nirbhay Singh）开发的一种最有效也是最简单的正念练习。[6]研究表明，它有助于减少儿童的攻击性行为，减轻成年人的慢性精神疾病；有助于人们戒烟；还有助于那些生理上没有饱腹感的儿童避免暴饮暴食。这个练习可以帮助你集中注意力，就像船被锚固定一样。你的脚就如同轮船的锚。注意力集中削弱了自动化思维和自动化行为过程，可以避免人们从愤怒迅速转向攻击，从强烈的冲动迅速转向实际的吸烟或进食行为。它在抑制情绪和认知反应的同时打开了一个选择的小窗口。与正念呼吸相比，我更喜欢这个练习。首先，你可以随时随地练习，甚至是在说话的时候。（正念呼吸时，你能正常说话吗？）其次，许多形式的焦虑都和呼吸困难密切相关，专注于呼吸可能会引发恐慌。

扩大和缩小注意范围

作为脚底练习的延伸，你可以通过注意任何丰富的感官体验来训练你的大脑，拓宽和缩小注意焦点。听音乐就是一个很好的例子。成功的注意力训练项目，如元认知疗法，已经普遍使用这种方法。

如果现在你想试一下，就可以放一些你喜欢的音乐。它必须包含多种乐器。你要把你的注意力从一种乐器或一组乐器，比如弦类乐器，转移到其他乐器上。最好在练习开始之前就计划好将注意焦点放在哪里，这样音乐就不会控制你的注意力。你可以在手机上设定1分钟的闹钟来提醒自己转移注意力。当你听的时候，首先注意乐器的组合，然后把所有的注意力集中在其中一个上，比如一个低音，或是一组低音。1分钟后，专注于另一个，也许是转到鼓上。最后，把你的注意力转向整个乐曲。然后在这些不同的焦点之间再循环一次或两次。

开放焦点

许多注意力练习会教你缩小注意范围，指导你集中注意力并重复念特定的单词，或者只看墙上的一个地方。但正如我所说，扩大注意同样重要。[7] 我比较喜欢的一种做法是“开放焦点”。在这种方法中，你可以同时考虑整组事件（要做到这一点，你必须弱化对任何特定事件的关注）。这组事件可以由人、物体、思想序列或音符组成，实际上可以是任何事物。一旦你有了一套你感兴趣的东西，就把注意力放在事件之间的物理空间或时间空间上：例如，物体之间的物理空间，或思想之间的空白。

下面我说说如何做到这一点：看看你所在的房间，依次关注特定的物体。然后，弱化对任何特定对象的关注。关注房间中大多数或所有物体之间的关系（这就是“空间”）。通过几分钟的交替练习，你会感觉到自己在使用不同的注意策略。当你的注意焦点处于开放状态时，会感觉到注意力的分散以及注意范围的扩大。然后当你聚焦于每一个特定的对象时，会感觉到注意力的集中以及注意范围的缩小。

在日常生活中，进行这个练习的一个好办法是在会议期间进行练习。下一次参加会议，看看你是否可以在专注于某个特定的演讲者或听众和同时关注所有与会者之间来回切换。

其他方法

将过去与当下联系在一起

专注于当下最困难的挑战之一是，我们的大脑常常被过去“钩住”——记忆、情感和想法都根植于我们的精神网络，很容易被触发。缩写 I’M BEAT

是提醒我们注意这些触发点的有用方法。如果你觉察到注意力分散，看看你是否只是被解释（interpretations）、记忆（memories）、身体感知觉（bodily sensations）、情绪（emotions）、行为冲动（action urges）和其他类型的想法（thoughts of other kinds，如预测和评估）所吸引。一旦觉察到这些，你就回到了当下！换一种说法，"脱钩"的方法就是充分地觉知到"钩子"的存在。你总能在 I'M BEAT 列表中找到这些"钩子"（这是一个不错的首字母缩略语。因为如果没有觉知到这些"钩子"，这些反应就会打倒你）。

这里有一个很好的练习，可以让你学会如何对抗"钩子"的吸引。

刻意地在脑海中回忆一段往事，然后对自己说："现在我想起了……"用一个简短的句子描述这段记忆。例如，你可能会说："现在我想起老板对我说，我永远不会有所成就。"[8]

当你这样做的时候，要注意任何被触发的情绪；任何身体反应，比如你的肠道可能会紧绷；可能产生的想法；或者做某事的冲动。同时，也要警惕其他可能出现的记忆。当你完成对记忆的陈述后，一个接一个地关注你的情绪、想法和其他感知觉。比如，"现在我有悲伤的情绪。"如果你有这样的想法，"那本来就不该发生。"你应该说："我有这样的想法，那本来不应该发生。"如果你忘记了你想要描述的反应，可以回到记忆中，重新感受一遍。对于其他突然出现的记忆，进行同样的练习。

这个简短的句子"我有这样的想法……"是一种将解离带入正念，让我们与想法、情绪和冲动保持一点距离，促使我们接触当下的有力手段。这种想法或感受可能是关于过去的，也可能是关于未来的，但这个简短的句子可以提醒你的大脑，这些反应就发生在此时此刻。培养这种觉知会使我们形成一种强大的思维习惯，即使在最困难的记忆、想法和情绪出现时，这种思维习惯也能帮助我们保持在正轨上。

由内而外

最后一个练习有助于我们在觉察自己内心体验的同时，也能专注于正在从事的任何工作，而不是拘泥于其中的某一个。

当你从事一些任务时，比如园艺或家务，要持续关注自己在做什么，同时也要把一些注意力转移到身体内部正在发生的事情上。就如同专注于你的双脚，允许任何身体的感知觉发生变化，但不要抓住你所有的注意力。这种感知觉就在注意的边缘。你感知到了什么？热还是冷，紧张还是平静，跳跃还是持续，紧张还是松弛，粗糙还是光滑？当你这样做的时候，记得不要停下正在做的活动。

现在把你的注意力再次完全集中到任务上，同时也要继续觉察这种感知觉。这种感知觉和任务有什么关系？你对任务的感受和你对它的专注程度，与这种感知觉有什么关系？

你的内心正在对任务做出反应，你对任务的感受也会受到影响。也许你因为花儿长势喜人而感到非常满意，你注意到内心有一种愉悦的感觉，即便膝盖和手臂有些疼痛。或者你对这项任务感到厌烦，让你注意到有一点饥饿感。重要的是，你要让这些相互联系的觉知在你从内向外转移注意力的过程中展示出来。把你问题解决取向的思维模式暂时搁置一边，也不要总想着给自己定一个规则，比如“我必须要找到一个联系”。这个练习是为了集中注意力，而不是诊断。它能帮助我们保持注意力的灵活性，让我们更充分地参与到当下，包括身体和大脑。久而久之，有助于我们更充分地体验当下，对任何有用的信息时刻保持警醒，就如同我的水手朋友闻到烘焙咖啡的香味。

第13章

第五个转向
价值——选择自己在意的

心理困扰的一个最大根源就是失去与价值的联结，这个价值对我们而言是真正有意义的。我有一位来访者，当被问到她内心最深处的价值时，她停顿了很长时间，然后说："这是我被问过的最可怕的问题。"又过了很长一段时间后，她补充说："我已经很久很久没有想过这件事了。"然后哭了起来。

这是与价值相关的最常见的情感反应。类似场景在治疗中我见过很多次。我想这就是为什么我们一看到新生儿就会哭，为什么我们在婚礼上会流泪，为什么我们在欣赏壮观日落时会流泪。因为我们感到这与我们珍视的生活息息相关。

对意义的渴望

对人类来说，没有什么比自由选择和自由追求人生方向更令人向往的了。对自我选择意义的清晰感受给我们提供了取之不尽的发展动力，但我们很容易忽视什么是真正有意义的，转而去追求社会大众的目标和表面的满足。时钟的每一次滴答都在嘲笑我们这种空虚的生活。

多种原因误导了我们对有意义生活的向往。其中一个原因是我们不相信自己能做出正确的选择，逃避生活给予我们的自由。[1]我们害怕自己选择了一条人生道路，却没有沿着这条道路走下去所必需的品质。也许我们将养育孩子视为重任，但怀疑自己能否成为好父母；也许我们渴望获得一个研究生学位以探索新知识，但质疑自己是否有足够的能力。我们还担心自己的价值可能不符合文化规范，导致被轻视、冷落，甚至被嘲笑。也许我们更愿意离开高压力、高收入的工作，花更多的时间陪伴家人，但我们一般还是会坚持下去。因为我们相信如果辞职，人们对我们评价就会更低。我们执着于自己的自我信念，害怕自由地选择生活方向，也许是因为我们的自我意识已与成为成功的律师或企业经理融合，而在内心深处，知道自己更想成为一名治疗师。最常见的是为了避免过去的痛苦，背离了真正的价值。我们可能会说服自己，不重视亲密关系，因为所爱之人会伤害我们。因此，各种形式的心理僵化都表现在我们对意义和自我导向的错误处理上。

总的来说，我们的文化并没有帮助人们明确自己的意义感。相反，我们被鼓励通过追求肤浅的欲望来定义什么给了我们价值。我们把迅速得到满足误认为是一种意义感，于是我们积累财富和成就，追求一长串社会所定义的“应该”。主流的社会信息是，我们的价值是通过所拥有的财富、我们的文化认可的成就或是否符合社会期望来衡量的，无论是工作上的成功、结婚生子，还是“幸福”。我们可能会觉得这些东西真的有意义，但如果追求它们是为了避免社会谴责，避免因成绩不理想而自我批评的痛苦，那它们就是一纸空文，毫无意义。

想想物质主义的影响，[2]它的信念是拥有和获得财富会带来生活满足感。在一个调查研究中，要求人们回答是否同意诸如“生活中一些最重要的成就包括获得物质财富”“如果我能买得起更多的东西，我会更快乐”“我喜欢拥有能给人留下深刻印象的东西”这样的说法。同意这些说法的人与焦虑、抑郁、消极自我评价和较低的生活满意度显著相关。

名望、权力、感官享受和他人的奉承都不能满足人的欲望和社会要求达到的标准。[3] 一旦我们深陷其中，就永远都不会满足。亿万富翁被问及怎样才算有钱，他们的回答是“更多”。[4] 佛教徒把这种专注于成就和物质财富的状态称为“贪恋”，认为这是痛苦的核心原因。我们忽视了真正持久激励我们的因素。结果只能是拥有的越多，就越痛苦。人生失去了平衡。

价值转向（见图 13-1）让我们对意义的渴望重新定向，追求真正与意义相一致的活动。

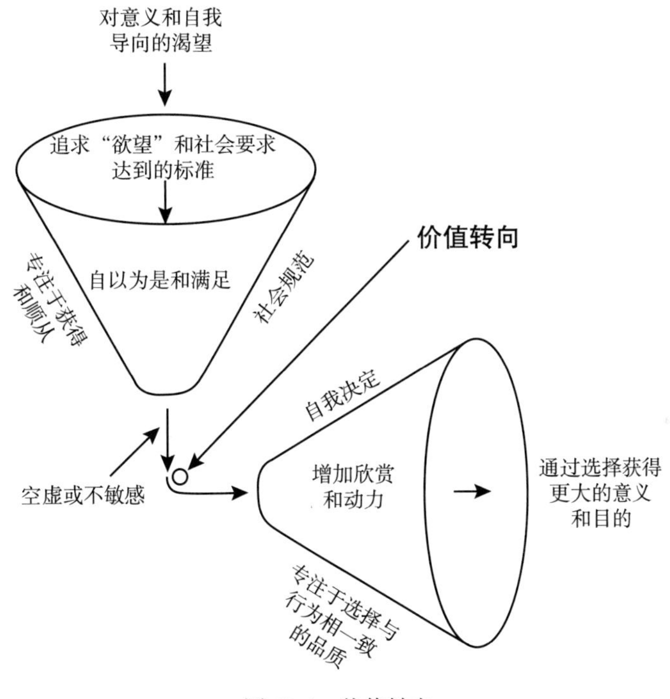

图 13-1　价值转向

正在培养的四种心理灵活性技能可以帮助你实现这一目标。方法就在后面。

接纳让我们能够倾听

如果我们因为努力避免痛苦而与自己的价值隔绝，具有讽刺意味的是，只会加剧痛苦。相反，通过倾听我们的痛苦，朝着我们渴望的方向前进，可以发现现在的生活方式与我们想要的生活方式之间的差异。痛苦就像手电筒，光束指向哪里，哪里就蕴含着我们的价值。

我曾经有一个抑郁且焦虑的来访者，我称他为萨姆。他在治疗初期就告诉我，帮助他的任何努力都是毫无意义的。因为生活是空虚的，没有什么理由能让他活下去。当我试着和他一起探索他所关心的事情时，他很狡猾，有时甚至很抵触。例如，他会以一种实事求是的方式说，他真的不在乎家庭、孩子，甚至不在乎亲密关系。“我只是认为生活不适合我。”他声称，一边在椅子上移动着，一边耸耸肩，仿佛用他松软的身体在说：谁在乎？我不在乎这辈子有没有爱，不在乎有没有皱纹，除非你能向我证明这些很重要。

然而，当我们的目光交汇时，我并没有看到他的冷漠。我只看到了痛苦。

我没有和他当面对质。相反，我给他布置了一个简单的作业：注意他受过伤的地方，并考虑这些地方可能正是他所关心的。他说会这么做，但对这个没什么期望。

当他第二周回来时，他说：“我真是个骗子，甚至对自己也撒谎。”他提到自己在一家快餐店里吃汉堡时，进来一家人，坐在邻桌吃饭。当他看着邻桌的妈妈、爸爸和他们的两个孩子打开汉堡时，他惊讶地注意到自己有一种悲伤感。他没有像往常那样急于摆脱这种悲伤感，而是想起了我问他的问题。这让他仔细地观察了自己的感受，这就如同打开了一扇通往内心深处、关闭已久的大门。

一阵强烈的悲伤席卷而来，他转身离开了这家人，努力不让自己的眼泪流出来。接着，他感受到一种渴望，渴望有一段亲密关系，渴望成为父亲。

当他在面谈中告诉我这件事时，眼泪又禁不住流了出来，不得不哽咽着说话。然后他讲述了童年被父母和继父忽视，以及遭受痛苦背叛的漫长历史。多年来，为了应对这种痛苦，他一直试图压抑自己的情感，转而专注于自己的工作和成功。

但他的“成功”并没有情感上的支撑。他就像一个迷失在大海中的人，因为口渴而喝海水：直接效果是缓解了当下的口渴，但最终的结果是更渴。

为了帮助来访者了解他们的痛苦与价值之间的关系，我告诉他们，当面对痛苦时，应该反过来问自己：“为了不受伤害，我必须不在乎什么？”每一个社交恐惧症患者其实都渴望以一种开放的方式与人相处。就我个人而言，我见过的每一个抑郁症患者都深切渴望积极地投入生活中。在痛苦中，你能找到自己的价值；在逃避中，你能发现价值与现实脱节。没有情感上的灵活性和开放性，就不可能按照自己选择的价值生活。

顺便说一下，后来我见到了萨姆。这是我近 20 年来第一次见到他。他有了自己的家庭，并且创办了一家企业，让他能够与数十名儿童一起工作多年。两个儿子已经成年，和他一起经营生意。他为此感到自豪，很享受和家人在一起的时光。如果不是他用痛苦作为指导，帮助他找到自己的价值和真正想要的生活方向，所有这一切都不会发生。

解离和自我觉察让我们停止判断

问题解决取向的大脑喜欢整理我们应该或不应该做某事的理由，这在处理税务或选择股票时是很有用的，但却是一种糟糕的价值选择方式。提出理由是因为我们需要依据它来做出选择，除此之外，它对我们只有内在的意义。如果我告诉自己，我应该做一个好父亲，因为这是社会所期望的，这实际上就剥夺了我与选择做一个好父亲之间的联系，即便这对我来说意义重大。一旦专注于证明我们的价值是正确的，我们就会被它左右。而这往往会让我们远离真正关心的东西。通过与判断解离，可以满足我们内心对一致性的渴望，那是我们真正想要的。通过与观察性自我相联系，可以培养我们价值中的归属感。

当我想告诉来访者，他们为自己的价值寻找各种理由是多么棘手的问题时，我就会在背后伸出三个手指。假设一个来访者告诉我，他对自己很满意，因为那天午饭他选择了沙拉而不是渴望的芝士汉堡。我问他为什么，对话会是这样的：

史蒂文：你为什么选沙拉？
来访者：它的卡路里较少。（理由 1）

史蒂文：为什么摄入较少的卡路里很重要？
来访者：它可以让我远离不健康和超重。（理由 2）

史蒂文：为什么避免不健康和超重很重要？
来访者：因为我可以更长寿！（理由 3）

史蒂文：为什么更长寿很重要？
来访者：……我不知道。每个人都是这样！都想活得更久！

我把放在背后的三个手指伸出来，然后向来访者解释。通常对话不超过三轮。到第四个问题时，几乎每个人的回答都是“我不知道”。这帮助他们认识到，他们已经接受了各种文化上照本宣科的理由，而没有真正意识到问题的答案并不是他们回答的这些。“因为我选择这样做”更接近事实。[5]

记得有一次，我和一个患有糖尿病的来访者讨论控制体重。在一次价值对话后，她说会努力改善自己的健康状况，这样她就有更多的机会看着女儿长大。这听起来是真的。我能感觉到这就是她真正的动机。不过，为了验证这一点，我问她为什么看着女儿长大很重要。“不，这不重要！”她有点儿轻率地否定了刚才的答案，短暂停顿后，透过眼镜低头看着我，带着一些紧张补充说，“除非对我来说（是重要的）！”㊀

自由选择自己的价值并不意味着我们的选择不受家庭和文化的影响，比如父母的教育和宗教信仰。我们吸收了这些教诲，但在这样做的同时，也锻炼了自己的选择能力，即使我们不承认这一点。我们的成长史决定了我们的选择。但是，用别人教给我们的东西来证明自己的选择是正当的，是一种逃避个人责任的方式。

㊀ 在该案例中，作者试图说明来访者很容易受到社会环境、文化的影响。这个来访者开始认为能够看着女儿长大，这是自己最看重的，但是随后又否认。“不，这不重要！”这其实就是社会文化因素的影响，是社会认为看着孩子长大是不重要的。但经过犹豫之后，来访者还是承认：这对于自己来说就是最重要的。——译者注

解离和自我觉察技能帮助我们停止自我辩护，并与他人建立更深层次的联系。当大脑开始为行为给出顺从的理由时，我们学会了控制自己。当我们开始做价值工作时，也有助于停止自责。当我们开始承认没有按照自己的价值生活时，“内在独裁者”会变得相当严厉。它会责备我们：“看，我告诉过你，你没用。你是个伪君子，是个骗子。”我们可能还会过度评估自己是否选择了正确的价值，反复思考它们是不是我们“真正的价值”。有能力无视这些无益的信息，价值澄清工作将会更加自由，而不会是一个受罪的过程。

接触当下帮助我们专注于正在进行的人生之旅

回想一下，我早些时候讨论过，价值不是目标，而是生活品质，比如充满爱意地生活、开心地生活、友好地生活、富有同情心地生活、保护性地生活、坚持不懈地生活、忠实地生活。

一旦明白了目标和价值之间的区别，目标就可以帮助你在以价值为基础的旅程中坚持下去。关键是，以价值为基础的生活使目标有意义，而不是目标本身有价值。如果你重视减少上瘾所带来的痛苦，那么你可以设定一个目标，成为一名有资质的成瘾咨询师。资质证书能够表明你的价值，这是你人生旅途中的进身之阶。我在大学里教书已经 40 多年了，见过很多研究生忘记了当初攻读学位的初心。学习目标掩盖了学习价值。毕业后，他们略带震惊地问：“现在怎么办？”保持对当下的觉察，洞悉自己的价值，有助于避免这个陷阱。

目标在实现之前都处于未来状态，实现之后它就成了过去时。而价值总是存在于当下。正因为如此，价值让我们的生活有了动力。每天按照价值生活是非常有益的。

当人们主要关注未来的成就，或他们想要的，或“必须得到”的东西时，就会错过当下丰富多彩的生活。人们会因对人生定向的渴望而产生挫败感。这个重要的智慧其实就体现在“want”（想要）这个词中。根据定义，想要的是你没有的东西（这个词来自古挪威语 vant，意思是“丢失的”）。一旦实现了愿望，得到了我们认为有价值的汽车、配偶或工作，生活又开始挑衅我们。我们很快就会感觉到这些愿望是多么空虚，因为它们与真正有意义的生活之间没有联系。这导致我们对人生意义和目标的选择会一直持续下去。[6]

当我们努力完成价值转向，在正确的道路上前进时，关注当下有助于将注意力集中在当前的行为上——关注过程而不是关注实现目标。

价值有一个奇妙的好处，在确定它的那一刻，我们就已经开始将它付诸实施了。不需要等待，也不需要任何证书，你就会有所收获。你永远不会“到达那里”，你只能“去那里”。这也意味着价值之旅永远不会结束，它是意义的无穷源泉。假设你的价值是做一个有爱心的人。无论你做了多少次有爱心的事情，还会有更多有爱心的事情等着你去做。

价值转向可以带来巨大的变化。如果其他灵活性转向到位，甚至不需要它做大量的工作。一个很好的例子是乔安妮·达尔的一位来访者，这位 ACT 治疗师在本书第 5 章出现过。尼克拉斯是一位上了年纪的、受人尊敬的作家，住在一个遥远的小岛上。他有严重的广场恐惧症。当他逃离恐惧时，恐惧限制了他越来越多的自由。具有讽刺意味的是，他写了许多周围自然世界的动人故事，然而他却害怕走出家门，走进他如此热爱的景色中。多年来，他一直不出门。

事情到了紧要关头，他得去医院治疗恶化的糖尿病。这时，他向乔安妮求助。可是去他家很困难，乔安妮必须在一天内做点什么来帮助他。

乔安妮没有试图重组他的可怕想法或抑制他的糟糕情绪，而是首先把好奇心放在他的焦虑上。在见到他几分钟后，她问尼克拉斯是否焦虑，他回答说当然焦虑了。乔安妮说那太好了。她试图理解他的焦虑，这意味着她必须感同身受，从尼克拉斯的角度看待他的焦虑。“闭上你的眼睛，让它出现吧！”她补充说，“让它做它想做的任何事情，我们就像两个孩子在晚上看星星一样，静静地坐着探索它。”他同意这样做。焦虑出现后，当乔安妮满怀热情地问它到底是一种什么样的感觉，他能在哪里感觉到它时，焦虑却开始慢慢地消失了。“哦，不，”乔安妮夸张地喊着，“让它回来！这次要抓紧它……紧紧抓住它的尾巴，这样我们就可以探索它了。”焦虑又回来了，但这次消失得也更快了。“我们还能做什么？”乔安妮恳切地问道。在他们锁上房门不受约束的几个小时里，他们躺在地板上，走到外面，远离房子，翻过一座山，上了一辆车（30 年来第一次），过了桥，最后到了渡口（他去医院需要乘坐船），两人都站在轮船前面的栏杆边，就像电影《泰坦尼克号》那样。每前进一步，焦虑都会到来。但当他们一起有目的地充分感受它，清楚地看着它时，它被感觉到了，然后就消失了。

与此同时，他被深爱的岛屿之美所征服。然而由于广场恐惧症，他不得不凭记忆来写作。当他冒险离家，亲身体验大自然的美丽后，流下了喜悦的泪水。当他像抱着一个宝贵的婴儿，抱持着自己的焦虑时，发现自己可以再次自由地选择重要的事情。价值工作更像翻着跟斗下山，顺势而为，而不是精神上的鞭笞，痛苦不堪。

咨询结束后，乔安妮问尼克拉斯，如果他的糖尿病被证明是可控的，他会怎么做。越来越严重的糖尿病让他付出了什么代价？“春天一到，我要立刻在海滩上散步。”他说。乔安妮让尼克拉斯告诉她，以前在大自然中散步是什么样子，在沙滩上散步对他而言为什么重要，以及将来，如果病情恶化，他会付出什么样的代价。“通过写作和大家分享大自然的美丽。”尼克拉斯回答。

乔安妮风趣而巧妙地将尼克拉斯带入了一种状态，解除了他的束缚，让他去做自己真正在乎的事情。我个人认为，她也以开玩笑的方式表现出了对他的关心，这种关心是有价值的。当她和尼克拉斯一起站在船的栏杆边时，她做了自己应该做的。很明显，从那时起，尼克拉斯意识到这种疾病的潜在代价太高了，不能置之不理。他意识到欣赏和分享美是他最看重的事情。他有能力去做这些重要的事情，即便焦虑没有完全消除。

尼克拉斯最终直面恐惧，去医院接受了治疗。事实证明，去医院并不是一件困难的、需要“咬紧牙关”的事情。他用这样的话来描述去医院的行为：他选择了“拥抱自己，然后出发”。

即便乔安妮是一位出色的临床心理医生，也不可能让持续几十年的焦虑在一天内就消失，但在尼克拉斯的故事中蕴含着深刻的智慧。是什么阻碍我们去做最想做的事情？为什么大多数人基于价值的人生之旅不能像尼古拉斯那样“拥抱自己，然后出发”？

进行价值生活问卷调查[7]

凯利·威尔逊是另一个通过重新与自己的真实价值联结而改变生活的人。20 世纪 80 年代末，他作为研究生进入我的实验室，对 ACT 的发展做出了重要的贡献。凯利改变了 ACT 的发展方向，他更多地强调价值。在攻读心理学学位之前，他经历了一场与毒瘾的痛苦斗争。为了防止他自杀，在戒毒所的病床上，他的四肢被绑着。短短几年之后，他完成了从在毒瘾中挣扎到在学校取得成功的蜕变。他想奉献自己的一生，来帮助他人克服各种心理问题。他读了一些我早期写的 ACT 作品，然后到我的实验室继续发展 ACT。获得学位后，他编写了价值生活问卷（VLQ）。

价值生活问卷包括一系列问题，关于你的价值是什么，以及你在多大程度上按照这些价值生活。在一系列生活领域中，你可以根据 1~10 的等级来评估这些指标。使用价值生活问卷是进行 ACT 价值工作的开始，现在就来填写它吧！

最好不要让任何人看到你的答案，这样你就可以尽可能抛开社会压力，以及“应该”“必须”等心理暗示，诚实地回答每个问题。这样做是对自己负责。

价值生活问卷

以下是包含价值的多种生活领域。我们关注你在这些领域的生活质量。生活质量考察的一个重要方面是人们对不同生活领域的重视程度。请你在 1~10 的范围内对每个领域的重要性进行评分（圈出一个数字）。1 分意味着这个领域根本不重要，10 分意味着这个领域非常重要。每个人重视的领域不同，在同一个领域重视的程度也不同。根据你个人认为的重要性来评估每个领域。

1. 家庭（婚姻或育儿除外）

1 2 3 4 5 6 7 8 9 10

2. 婚姻 / 情侣 / 亲密关系

1 2 3 4 5 6 7 8 9 10

3. 养育

1 2 3 4 5 6 7 8 9 10

4. 朋友 / 社交生活

1 2 3 4 5 6 7 8 9 10

5. 工作

1 2 3 4 5 6 7 8 9 10

6. 教育 / 培训

1 2 3 4 5 6 7 8 9 10

7. 消遣 / 娱乐

1 2 3 4 5 6 7 8 9 10

8. 精神生活

1 2 3 4 5 6 7 8 9 10

9. 公民权利 / 社区生活

1 2 3 4 5 6 7 8 9 10

10. 身体状况（饮食、运动、睡眠）

1 2 3 4 5 6 7 8 9 10

11. 环境问题

1 2 3 4 5 6 7 8 9 10

12. 艺术、创意表达、美学

1 2 3 4 5 6 7 8 9 10

在这个部分，我们希望你对每个领域评分，展示与你的行为相一致的价值。我们不是问你在每个领域的理想，也不是问别人对你的看法。人们会在某些领域比其他领域做得更好，在有些时候比其他时候做得更好。下面，我们想知道你在过去一周里做得如何。请你用 1~10 给每个领域打分（圈出一个数字）。1 分意味着你的行为与这个领域的价值完全不符，10 分意味着你的行为与这个领域的价值完全符合。

1. 家庭（婚姻或育儿除外）

1 2 3 4 5 6 7 8 9 10

2. 婚姻 / 情侣 / 亲密关系

1 2 3 4 5 6 7 8 9 10

3. 养育

1 2 3 4 5 6 7 8 9 10

4. 朋友 / 社交生活

1 2 3 4 5 6 7 8 9 10

5. 工作

1 2 3 4 5 6 7 8 9 10

6. 教育 / 培训

1 2 3 4 5 6 7 8 9 10

7. 消遣 / 娱乐

1 2 3 4 5 6 7 8 9 10

8. 精神生活

1 2 3 4 5 6 7 8 9 10

9. 公民权利 / 社区生活

1 2 3 4 5 6 7 8 9 10

10. 身体状况（饮食、运动、睡眠）

1 2 3 4 5 6 7 8 9 10

11. 环境问题

1 2 3 4 5 6 7 8 9 10

12. 艺术、创意表达、美学

1 2 3 4 5 6 7 8 9 10

你可以用多种方法来评估结果。第一种方法是查看重要性得分相对较高（9 分或 10 分），且一致性得分相对较低（6 分或更低）的领域。这些都是明显有问题的领域，我建议你使用其中一个来作为你的初始价值，然后再看看其他领域。

你也可以计算总分。将每个领域的第一部分和第二部分的两个得分相乘。比如家庭领域，第一部分是 10 分，第二部分是 4 分，那在这个领域你的得分是 40。最后将所有领域的得分相加，除以 12 得到平均综合得分。大众的平均综合得分是 61 分，你可以据此看看自己得分的高低。如果你的分数低于这个平均分，也不要责备自己。你可以运用解离技术来处理消极想法。这是一个发现的过程，而不是为了批评。毕竟你已经开始了这段旅程，为此给自己一些信心吧。你这么做是为了促使自己改变。

如果许多领域的评分都很低，那么你该考虑一下这些评分是不是你的真实想法。有些领域的评分很低是完全合理的。你可能不关心公民权利或者环境问题；如果你没有孩子，可能也不会关心别人的养育方式。研究表明，如果这些领域中有很多你都认为不重要，那么这是导致心理痛苦的因素之一。利用这次评估，你也可以探索自己真正的价值所在。

现在，你已经想好了从哪个价值领域开始工作，让我们开始吧！

入门方法

我建议你在阅读这个部分时至少要做第一个练习。然后，你可以在读完其他方法后，再回头进行练习。或者，如果你愿意，可以跳到第 14 章——关于承诺行动的章节，读完后再返回到这部分练习中。当你承诺行动后，会发现所有的灵活性过程都变得与之相关，价值尤其如此。因为它提供了行为改变的动力。如果你想改变行为，本章的第二个和第三个练习就可以帮你确定改变的方法。

如果这项练习扰乱了你的生活，请不要惊讶。基于价值的承诺行动会让你产生一种明显的脆弱感。如果在接下来的几天里，你发现自己出乎意料地变得情绪化、易怒或焦虑，不要感到惊讶。如果你发现自己陷入了对过去糟糕经历的反思和自我谴责中，那就去做一些解离、自我觉察和接触当下的练习。如果你觉得自己在抵制消极情绪或有拖延行为，那就做一些接纳练习。记住，越是关心之处，越是容易受伤。而价值工作都是我们所关心的。

价值写作

我想让你写下你的价值，回答我要问的一小部分问题。这种价值写作将帮助你以一种开放、不受约束的方式，进一步探索你一直在讲述的关于自己价值的故事，以及如何才能与你真实的价值重新建立联结。

研究表明，比起仅仅要求人们从一个列表中挑选价值或用几句话陈述价值，价值写作对行为和健康的影响更大。[8] 价值写作可以减少防御，让我们更容易接受那些建议我们做出改变的信息。[9] 它能减少生理上的压力反应，缓和别人对我们的负面评价所带来的影响。我们知道这一切发生的原因。价值写作是最强大的方法，特别是当它引导我们更多地关注观察性自我和自我故事，并将我们在意的与他人利益联系起来时。价值工作有助于建立积极的社会情绪，如感激和欣赏，以及你给别人的生活带来有意义的改变而产生的感受。

如果这听起来有点像说教，请去掉其中任何“应该”的意思。你不需要我对你指手画脚，就像不需要别人对你指手画脚一样。我提倡价值工作，是因为科学证明它能改善我们的生活。这就是我们的存在方式。

首先，在刚刚的问卷中选择一个你评分最高的领域。拿出一张纸，用 10 分钟回答以下问题：

在这个领域，我最在意什么？我做什么能够体现这种在意？在我的生命中，什么时候这个价值是最重要的？当别人追求这个价值时，我会看到他做了或没做什么？在生活中，我可以做些什么来更多地体现这一价值？我在什么时候曾违背了这个价值，为此付出了多大代价？

试着把写作重点放在你认为重要的生活领域——你认为在该领域自己具有重要的内在品质。你写的是关于自己的事，它不是为了获得认可或遵循规则。你不是为了避免内疚，也不是在讲述一个自圆其说的故事。

如果这种感觉就像你给圣诞老人写一份节日礼物清单—— 一份你想从生活或他人那里得到什么的清单，请把你的写作转向描述你想在生活中表现出来的行为品质。如果你陷入困境，就重写你已经写过的东西，直到新的内容出现。既然这是你自己的事，那你就不会搞错。

写够 10 分钟后，再继续阅读下面的内容。相信我，开始写吧！

……

现在可以回头看看你写的东西。但在开始之前，想想我问过的问题，在你的生命中，什么时候这个价值是重要的。这有助于重申你对它的承诺。对我来说，有一次父母吵架，我躲在床下哭泣的时刻对我最重要。这让我明白自己是多么渴望以一种新的方式去帮助别人。直到今天，我在大多数电子邮件（特别是那些我试图帮助的、正在寻找 ACT 资源的人的邮件）中都以“和平、爱和生活”作为结束语。

我想问你能做些什么来让自己更符合这个价值，以帮助你确定要承诺的具体行动。最后，我还要问一个令人痛苦的问题：你失败的次数以及这对你的生活有什么影响？因为我们可以从不可避免的痛苦中学到很多东西。

好了，现在读一下你写的东西。看看你能否从这个领域的实际行动中提取出一些你想要做的事情。接下来，寻找你想要在行动中体现的品质。你可能想要真诚的、细心的、创造性的、好奇的、同情的、尊敬的、公开的、快乐的、勤勉的、健康的、冒险的、深思的、公正的、支持性的、博学的、和平的、幽默的、简单的、诚实的、精神性的、公平的、仁慈的、传统的、可靠的品质。我们不习惯写关于行动品质的文章，所以不要指望这些确切的词会出现。我希望这里提供的这组词能帮助你理解我所说的品质。这不是一个完整品质词汇列表，你只能把它当作一份粗略的指南。

有了第一组你想要采取的行动，你可能想要进入下一章（第 14 章），获得如何实施这些行动的指导。或者你也可以先做另外两个初始练习。如果你现在决定继续前进，跳到下一章，那一定要记得回来做下面这两个练习。事实证明，这两个练习有助于加深对自己价值的认识，并继续规划更有意义的生活。

画出甜蜜时刻

选择一个你想为之努力的价值领域，比如家庭、教育或工作，让自己回忆在这个领域中特别甜蜜的一件事、一天或一个瞬间。看看你能否找到这样一个真实的时刻，你感到联结，感到自己至关重要或充满活力；或是感到心潮澎湃，感到自己被支持、被允许。还有谁在那里，你在干什么，你当时的感觉和想法是什么。注意到此刻的你正在感知这一切，尽可能充分地重温那一刻。

现在，当你回想那个特殊的时刻时，想想它体现了哪些你想在这个世界上拥有的品质。暂时先不要用语言来回答，让这个问题留在你的脑海里。现在拿出一张纸，画出你脑海中的一个场景。让这幅画告诉你其中蕴含的价值。完成你的画，不要强加文字。这不是艺术课，不要对绘画质量进行任何自我批评或表扬。关键是要打破思维的言语评价模式，想象那个甜蜜时刻，以及对你想要的生活的暗示。现在，坐下来看看你画的是什么。

这幅画告诉你在这个领域你所关心的是什么，你需要做什么才能在行动中体现这种价值。看看你的直觉能否将你渴望在生活中坚持的东西联系起来，即使只是从此刻开始。觉察是第一步。看看你能否把你的感受和感觉用几个词表达出来。如果你和这几个词有共鸣，就把它们写在纸上。

我把这个知觉、再认和回忆的过程称为“往墙上钉钉子”。最后一部分与你渴望展现的东西相联系，就像一个钉子，帮助你在意识中保持这个画面。通过将这幅画与对你来说重要的口头陈述联系起来，你就能更安全地将这种意识固定在你的脑海里。我喜欢在手机或桌子上展示这些画，或者直接挂在墙上，让它们更持久地留在我的脑海里。

将痛苦转化为目标

回想一下，接纳的礼物之一是我们从痛苦中得到的指导。这个练习可以帮助你看清隐藏在痛苦里的价值，这样你就能找到更符合价值的生活方式。

我曾经有一个来访者，她在儿童时期遭受过辱骂和忽视。她不断被人说是哑巴，她自己都相信了。在很小的时候，她的母亲一次会离开几周。她像一袋土豆在亲戚间传来传去。成年后，她从事低薪秘书工作，人际关系一团糟。

ACT 帮助她认识到，感到自己毫无价值、孤独和无助的痛苦，实际上揭示了她是多么坚强，以及她是多么在乎过一种能够体现自己价值的生活。尽管她感到无助，但实际上她还是自己照顾自己，读完了社区大学。为了寻求治疗，她一头扎进 ACT 领域。在六次面谈后，她就加入了一个女性团体，随后几周她申请了大学。她为那些倡导女性权益的候选人提供支持，并成为社区领袖。在大学里，她是一名优等生，后来获得了常春藤盟校研究生培养的全额奖学金。

她在痛苦中找到了改变生活轨迹的动力。她的内在无价值感中蕴含着一种对人友善、接纳他人，为被压迫者挺身而出的价值。她的内在无助感中蕴含着一种有能力和追求知识的价值。她的内在孤独感中蕴含着一种与他人联结并关心他人痛苦的价值。

现在轮到你了。选一个你认为重要的领域，但你的行为与这个领域体现的价值还有很大的距离。看看你能否找出自己痛苦的想法、感受、记忆、冲动（正是它们阻碍了你在这一领域的价值生活），把这些写下来。然后探索每个阻碍给你带来的痛苦，并且写下来。问问自己，为了不受伤，你必须不在乎什么。

我上面写的这位来访者选择了公民权利领域，并认为她的无价值感是倡导女性权利的阻碍。这个练习帮助她认识到，她不必关心女性的公平和机会；让她意识到，她不必在意母亲对她的贬低。前者对这位女性来说是无法接受的，而后者则比她想象的更有可能。

接下来，针对每一个阻碍，写下这样的陈述：如果在（情境）我（感觉、思考、记忆、感受 X），这提醒我，我在乎的是（价值）。例如，我的来访者可能会写下这样的话：如果在一个社会环境中，我觉得自己没有价值，这提醒我，我非常在乎如何改变世界，我想通过支持女性权利来做到这一点。不要期望这个练习能帮你消除痛苦，但它能帮你生活得更充实。

其他方法

写下你的故事

这种方法是对价值写作方法的小幅修改。在要求你写故事之前，我希望你想一想。想象一下，明年将是决定“你是什么样的人”的关键一年。如果你在这一年里更全面地做自己，同时仍然支持你所关心的人，那么你“更全面地做自己”的过程会是怎样的？你希望在哪些方面有所成长？你向往成为什么样的人？如果让你来写自己在这一年的故事，这个故事的主题是什么？

现在你已经有了想法，那就花 10 分钟来写写这个关键之年你希望成为什么样的人。

我有一个秘密

这个练习的目的是让你意识到，有时我们是为了获得社会认可或自我提升而行动的。但是与之相比，按照自己真实的价值行动才更有意义。

选择一项能体现你内在最真实想法的价值行动，看看你能否制订一个完全保密的计划来完成它。比如，帮朋友一个忙却不告诉别人你就是那个帮忙的人；为你喜欢的慈善机构捐一大笔钱而不告诉任何你认识的人；或者匿名对一个需要帮助的陌生人表示同情。

在同一天的其他时间，进行 10 分钟的价值写作，写下你的这段经历，以及它建议你在日常生活中如何做更多基于价值的行动。不要和别人谈论你从这个练习中学到了什么。你做这些事情，只是因为你关心、在乎这些事情。

如果你觉得这个练习很难，那么就得反思了。你发现你会把计划泄露给朋友，或者事后告诉朋友你所做的好人好事。深入探究其中的原因。如果这种“深挖”让你情绪不安，那么我怀疑对社会认可的需求可能会掩盖你对真实价值的探索。在这种情况下，每天做一次这个练习的简化版，直到这个任务变得很容易，你可以百分之百地对你的行为保密。然后你就可以逐渐提高你所采取行动的重要性。

ACT 领域开发的所有练习都是为了与价值建立联结，我强烈建议你去找这些练习试试（记得要遵循我在前面“作者声明”中列出的搜索策略）。与你的价值建立联结是一段可以持续终身的旅程，每一步都会让你的生活更有意义。

第14章

第六个转向

行动——承诺改变

为了能过上我们想要的生活，我们来到了最后一步。没有最后这一个转向，我们之前取得的所有进展都可能灰飞烟灭。但是，一旦我们建立了基于价值的行动习惯，就可以用所有的灵活性技能来确保我们的进步。要想让承诺行动帮助我们到达想去的地方，就需要运用所有其他的灵活性技能，强化所有这些技能的重要性。就像在真正的舞蹈中，你所练习的所有动作连贯起来，才能形成一个流畅、天衣无缝的模式。承诺行动可以将六个转向汇集在一起，形成一个健康、持续的行动过程。

回想一下，心理灵活性实际上是一种总体能力，而不是六种。就像学习跳探戈一样，你不可能一下子全学会。最终，当你继续练习这些技能时，它们会融合为一种具有心理灵活性的生活技能。[1] 整合所有技能可以让你有能力选择更有意义的生活方式。它习惯性地转向重要的事情，使得其他灵活性技能成为基础。如果还没有培养出其他的灵活性技能，就很难真正致力于一种新的生活方式。一旦改变我们的日常生活方式，所有这些工作都将结出硕果。[2]

当我们开始致力于行为改变，或者其他方面的改变时，关键是要有心理灵活性。这到底是什么意思？这意味着我们要带着自我慈悲前行，不要因为不可避免的失误而责备自己。当评判性的大脑给这些失误，甚至是我们自己，贴上“失败”的标签时，要接纳它们。这意味着在开始你的征程时要清楚，你这样做不是为了给别人留下深刻印象，不是为了增强你的自我，也不是为了迎合新的概念化自我。相反，你承诺改变，因为这样做有助于你把最真实的自我意识与你真实的价值联系起来。这意味着接纳改变带来的痛苦和风险——无论是戒断反应或欲望带来的身体痛苦，还是向一直回避的过往经历敞开心扉带来的情感痛苦，例如约会表白时被拒绝，或与不易相处的父母重逢时遭到批评。最后，这意味着将注意力集中在付出努力和学习新习惯上，而不是专注于静态的成功以及我们离成功还有多远。

借助心理灵活性来养成新的生活习惯必须知道的最后一点是，我们不会立即胜任新选择的行动模式。毫无疑问，在追求新目标时会遇到挫折。我们的行为会倒退，甚至会再次回避。没关系，变化就是这样发生的。前进道路上的磕磕碰碰不是痛斥自己的理由，也不是回到自欺欺人状态、在绝望中放弃的理由。

行动这一转向使我们远离对完美的不健康渴望，转向对发展能力的内在满足感进行灵活评价。

对能力的渴望

我们渴望能够有效地行动，去生活、去爱、去玩耍，以及巧妙地创造。这就是对能力的渴望——渴望能做到。

渴望不需要学习，它是天生的。如果去观察幼儿如何探索和玩耍，你就会发现他们愿意花很多时间做一些非常简单的事情，比如打开盒子或者拍皮球。不需要要求他们这么做，也不需要提供外部奖励来激励他们。他们只是想知道该如何做，奖励就是行为本身。随着孩子们的成长，他们会花费更多的时间来学习跳绳或者用积木建造高塔。进化将这种渴望植入我们的身体。这是件好事，我们需要学习很多东西。

学习一项新技能可能是有趣的、满意的、令人着迷的，甚至轻松愉悦的。然而，我们也会觉得学习一些不感兴趣或不需要的东西会非常困难。我们不会沉迷其中，甚至会推掉这个学习任务。这种情况下，谨慎使用外部奖励会很有帮助。父母看到你系鞋带时的兴奋可能是你学会系鞋带的关键，他们的鼓励会促使你继续上钢琴课。但重要的是，这种外部奖励不能压倒内部动机，尤其是当你决定自我激励时。

我们一不小心就会压垮自己的内部动机。我们很容易着迷于给别人留下深刻印象、被尊敬，或者取悦他人，而不管取得的成就对我们是否有意义。随着时间的推移，这些奖励所带来的满足感会减少。比如，如果我们追求别人的掌声，而不是专注于为他人服务，那么总有一天掌声将变得空洞。当事情进展艰难，我们做得不好时，我们很快就会沮丧，对自己发火，并且冲动地寻找继续前进的理由。我们会执着于证明自己的能力，或回避由不完美带来的羞耻。拖延是避免这些情况的一种方式。我们误以为拖延可以避免失败感或对失败前景的焦虑，但这最终只会加剧这些感觉。当然，我们也会干脆放弃努力。

像“尽管做”（Just do it）这样简单的文化口头禅对承诺行动并没有帮助，它暗示行动过程并不难。但实际上过程很难，我们无法很快就养成基于价值的行为习惯。学习任何一种新技能或习惯的难点之一是延迟满足。我们无法立即得到丰厚的回报，在能力得到提升之前会经历许多挫折甚至痛苦。

心理学史上最著名的研究之一是，观察 4 岁的孩子在一块棉花糖唾手可得时能否忍住几分钟不吃它，以便获得两块棉花糖的奖励。[3] 换句话说，他们能否延迟满足。在十多年后，能延迟满足的孩子更有可能在大学里获得成功。这是一项关键技能，并且是人类所独有的。非人类的动物行为如果符合遥远的未来预期，比如将种子藏起来等到下个季节再吃，这主要是基因程序的作用。它们不具备对未来进行概念化所需的符号思维能力。事实上，延迟满足是一份了不起的资产。它让我们能够全身心地投入到多年的学业中，让我们努力完成持续数年的项目，让我们为退休做好储蓄。但它也充满危险。

展望一下这样的未来，我们掌握了致力于发展的新行为。而这也给我们带来了难题：我们问题解决取向的大脑想要现在就达到未来的状态，而对未来成功与外部成就的执着则会削弱培养能力的意愿。

让我给你举个例子。

我曾教过几十个人弹吉他，而且我能预测谁会学得更好：是那些享受所弹奏（相当糟糕的）音乐的新手。如果有人在第一节课告诉我，他是如何想象自己因为出色的弹奏技能而受到称赞的，或他们是如何想成名并在摇滚乐队中演奏的，那么他们前进的道路会很艰难。他们距离任何一个这样的结果都有很长一段路要走。并且由于生物学上的内在规律，执着于这一点会使他们学习指法或弹奏简单音阶之类的基础知识的学习变得更加困难：即时结果比延迟结果影响更大。即便是在最基本的大脑化学反应层面，如果没有即时结果的强化作用，行为习惯也难以建立。

许多年前，我买了一把尤克里里（这是我在 12 岁时唯一买得起的乐器）。我学会了一首歌，《她是不是很甜美》（*Ain't She Sweet*）。这首歌我弹了至少 1 个月。我喜欢这首曲子！尽管我弹得越来越好，但那段时间人们看见我过来（或者不如说，听见我过来），就往反方向跑。家人把我赶到一个封闭的房间去弹，这样我可以远离他们。没关系。我为自己能做的事而感到兴奋，是的，我弹得越来越好。

能力培养的一个主要问题是，当“内在独裁者”觉得我们没有达到它认为我们应该取得的进步时，对我们的评价是如此苛刻。它还让我们相信成功是最终状态，而不是持续的学习过程。就像它会告诉我们加入乐队后就能享受弹吉他一样，它可以使我们产生如下的想法：

- 嫁给有魅力的配偶后，我会感到自信。
- 如果成为名人，我将不再为童年的痛苦而纠结。
- 如果有很多钱，我将不再为未来担忧。
- 等我升职了，我的焦虑和自我怀疑就会烟消云散。

当“内在独裁者”将我们的注意力从当前为之努力的内在价值上转移开，包括可以从错误中所获得的教训，而是把注意力集中在对成就的追求上，我们就会陷入另一种回避。尽管看起来不像回避，但某些坚持实际上就是回避的一种形式，[4]并且是由恐惧驱动的（比如对失败的恐惧）。工作狂和完美主义就是典型的例子。这些僵化的坚持会给健康带来严重的负面影响，还会导致人们忽视人际关系和娱乐。

行动这一转向（见图 14-1）蕴含着对能力的渴望，引导我们建立真正有意义的、基于价值的行为习惯。它能很好地处理拖延和工作狂现象。

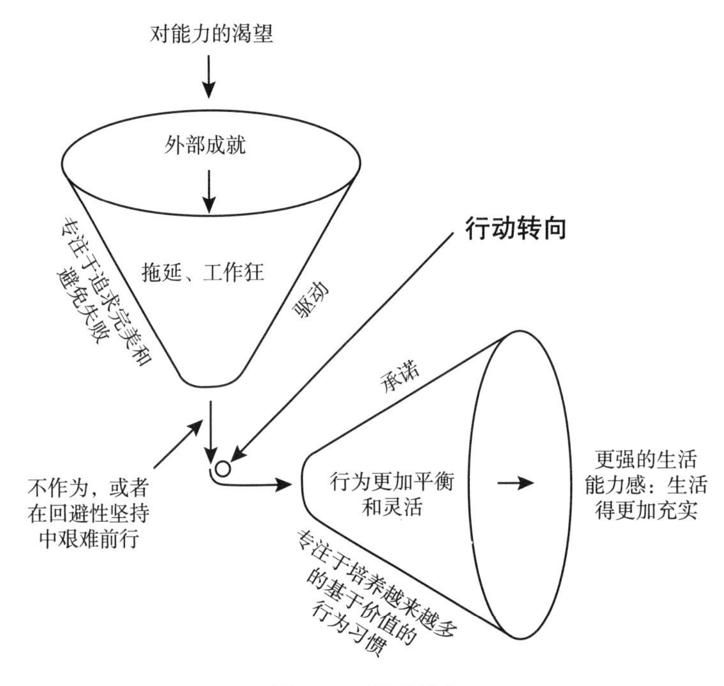

图 14-1　行动转向

SMART目标

在着手制订新的行动计划时，我们应该设立 SMART 目标：具体的（specific）、可测量的（measurable）、可实现的（attainable）、注重结果的

（results-focused）和有时间限制的（time-bound）。设立一个像“我将变得更好”这样的目标是没有用的，因为它没有具体可测量的进步标准。设立不切实际的期望会适得其反，例如“我再也不会感到沮丧”。为目标设立切合实际的时间框架，有助于降低实现目标的紧迫感。

如果你致力于帮助退伍军人治愈战争创伤，那么你可以设立这样一个目标：在未来三四年内获得临床社会工作学位，以便你对他们开展专业工作。一旦目标设立，你可能需要多方寻找，才能找到合适的高校，申请并完成学位。每个步骤都是具体、可测量、可实现、注重结果且有时间限制的。

其他灵活性技能可以帮助我们承诺行动，从而实现目标。解离可以让我们远离消极想法和判断。与观察性自我联结可以使我们专注于采取行动。之所以采取行动是因为我们在乎它、重视它，而不是为了遵从社会期待或避免内疚。接纳帮助我们在艰难时刻保持勇气。接触当下帮助我们专注于过程而不是最终目标（以及我们离目标有多远）。与价值联结提醒我们，这些艰难的行动是为了让我们的生活有意义，而不是为了证明自己的价值或摆脱糟糕的经历。

享受过程

思考建立新的生活习惯的一个好方法是踏上英雄之旅。也许你对这个概念很熟悉，这是所有伟大故事的基本情节，正如著名的比较神话学专家、已故的约瑟夫·坎贝尔（Joseph Campbell）所展示的那样。这些故事在书中和电影中，甚至在世界各地不同文化的神话中都有讲述。

故事的基本发展轨迹是这样的：英雄的正常生活突然被一些巨大的挑战所打乱。他或她必须面对并以某种方式解决这一巨大挑战。不幸的是，神话里的英雄通常是男性，但是这一旅程同样也适用于女性。所以下面以女性为第一人称来叙述。当她着手探索如何面对挑战时，发现这也涉及内在的挑战：恐惧、痛苦、错误的信念或有限的视角。英雄与自我怀疑、错误以及挫折搏斗。然后，在至暗时刻，英雄迎来了一个关键节点——她发现自己竟然不知道自己拥有的内在资源。通常这些内在资源都属于精神范畴，但它们可以得到外在资源的支持，或者得到同伴的帮助。英雄找到一种方法来面对她的恐惧、自我怀疑或妄想，并坚持下去。这种情况下，一个僵化的概念化自我会消失，取而代之的是一个更宽泛、开放或相互联系的概念化自我。最后，她全心全意地将自己的注意力转向荣誉、爱、善良、勇气和社会，并通过承诺行动来实现这些价值。随着英雄之旅的结束，她回到了日常生活中，成为一个全新的人。

无论是《星球大战》《白雪公主》《饥饿游戏》，还是《爱丽丝梦游仙境》，都适用于这一故事模板。你回想一下，看看是否如此。

我希望你在阅读这个“英雄之旅”故事模板时，能看到其中包含的灵活性技能是如何发挥作用的。从本质上讲，这是获得更强大的心理灵活性的方法：以更大的开放度面对糟糕的情绪和想法；不再限制自我故事；让我们以新的方式看待自己和当下的处境，并从中发现资源；与更深刻、更具真实感的自我意识相联结；与选定的目标联系起来，并找到能实现它的行动；最终坚持不懈地完成这些行动。

因此，当你承诺采取行动，让你的生活与价值保持一致时，请考虑一下：如果英雄不必应对内心的挣扎以及可怕而令人沮丧的挫折，这些故事还会是伟大的故事吗？如果取得成就并不需要毅力，会怎样？如果英雄从未怀疑过她自己，也从未走错一步，这样的故事就会很快变得无聊——哦，是惊喜，太惊喜了！在恶龙造成破坏前，她就把它从天上射下来了。正如沉浸在电影或书的精彩故事中，其乐趣来自面对挑战的替代性经验。人生意义和目标的丰富性也源于我们获得灵活性技能后，在困难中坚持不懈。没有坚持的激情注定是一场悲剧，而没有目标的坚持则是对人类潜能的嘲讽。

进行转向

在你开始英雄之旅时，通过回答这些问题来实现承诺行动这一转向：

基于你对自我的认知和大脑讲述的关于你是谁的故事之间的区

> 别，你是否愿意如其所是地、不带任何防御地体验你的经历，并引导你的注意力，努力去创造合适的行为习惯，以便它们反映你选择的价值。是或否？

它读起来有点像结婚誓言，这一点也不奇怪。这是一个承诺。每个灵活性过程都将在这个问题中体现。生活一遍又一遍地问你这个问题——据我所知，没有尽头。每次你回答“是”，你的生活就处于发展状态。每次你回答“否”，它就处于退步状态。习惯于回答“是”可能会使你在未来的日子里感到更加艰难，但这也可能会使你的生活更有活力、更有意义，即便是在你怀疑和痛苦的时刻。

如果你还没有准备好回答“是”，那也没关系。睁大你的眼睛。如果你发现自己更倾向于回答“否”，那就把注意力集中在你生活中的表现上。然后再回到问题。

实际上，你真的无法避免回到这个问题。那不是因为有某种宇宙法则让你做了正确的事情，而是生命赋予了我们潜力，让我们每时每刻都有采取承诺行动的能力。就是这样。正如我们知道其他灵活性技能的价值，我们也知道我们有能力采取行动来改变我们的生活。我们能感觉到自己的可能性。

这就是生活！让我再次问你这个问题。

> 基于你对自我的认知和大脑讲述的关于你是谁的故事之间的区别，你是否愿意如其所是地、不带任何防御地体验你的经历，并引导你的注意力，努力去创造合适的行为习惯，以便它们反映你选择的价值。是或否？

如果你回答“是”，那接下来就该采取行动了。

在第二部分的引言中，我曾指出 ACT 是其他循证行为改变方法的有效补充。我不可能把所有改变行为的方法都放在本章，也不可能在第三部分把它们都涵盖进去。因此，我们最好将以下内容看作一份通用指南，需要根据你正处理的具体挑战进行调整。这些技能可以应用于任何活动，无论是学习、工作、运动、饮食、心理健康、身体健康、锻炼计划，还是你的人际关系。你可以从这里列举的方法中任意挑选一个来塑造行为习惯，只要它们与你正在进行的特定行为习惯改变相吻合。毕竟，ACT 就是关于灵活性的！

另外，你可以随时借鉴其他的行为改变科学。在行为改变方面有大量的有用技能，包括提高社交技能、学会与配偶沟通、掌握管理能力、克服拖延以及更好地管理时间。灵活性技能可以对这些方法进行补充。如果你真的认真研读过这些文献，请注意一点：专注于那些基于证据的方法，而且在主流期刊上已有多项研究证明其积极作用。没有严格科学研究基础的建议常常会误导人。

如果你正在接受心理治疗，或者计划接受心理治疗，那么你的治疗师可能对最能帮助你的方法有所了解。如果你正在进行某种行为改变计划，那么你可以运用灵活性技能来帮助你采取任何需要的行动。

入门方法

在前面的章节中，我提供了一些在进入下一章之前所需的初步练习。因为建立新的行为习惯最好是随着时间的推移逐步进行的，所以这里我只提供两种方法供你最初使用。至少需要几周的时间才能初见成效，然后你就可以回到前几章的附加练习中，继续培养其他的灵活性技能。我说过，行为改变很难，最好从小处着手。但是，继续培养灵活性技能有助于你解决越来越困难的任务。

有时候，ACT 练习的最初体验会让人在行为上很快发生重大改变，爱丽丝·林德奎斯特（Alice Lindquist）就是这样，我在第 5 章讲过她的故事。由于对儿子的去世感到悲痛，她多年来一直过着闭门不出的生活，然而最后她又回到了工作岗位上。如果你读完本书并做了相关练习，那么这种戏剧性的变化对你来说也是有可能的，真是太棒了。当然，重要的是不要认为你理所当然就能做到这一点。不要用那个无益的规则来打击自己！

我建议你把这两种方法应用到你想要做的几件事上（这些事你在上一章的价值写作练习中已经写下来了），以此作为努力改变行为的开始。继续努力，直到这些行为对你来说变得容易。然后将这里提供的附加练习整合到你行为改变的努力中。

一旦你完成了第二部分的所有练习，就可以去创建你最喜欢的 ACT 练习工具箱，然后定期练习它们。在第三部分的引言中，我将讨论如何创建你的工具箱并建立一个练习例行程序。那一部分中的章节会提供指导，告诉你如何将这些技能应用到生活中新的挑战领域。

好，是时候开始承诺一些新的行动了！

千里之行，始于足下

人类行为的美妙之处（也是可怕之处）在于它倾向于自我支持。因此，生活陷入了行为模式的窠臼。我们之所以有这样那样的行为，是因为我们一直这么做。对于上面提到的原因，可能导致这样的问题：我们会形成心理僵化的习惯。随着时间的推移，很小的行为变化也会产生巨大的影响。避免这种情况的诀窍是不断微调你的行为。

开始时，最好是做出简单而迅速的改变。如果你想多读书少看电视，那就从下班后不看电视开始，直到你阅读 30 分钟。即使你决定改变的行为很小，也仍然可以将这个行为进一步细化。比如制订 15 分钟的阅读计划，或者停止看一个你认为愚蠢但自己却在看的节目。（你真的需要看更多的《杯形蛋糕大战》电视剧吗？）

无论你决定改变的行为有多小，你都是在进步。

任何规则都有例外。你不可能两步就跃过峡谷。例如，如果你已经尝试过用公认有效的方法来对付酒精成瘾从而减少伤害，但没有成功，那么是时候做出一个彻底戒酒的承诺了。这就需要根据挑战调整你练习的方法。好消息是，心理灵活性技能有助于实现这种具有挑战性的飞跃。

把新习惯转变成既定的惯例

建立新行为习惯的明智做法是，让这些习惯最初稳定地出现于你的日常生活中，这样就可以不断提醒你新的行为。把不同的习惯结合起来，要比彻底改掉习惯容易得多。例如，假设你想多吃水果、少摄入糖，但是你发现自己起床后就吃起了饼干。如果你早上喝咖啡，可以养成这样一个习惯：在你喝咖啡的时候拿一个苹果。把它放到你最喜欢的椅子上，在喝第一口咖啡之前咬一口苹果。

或者假设你想更有效地管理工作习惯。你可以设定一个目标，比如每天回复所有的电子邮件，这样你的收件箱就不会塞得满满的。很快你可能会在某天遇到麻烦，无法回复所有电子邮件。你可能因此放弃该目标。相反，如果你习惯在早上喝咖啡（带一个苹果）时，用30分钟时间来回复电子邮件，那么你会更容易养成这种回复电子邮件的习惯。

其他方法

反向指南针策略

在前面我谈了如何培养与你的想法背道而驰的习惯，你可以将这种方法运用到行动中。例如，我似乎从母亲那里继承了洁癖，甚至有些强迫性倾向。所以我制定了一种反向指南针策略来应对这种情况。假如我正要离开学校的卫生间，这时一个想法出现在我大脑里："那个门把手可能已经被别人摸过，很脏。"如果我感觉这个想法正支配着我，在抓住门把手离开卫生间后，我就会用这只摸过门把手的手摸摸脸，甚者将一根触摸过门把手的手指放进嘴里。通常需要进行多次这样的反向指南针操作，这个想法才不会成为麻烦。

提醒一下，如果是在一个很危险的公共卫生间，我会毫不犹豫地避开门把手。反向指南针策略本身不应该是强迫性的。养成一些小习惯，给"内在独裁者”必要的刺激是有用的。

你可以针对任何想改变的行为设计反向指南针策略。例如，我发现，当我想拖延的时候，即使是几分钟的工作，也能帮助我在当天晚些时候或第二天重新投入，而不是陷入拖延的困境。如果你不想做一些事情，比如咬指甲，那么你可以尝试习惯逆转（habit reversal）——有意养成一个更好的习惯来减少你不想要的习惯。这是 ACT 借鉴其他领域成熟方法的典型例子。习惯逆转是一种行为心理学方法，它包括觉察训练（注意到你想咬指甲），然后练习一个能干扰旧习惯的新习惯，比如拿起一支钢笔或铅笔。近期的研究表明，结合 ACT 一起使用，习惯逆转法效果会更好。[5]

练习“只是因为我选择了”

另一种强化你承诺行动技能的好方法是，“只是因为”（just cuz）你至少要做一件稍微有点儿困难的事情。当我们选择某种行为来实现价值时，大脑有时会以这错过了更深层的意义来贬低这些选择。它会将其他价值作为一种武器，来打击我们已经做出的选择。

解决这个问题的有趣方法是练习一种“只是因为”的承诺行动。我做出这种行为“只是因为我选择了”，而没有任何其他原因。还是那句话，从小事做起。下面是一些示例：

- 吃一周不喜欢的食物，只是因为我选择这样做。
- 一个月内，比平时早一小时睡觉，早一小时起床。只是因为我选择这样做。
- 故意让自己难堪，穿一些不得体的衣服（例如，一件花哨又难看的衬衫，一双不匹配的袜子）。只是因为我选择这样做。

从惊恐障碍中走出来时，我做了好长时间这种练习：开始是几小时，然后是几天，再来是几个月。最后的一项承诺行动是一年不吃甜点——不是因为这很重要，而是因为它并不重要！只有一次违背了承诺（我把一勺冰激凌放进嘴里，想起我的承诺行动后又把它吐了出来）。除了这个例外，我实现了全部的目标。我开始相信自己能说到做到，这本身对我就有巨大的好处。

这为什么有用？它削弱了我们大脑的一种判断倾向——我们必须遵守承诺，因为这样做很重要，而不是因为这是我们自己的选择和习惯。突然，"内在独裁者"开始进行评判性发言，告诉我们"我必须成为一个信守承诺的人"，或者"如果我不遵守承诺，我就很糟糕"（概念化自我），或者"如果我不遵守承诺，我就会感到内疚"（经验性回避）。在意识到这一点之前，我们就已经"犯了罪"，就像强盗窝里的罪犯一样：内疚、羞愧、自我厌恶、自我批评、顺从和情感回避。通过"只是因为"这是我的选择而去做一些事情，当其他动机抬起它们丑陋的头颅时，我们会更加警觉。

没有人是一座孤岛

只要我们不把自己的责任推卸给别人，共同或公开的承诺就更有可能得到维护。[6]这可能就是为什么某些重要的人生承诺（如婚姻）需要举行仪式，要求社区居民共同见证并支持这种承诺。当然，也会发生棘手的事，大脑会推卸责任，认为应该由别人来做这些重要的事情，但灵活性技能可以控制这一过程。

在做出承诺时考虑他人，还有另一个原因：我们的行为模式不仅影响我们自己，还影响我们身边的人。所有的父母都经历过这种挑战：孩子们会模仿，甚至直接复制他们父母的行为，不管这是父母希望他们做的，还是不希望他们做的。社会和社区会以同样的方式回应人们的行为。如果你改变了自己的行为，那么类似的行为改变也会出现在你的朋友、你朋友的朋友、你朋友的朋友的朋友身上。[7]这意味着你的成功与成千上万人利益攸关。（你在读这本书时，可能有成千上万人正在背后看着你！）

当你分享承诺时，你的朋友知道这是你伟大使命的一部分，而抵御批评或外部控制不是重点。重点是分享和关怀。如果你的朋友知道灵活性技能，能看到你什么时候上瘾，什么时候回避，什么时候沉浸在自我故事中，这会对你有帮助，温柔地推动你坚持下去。这些就是你想要的好处。

A Liberated Mind

第三部分

用ACT工具箱来进化你的生活

导　言

知道某个心理转向，以及知道如何运用技能来转向重要的事情，并不是心理灵活性舞蹈。现实中的舞蹈是，我们创造性地把各个动作结合起来，以便与舞伴的动作协调一致。我们会从中获得极大的乐趣。同样地，学习灵活性技能的真正乐趣在于将各个部分结合起来以应对日常生活中的挑战。这才是心理灵活性舞蹈。

前面几章中的练习给你提供了一些个人经验，告诉你这些技能如何帮助你应对生活挑战。如果你已经把某个技能应用到了一个紧迫性问题上，那么你可以坚持下去，继续练习这个技能。你也可能已经把这些技能应用到了其他挑战中，并发现每次问题出现时都需要用到这些技能。这本书的目的就是鼓励你继续培养这些技能，将其应用到更多的生活领域中。

有时候，心理灵活性技能训练已经有了很大的进展，并且人们觉得已经“解决”了问题（这个问题曾经激励他们尝试 ACT），所以就停止了这方面的练习。这其实是很大的遗憾，如果你不断练习这些技能，并有意识地将其应用到新的生活领域，就可以根据你选择的价值不断充实你的生活。

你必须不断地进行练习，因为僵化的思维和行为方式总是会悄悄地尾随我们。我有一台很喜欢的咖啡机，每次可以煮一杯新鲜的咖啡。在喝了几年上好的咖啡后，这台咖啡机出了些问题。煮出的咖啡越来越淡，即便是我在过滤器中装满咖啡，并按下“加浓”按钮。我尝试了不同类型的咖啡，甚至是把咖啡压实，都没什么效果。

妻子听了我的抱怨，好心给我买了台新机器。当我打开盒子时，说明书就放在上面。尽管我知道如何使用这台机器，但还是浏览了一下说明书。我很快就发现了一些之前忘记的内容（如果我以前读过的话）。说明书警告说，不要把过滤器装满！如果装得太满，咖啡就会变淡。因为水无法正常流过咖啡，而是从溢流管流出。千万不要这样装咖啡。

啊哈！咖啡机并没坏！“投入多，收获多”的常识控制了我的行为，我甚至从来没想过正确的想法应该是“投入少，收获多”。

这就是认知融合，思维僵化容易使人缺少变通。结果就是我喝了几个月的淡咖啡，家里多了一台崭新的咖啡机。这不完全是个悲剧，但却是一个很好的例子，可以用来说明这些技能是如何帮助我们的，无论这种帮助是大还是小。

组装你的ACT工具箱

为了把你培养的技能变成一种习惯，创建一套你喜欢的练习是有帮助的。这里有个示例（见图1），包括一些我最喜欢的隐喻和练习。

解离	唱出你的想法	给你的想法命名	把想法写在卡片上，放在口袋里随身携带
接纳	对抗练习	把糟糕的情绪想象成一个物体，感受这个物体的颜色、重量，描述它的速度、形状[1]	练习放下绳子
当下	身体扫描	注意一个对象和注意多个对象	开放焦点

图1 ACT简易工具箱

自我	重写你的故事	觉察是谁在觉察	记住，我不是那样的
价值	写下你的价值	玩“我有一个秘密”的游戏	价值卡片排序[2]
行动	把新习惯变成新惯例	与好友分享承诺	为价值建立 SMART 目标

图 1 ACT 简易工具箱（续）

至少在接下来的几个月里，不断练习工具箱里的这些技能，直到非常熟悉。当你需要使用它们的时候，它们会自然而然地出现。这时候可以给工具箱再添加一些新技能。你不用担心你会对某些练习感到厌倦，因为可以在网上和 ACT 相关图书中找到大量的替代性练习。[3] 看看你新添加的方法效果如何，如果没什么用，就换其他方法。

广泛使用这些技能

大量研究已经评估了 ACT 在应对一系列人生困境时的积极作用。除了本书已经讨论过的，ACT 还对治疗进食障碍，处理学业、工作、艺术或体育竞技中的表现，应对压力，正视癌症带来的恐惧，处理偏见等有积极效果。ACT 训练已经帮助人们获得奥林匹克金牌，管理《财富》排行榜 100 强公司，在国际象棋比赛中表现更好，以及培养艺术人才。

大脑说你在一个领域习得的技能可以迁移到其他领域。嗯，这是真的，但这一过程不会自动发生。你必须有意识地将这些技能应用到其他领域。通过研究，以及将 ACT 应用于来访者个案，我们明白了为什么灵活性技能对生活中各种挑战都如此有帮助。我会在接下来的章节中分享这一观点。我分析了来访者所面对的挑战中，让他们的生活更糟糕的各个方面，并展示了灵活性技能在应对这些挑战时是如何发挥作用的。一个典型的例子是：在处理物质滥用时，羞耻感是一个很难处理的问题。但是，解离和自我练习会削弱羞耻感的影响。我还提供了一些对特定类型挑战有效的额外练习。

当你选择将灵活性技能应用于新的挑战或新的生活领域中时，要遵循一个基本过程，就像我在第 8 章中提到的慢性疼痛工作坊中所做的那样。回想一下这个过程，第一步让人们写下在生活罗盘的每个领域理想的生活是什么样的。然后确定阻碍他们前进的是哪些障碍、糟糕情绪，以及无益的想法。我们可以通过激发人们对生活的渴望来强化这一过程。

在本书第 8 章，涵盖的领域主要有：工作、亲密关系、养育（不一定是父母或有孩子才关心这一主题）、教育、环境、朋友、身体健康、家庭、精神、美育（比如艺术或审美）、社区和娱乐。一旦你选择了一个新的领域或特定的挑战，你需要知道自己哪些方面正处于危险之中（见图 2）。图里显示的是 6 种渴望。当你留意正在发生的事情时，记住它们。当你触及这个领域更深层次的需求和渴望时，观察会出现哪些障碍。

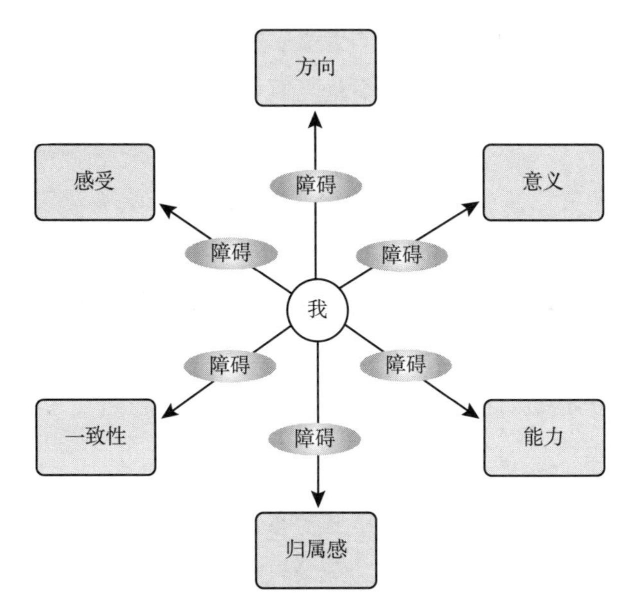

图 2　不同领域中的渴望和阻碍

假设你在工作中不开心。有些原因是显而易见的，比如你有一个非常挑剔的老板，或者你承担了太多的工作。但也有可能你自己难以确定哪里出了问题。注意你当下的想法。假如你觉得自己就像机器上的一个齿轮，没人注意，也没人关心。可能你觉得自己陷入了困境，所做的工作毫无意义。

看看这些问题是否属于图中列出的6种基本渴望中的部分或全部。比如，没人注意、没人关心，反映的是对归属感的渴望；空虚感、停滞感反映的是缺乏自我定向；感觉自己就像机器上的一个齿轮，反映的是缺乏培养自己能力的自由。

当你考虑自己有哪些渴望时，阻碍也会随之浮出水面。有些阻碍可能是内部的、心理上的，有些阻碍可能是外部的。我们生活中的实际情况是：大部分阻碍是内部阻碍与外部阻碍的混合。所以，同时考虑二者是至关重要的。写下你发现的所有阻碍，对于那些原因不明的阻碍，想想你不满的潜在原因。

有一个例子是关于工作领域的内部阻碍。你可能有这样的想法“我不够好”，这会阻碍你主动和他人建立联系，破坏你的归属感。如果你感觉很糟糕，可能是因为你觉得正在做的工作没有意义。这不符合你渴望的基于价值的生活方式。但是这种糟糕的感觉也可能会导致白日梦，让你远离正在做的工作。如果是这样，你就会增强该方面的渴望，因为可能你在工作中失去了方向感。

对于那些明显让你不舒服的人（比如挑剔的老板），要深入挖掘，考虑一下为什么老板的批评让你如此难以接受。你可能会意识到，这是因为你的父母在成长过程中也经常批评你。老板的批评让你联想到过去来自父母的批评。把这添加到你的阻碍列表中。

现在，写下你克服这些阻碍的方法。这个列表可能很长，但是在这里我只举几个例子。

- 不参加每周一次的员工会议，因为会议上领导会对员工百般挑剔。
- 在会议上保持沉默，把注意力转移到别处。
- 努力工作，确保你在下一次绩效评估中获得高分。
- 和某个同事建立亲密关系，他也喜欢谈论工作中的问题，以及工作中制造问题的人。

现在运用你的灵活性技能，看看你一直尝试的解决方法是否奏效。列表中的前两个方法很明显是回避。短期内，它能缓解负面感受和想法，但是代价也很明显，容易让你被忽视，缺乏归属感，缺乏工作能力，损害你在老板和同事中的声誉。让自己拥有完美的绩效是好事，但要考虑这里的动机是否包含对批评的恐惧，而不完全是为了实现目标的内在动机。如果避免批评是一个驱动因素，你就要意识到这可能适得其反。因为在获得完美绩效评估的过程中，需要管理者提供一些批评性的反馈。那么和同事的友谊呢？有工作上的伙伴是很棒的，但是经常和朋友讨论工作中的不开心可能是另一种形式的思维反刍。尤其是你的同事抱怨工作环境是如此糟糕，导致你也对工作充满了抱怨。你也许认为吐槽会有点儿帮助，它确实会缓解对归属感的渴望。但它也可能是一种评判，让你觉得自己的工作很糟糕，进而加剧你的不快乐，这并不是一个好主意，连狗狗都不会在自己窝里撒尿。

你在考虑自己的问题时，需要注意自己的想法和感受。注意你的“内在独裁者”一直在用什么负面信息斥责你，注意你在努力回避什么情绪，有哪些记忆浮现在了你的脑海里。这些问题的答案可能包括痛苦的想法、同事不尊重自己，或工作中不能做任何自己喜欢的事情，以及来自内心深处的声音，“也许我不够好！”你也可能会感到愤怒，这与看不见的感受有关。

好了，你已经准备好使用你的工具箱了。也许可以从一两个接触当下的练习开始，进入一个专注的视角。接下来，你可以做一些解离练习，远离那些消极的想法。做一个价值澄清练习，说明你的工作方式与你选择的价值是如何不一致。你可能会意识到：你对同事的同情与直率的价值相冲突，而与老板讨论问题则能更好地与价值保持一致。你做这项工作时可能会触发糟糕的情绪，可以用接纳法来处理这些负面情绪。做一个自我练习来处理僵化的自我故事，并且与他人保持联结。也许你会发现你一直在指责自己不称职，或者大脑中编织了一个无趣、没有魅力，根本没人关心你的故事。也许你可以通过承诺第二天要做的一件小事来结束这些思维反刍。假设你承诺在即将召开的会议上畅所欲言并分享建议，就可以使用所有六个灵活性技能。

现在，需要将你所学的技能应用到越来越多的工作经历中。如果你正在开会，觉得没人对你的意见感兴趣，那就在你的头脑中迅速做一个解离练习。如果老板给了你一个糟糕的负面评价，那就在你独处时做一个接纳练习。如果你的“内在独裁者”因为老板的这个评价而攻击你，那就做一个解离练习。

在家里集中练习一段时间（也许只要一周）后，你持续进行接触当下、解离、自我、价值澄清和接纳的练习，然后花一些时间仔细想想可以采取哪些具体步骤来改善状况，设定哪些更符合价值的 SMART 小目标。这可能包括：与朋友谈论如何更好地承受批评；询问老板你能否承担对你有意义的额外责任，并请他给你一些指导和批评性的反馈（本质上，与老板给你的压力解离，会让你有更大的自主权）；探索公司内部调动的可能性；或者通过招聘网站寻找新的工作。

在这个过程中，你会发现对于这个挑战，你需要更多的灵活性技能。例如，你会注意到你可以很好地利用解离来处理“我不够好”这样的想法，但对于负面情绪，比如你小时候感受到的批评之痛再次出现时，仍然会让你再次崩溃。这种情况下，你应该用接纳技能进行相对密集的练习。你会把这种现象归因于害怕可能发生的事情，但你也应该再次审视这些目标是否与你的价值真正一致。如果你意识到自己已经完全脱离对工作的真正价值，那么这时候你需要进行更多的价值澄清练习。继续将所有的技能应用到生活挑战中是很重要的。

应对某些挑战可能比应对其他挑战需要更多的时间。别气馁！开始你的 ACT 舞蹈吧！你的灵活性技能将会越来越强。永远记住，基于价值的生活不是为了实现目标，而是朝着你新选择的方向前进。

主动寻找更多的挑战

在第 20 章，我讨论了处理耳鸣的经历。之前我从未遇到过这样的接纳问题。一旦明白可以使用灵活性技能来解决耳鸣问题，我只花几天的时间就解决了。但是我花了几年的时间才意识到这一点。通过不断寻找各种新的问题来考验你的灵活性技能，相信你可以做得比我更好。如果你的生活中已经没有任何问题，那实在是太棒了！你可以运用这些技能让生活更加充实。怎么样？

给自己一个新的问题！我是认真的。看看我们做的所有有趣的事情，想想有多少我们可以从中找到的新挑战。拼图游戏、游戏表演、体育、各种比赛、创业、学习语言或乐器，当然，还有学习跳舞。

一旦你以刚才描述的专注方式将技能应用到关键性挑战中，且把它们培养成习惯，你就可以以更少的精力使用它们，来持续改善生活。挑选新问题的一个很好的方法是思考那些被灵活性改变方向的渴望：你的感受、归属感、能力、有意义的自我定向、一致性、方向。在第 13 章探索的每一个价值领域，让我们考虑每一种渴望，以及如何更好地实现它们。

假设这个领域是家庭。

你如何在家庭的情感方面做得更好？你可以通过多听，或与家人探讨棘手的问题来加深情感联结；你可以培养同情心，有意识地去感受家人的感受；你也可以多多分享你的感受。

你可以给远在他乡的家人写信、打电话，给他们一些帮助，或请他们帮你一个忙，来加强你们之间的联系。你也可以给他们写封感谢信。

你可以通过参加促进交流的工作坊，阅读如何开展健康家庭生活的书来提高自己的能力。你可能经常会对家人喜欢而你不喜欢或不知道是否喜欢的活动表示认可。

你也可以更公开地与家人分享你的价值与弱点，并邀请他们也这么做。

你不再追究过去事件或问题的对错，而专注于当下你和家人关系中最有用的东西。当你和家人在一起时，你可以练习专注于当下、专注于此时此刻。看着他们的眼睛，不要过多关注你怎样做才能引起家人的注意力，而是更多地关注当下被家人需要的感觉。体验、倾听和关注此时此刻，不要简单地给出建议。

上面我们重新体验了在感受、归属感、能力、有意义的自我定向、一致性和方向上的渴望。我用它们创造了一系列新的、令人兴奋的、可以促使我们进步的新问题。

我们没有理由停止将灵活性技能应用于新的可能性。我的建议是每天做一件新的事情——一件需要你开诚布公、展现自我、符合你价值的事情。为了确保你能关注更多的领域，我建议你循环关注每个价值领域，每个领域关注一两周。

与他人分享丰富的生活

许多人都被灌输了经济学理论，即人在本质上是自私的。市场中“看不见的手”就是这么认为的。人，是典型的经济人（Homo economicus）。这种对人性的看法显然是错误的。进化科学发现人们有许多亲社会行为，天生乐于助人。正如我的同事保罗·阿特金斯（Paul Atkins）所说，我们是亲社会人（Homo prosocialis）。[4] 是的，我们有时自私，尤其是心理僵化成为大脑的主要特点，成为人们的阻碍时，但人们 99% 的价值是亲社会的。当你不断努力改变自己的生活时，一个伟大的计划是每天为某人（可以是朋友、家人、同事，或是陌生人）做一件好事。做一件富有同情心、不评判他人的事情。这对你和你周围的人都很重要。你这样做，就是用你的灵活性来感染、影响他人。这是帮助他人培养灵活性的关键（我将在第 19 章详细讨论这一点）。如果你不知道如何开始，可以从小处着手，对于你正在做的事情，可以做一个“我有一个秘密”（见第 13 章）练习。匿名的助人善行是非常强大的，“内在独裁者”面对这个问题不知道该如何处理。

像前面说的一样，循环关注每个价值领域和每种渴望。比如关心公民权利，你可以帮助某人去投票站，或者在工作领域，你可以和同事商量，承担他正在努力进行的项目的一部分。你总能找到新的方式，让你的生活更符合自己的价值。你的生活，甚至其他人的生活，都会变得更加丰富多彩。

如何阅读第三部分

随意翻看第三部分你感兴趣的章节。其中部分内容可能与你、你的爱人当前面临的问题无关，你可以放心地略过这些章节。然而，它们可能在以后某个时候对你有所帮助，所以请你记住它们。可以说，本书是一种源源不断的生命资源，你可以随时拿过来使用。

我建议你至少阅读第 15 章、第 17 章、第 21 章。我敢说，所有人都可以使用这些技能并从中获益。我还没见过谁不需要帮助就能很好地应对关系压力。

第 21 章展示了 ACT 如何应用于更大的社会范围，比如学校或社区。我想你会被我所讲述的故事打动。这个故事讲述了 ACT 训练帮助塞拉利昂的一个城市有效抗击埃博拉疫情，帮助人们处理丧亲之痛。这种努力只是 ACT 被用来处理大规模社会问题的一种方式。世界卫生组织创建了一个 ACT 自助项目，并在一个针对非洲难民的项目中成功进行了测试。[5] 我邀请你阅读这一章，是因为我希望通过这一章来分享我的热情。我们的社区、整个国家，乃至整个世界都被各种社会问题、行为问题、环境问题所困扰。心理灵活性培训为解决这些问题带来了希望。也许你会因此受到启发，尽你所能来宣传 ACT，为 ACT 培训提供支持——可以为你的工作团体提供 ACT 培训，或用 ACT 方法帮助家人渡过难关。伴随着快节奏的生活和与日俱增的压力，每个人都可以从学习心理灵活性中获益匪浅。

第15章

培养健康行为

近期的一项大型研究分析了所有已知的导致健康问题的风险因素，如接触污染环境、缺乏清洁水和高血压对人的影响，研究结果令人震惊。将近2/3的健康问题是由行为造成的。[1]不是感染，不是中毒，也不是遗传。是什么样的行为呢？吸烟、喝酒、不健康的饮食、缺乏运动、不爱护牙齿、睡眠不足等，这只是其中一部分。[2]

与此同时，在医疗保健上每投入1美元，用于帮助人们改变不良健康行为的费用还不到10美分。在西医中，药物或手术等物理干预是解决健康问题的常用方法，尽管这些方法本身会有风险，并且对某些问题效果有限。而经过科学研究验证的心理干预措施被大大低估。我们应该对自己的健康负责。面对现实吧，我们非常清楚地知道该做什么。问题在于培养新的生活习惯，并且坚持下去，可能会令人望而生畏。

ACT技术被证实是有用的

让我给你们举两个简单的例子。近期的一项研究让 100 多名自称“巧克力狂”的人随身携带一袋巧克力，坚持一周不吃它们（如果你像我一样是巧克力狂，你知道这是非常残忍的）。[3] 一些参与者接受了专门的 ACT 解离训练，练习如何将我们从无用的想法和感受（比如对巧克力的渴望）中解放出来。其他人被训练用认知重建技术直接挑战自己的渴望，比如告诉自己：“如果我不屈服于对巧克力的渴望，这种渴望最终就会消失。”猜猜看，那些接受过解离训练的人不吃巧克力的可能性有多大？高达 326%！

另一项研究评估了 ACT 训练对承诺经常运动的人的影响。根据美国运动医学学院的指导意见，一组参与者接受了两次简短的会谈，建议他们锻炼身体；另一组接受了两次 ACT 训练。在接受培训之前，两组参与者大约每周去一次健身房。之后，那些接受 ACT 训练的人在接下来的一个月里去运动的频率提高了 65%，在为期 7 周的随访中运动量增加了 30%。另一组参与者在同一时间内减少了 24% 的运动量。

啊哈！

事实是，仅仅是获得建议，甚至是关于改变行为有多重要的严厉的、饱含爱意的信息，根本没有多大的激励作用，甚至可能会使人失去动力。很少人需要说教。真的，我们不需要。我们真正需要的是帮助我们把自己从那些阻碍改变的无用的想法和情绪中解放出来。在这里，我将讨论灵活性技能如何帮助节食和运动，以及如何应对压力（这是健康状况不佳的罪魁祸首）和改善睡眠。

节食和运动

如果你正在努力节食并想养成长期的健康饮食习惯，那么你有很多志同道合的朋友。每年都有大约 1/7 的成年人节食。不幸的是，大量的图书、在线节目和食品供应商提供的许多信息并没有很好的科学依据。即便是最好的、基于科学的健康计划，两年的跟踪调查发现，参与者也只能减少 5%~10% 的体重。[4]

一个最有效的体重管理计划LEARN，即生活方式（lifestyle）、运动（exercise）、态度（attitudes）、关系（relationships）和营养（nutrition）的综合计划。[5]它是由杜克大学心理学家凯利·布劳内尔（Kelly Brownell）开发的，他可能是世界上首屈一指的减肥心理学专家（他也是我最好的朋友之一）。这个体重管理计划教授了多种减少不健康饮食的策略，比如不让垃圾食品进家门；避免过度节食，这会导致暴饮暴食；计算卡路里；制定具体的运动目标。该计划还建议人们通过有意识地想其他事情来分散与食物有关的想法，并用有益的想法来指导自己，比如“如果我不吃那块饼干，进食冲动最终就会消失。”这种方法可能很有帮助，但是ACT更有效。在另一项要求人们不吃巧克力的研究中，接受了30分钟ACT训练的人吃巧克力的可能性降低了30%，并且与接受了30分钟LEARN训练的人相比，他们更不容易感到对食物的欲望是令人厌恶和无法抗拒的。这是因为ACT对心理挑战有很大帮助。这些挑战是导致许多人不健康饮食和回避运动的重要因素。

当调查为什么ACT训练能有效帮助人们改变饮食和运动行为时，我们发现其中一个原因是：灵活性技能能帮助人们应对糟糕的情绪和消极的自我对话。这些糟糕的情绪和消极的自我对话都是不健康饮食和回避运动的根源。很多人都养成了情绪化进食的习惯，比如当我们孤独、悲伤或压力大的时候，进食就会成为一种自我安慰的方式。

羞耻感也是减肥人士普遍存在的问题。[6]人们很容易因为自己超重和身材走样而产生羞耻感和自我污名。这也不足为奇，那些嘲笑与体重问题做斗争的人是可怕的。谢天谢地，有关种族主义、性别歧视、残疾人的笑话已经成为禁忌，但开有体重问题的人的笑话仍然经常被容忍。他们没什么可笑的。有1/4~1/3的成年人对自己的身材不满意。医生对这一点了解得更多，经常有病人因为超重而产生羞耻感。

结合自己的经历，我非常了解这种羞耻感。几年前，我体重235磅，比健康体重多了40~50磅，我不得不运用我所有的ACT技能减到了180磅或190磅，从那时起我的体重一直保持到现在。我注意到大脑试图用羞耻和责备来“激励”自己，但它毫无用处。如果我不是真的放下这些想法，可能到现在减肥都没有任何进展。

为了准确测量羞耻感和自我污名在体重问题中的作用，[7] 我和我的学生们设计了一份问卷，以便测量与体重相关的羞耻感水平。我们发现，羞耻感水平和自我消极想法的相关强度高得可怕。所以很多人都会有这样的想法：我之所以超重是因为我是个软弱的人；其他人会因为我的体重问题而认为我缺乏自控能力；有人会因为我的体重而羞于待在我身边。

哎！

人们倾向于与这样的想法融合在一起，希望它们能让自己有所改变。这就好比在赛跑前自断双腿。

我们团队进行了一项研究，评估一天的 ACT 训练对超重和肥胖人群羞耻感和自我污名的影响。[8]84 名参与者都在近期参加了至少 6 个月有组织的减肥计划，大约 1/3 的人目前仍在参加减肥计划。一半的参与者被随机分配去学习如何将 ACT 技能应用到他们的负面情绪和想法上，没有提一下他们该如何减肥。帮助他们减肥并不是我们的目标，帮助他们自我感觉更好，提高他们的生活质量才是我们的目标。与对照组相比，那些接受了 ACT 训练的人的心理压力和与体重相关的羞耻感都大幅减轻，生活质量也大幅提高。最令人惊讶的是，他们中的许多人也确实减轻了体重。在为期 3 个月的跟踪调查中，他们的体重平均减轻了 5 磅，暴食情况减少了近 50%。而控制组的暴食情况则增加了 50%。同样重要的是，ACT 组参与者报告说，即便体重没有减轻，他们对自己体重的忧虑也大大减轻了。

另一个主要的障碍是运动带来的身体上的痛苦，而接纳技能有助于解决这个问题。即使是竞技运动员，也可以通过以下方式提升自己的竞技水平：关注自己体验不愉快感觉的意愿。[9] 但具有讽刺意味的是，强迫性过度运动也是由回避糟糕情绪所驱动的，比如对外表变丑的恐惧。

ACT 的价值澄清工作有助于激励我们继续努力。激励人们督促自己运动的典型方法是鼓励只管去做的信息，比如“坚持下去！”实际上，这对很多人来说没什么用。在对参加单车课的人进行的一项研究中，我们让参与者在骑车时阅读卡片。有些卡片上有命令式的信息，比如保持背部挺直，使劲骑！而其他人则采取 ACT 的方式，提醒他们运动目标或人生价值。这是研究开始之前他们告诉我们的，比如运动可以改善我的呼吸系统，可以让我的衣服更合身。传统的指导建议实际上减少了人们在课堂上的努力，而价值信息则增加了人们的努力。

很多人努力减肥塑身，最大的问题是他们这么做是为了别人。他们没有在这个过程中找到内在价值。吃得健康和锻炼身体本身就能带来极大的满足感：当关心自己的身体时，我们会感到更有活力。你要注意像“看起来不错”这样的价值，可能会使自我客观化，并导致你对自己做出苛刻的评价。相反，你要关注健康生活方式带来的好处，比如让你的孩子热爱健康的生活，让他们健康长寿。

价值工作也有助于减少羞耻感。[10] 例如我的一个来访者苏珊，体重超标 100 磅。她的主要运动障碍是对自己体型的羞耻感，特别是运动时肥胖的身体带来的羞耻感。跑步时浑身的肉都在抖动，这使她感到很尴尬。转折点是她的身体出现了糖尿病的早期症状。当我和她仔细审视她关于运动的价值时，惊讶地发现她最想要的不是好看，而是做回自己。用她自己的话说，这样她就可以跳舞、拥抱、打保龄球、滑雪、游泳和玩耍。换句话说，她希望舒适地做自己，按照自己想要的方式生活，而不是把各种负面信息强加于自己身上。当她意识到这一点时，她发现对自己外表的不屑一顾是违背价值的。当她学会以积极的态度看待健康问题时，运动量随之增多。在接下来的一年里，她减掉了大约 50 磅，心理和身体健康状况都得到了迅速的改善。

消极的自我对话是坚持节食和运动的另一个主要障碍。人们用这样的信息责备自己：“开什么玩笑！你没这个实力。”或者使用一些无用的防御，比如“我就是喜欢冰激凌，又怎么样！”解离练习有助于打破这些想法的魔咒。

那么自我技能呢？许多深陷不健康行为的人一直在编织一个纠缠不清的消极自我故事，比如“我只是胖”“我生来如此，也将永远如此”“或者我对疼痛的承受能力较差”“我是个懦夫”。自我技能会使这些问题浮出水面，并帮助你挣脱束缚。

接触当下技能如何提供帮助？在坚持健康饮食和运动的过程中，你面临的最大挫折是结果需要时间。最终的目标似乎很遥远。每当你发现自己在想还能取得多大的进步时，做一个接触当下的练习，把你的注意力拉回到当下，意识到习惯的养成是一小步一小步的。你可以不断地将注意力转移到你正在取得的进步上。

最后，行动练习将帮助你设定 SMART 目标并坚持下去。很多媒体大肆宣扬的节食行为都是极端的，甚至是不健康的。一些健身课程和关于该做多少运动量的建议对于刚开始运动的人来说负担过重。根据你喜欢的运动来制订自己的减重计划，并找到最适合你的方案。

接下来，写下你感受到的所有消极情绪和你一直用来责备自己的无用想法。然后以这些想法和情绪为目标，系统完成工具箱里的练习。在把工具箱里所有的练习都完成之后，你可能想要继续进行第二部分其他章节中的练习。

另外，现在不少书都将 ACT 应用于饮食和运动领域，[11] 你可以从这些书中找到更多的建议。下面是一些额外的建议，我发现它们对于运用 ACT 来改善身体素质特别有效。

关注你的身体，做有用的事

关于饮食和运动的建议五花八门。虽然努力追踪这些最新的信息，尝试获得研究充分支持的方法是有意义的，但很多节食建议并没有科学依据。有些建议甚至是自相矛盾的。脂肪是可怕的，不，这得看情况。糖是可怕的，但等等，人造甜味剂才是最有害的。

你可以在众多方法中理性地选择，并亲自体验。记住：适当地变化，选择，保留。只保留你认为有用的东西，对别人有用的未必对你有好处。例如，很多方案建议你要吃一顿丰盛的早餐，但我喜欢吃几个核桃和一个苹果，吃得很清淡、很晚。我之所以选择这样，是因为我能在身体里感觉到清淡饮食对我更好。此外，对我来说，普通的核桃比昂贵的山核桃更适合。我将这称为身体知识。

多年来，我一直在观察和调整这些模式（从我自己的身体知识来看，其他例子包括减少碳水的摄入量，或者将吃饭的日常时间间隔缩短到 8 小时以内）。我关注自己身体而获得的身体知识，在科学文献中也会看到，对此我并不惊讶。[12] 但几个月前，我惊讶地看到一项新的大型研究竟然测试了 ACT 训练加上吃核桃对身体的影响。[13] 你瞧，虽然单独进行 ACT 训练比常规治疗效果更好，但他们发现在 ACT 训练的同时吃核桃产生的效果更好。显然，我不是唯一有这种身体反应的人！

你的身体可能会有所不同。不要效仿我：关注科学研究，从中选择一些进行尝试。关注你的身体，让它来引导你。然后，按照自己的选择来改善生活。

和你的渴望做朋友

下次当你想吃东西的时候，试试这种方法。与其与之抗争，不如退后一步，注意它到底是什么。你甚至可以给它贴上“渴望”的标签。不要和它斗争，只是看着它。然后问自己以下问题：

（1）如果你的渴望有形状，会是什么形状？

（2）如果它有颜色，会是什么颜色？

（3）如果它有尺寸，是大还是小？

（4）它看起来是固态的，像一个物体吗？还是闪烁、颤动、摇动或移动的？

（5）它在你身体的什么位置？在你的脑海里，在你的肚子里，还是在其他地方？

（6）有什么情绪与这种渴望相关吗？你能否感受到焦虑、很大的压力、悲伤、愤怒或其他情绪？

现在，想象一下你可以伸手触摸你的渴望。一开始，你可以同情地拍拍它。看看你是否能拥抱这种渴望，象征性地把它抱在怀里。对它感同身受，注意它有多渴望被关注。

你可以做到这一切，而不是依据渴望采取行动。[14] 事实上，在从事任何你选择的行动时，你都可以带着这种渴望。假以时日，这种渴望就会消退。但如果没有消退，你可以随身带着它，只要它需要。它不是你，它是你的一部分。

随时随地进行少量运动

人们做任何事，都希望快速成功，或取得巨大成功，但这往往会导致失败。在运动方面，当下的小运动量锻炼会比不确定的大运动量锻炼更有效。挑选一些你可以在白天做的小练习，并把它们与你的日常活动联系起来。然后培养做这些练习的习惯。如果你的大脑抱怨这些练习太微不足道，你可以一边热情地表示同意，一边坚持这样的练习。

下面是一些帮助你开始运动的方法。

- 在你排队时，慢慢地做抬起脚趾的练习。
- 如果有时间且安全的情况下，请务必走楼梯。坚持这个习惯。
- 在杂货店购物时，请在带手柄的购物篮中装 1 加仑[㊀]牛奶，然后提着购物篮慢慢弯曲手臂，锻炼三头肌，直到肌肉酸痛（一般向上 8 次，向下 4 次就可以了。是的，已经有人对此进行了研究）。[15] 如果你在机场遇到我，很可能会看到我用公文包做这个练习。人们可能会觉得很滑稽，但是你在乎吗？
- 在早上煮咖啡时，做深蹲练习。
- 睡前做俯卧撑，每隔一天做一次。次数尽可能和你的年龄一样（是的，我可以做 70 个）。

找个有羞耻感的伙伴，一起开始吧

如果你已经学习了更高级的社会解离方法（见第 8 章），那么你可以和那些愿意把羞耻感公之于众的朋友一起运动。直到你的直觉告诉你，你真的为这个练习做好了准备，才能这样做。假设你有一个朋友也想减肥，并且愿意和你一起进行健步走。你们俩都为走路时身体的抖动感到羞耻。你们可以在 T 恤上

㊀ 1 加仑（美）=3.78541 升。

印上“我的身体在抖动”这样的语句，在运动时一起穿。

如果时机合适，这可以是非常自由，甚至是有趣的！把这句话当作精神上的“独立宣言”，就好像你在强调做你自己是真的可以的。

应对压力

过度的压力是影响健康状况和幸福感的最重要因素之一。它会抑制免疫系统，引发慢性疾病（包括糖尿病、癌症和心血管疾病）。工作是压力的主要来源之一，压力经常会导致工作满意度低、情绪耗竭和倦怠。对护理、社会工作和教学等多个高压力行业的工作者进行的大量研究表明，学习灵活性技能有助于大大降低压力水平，并减轻其负面影响。

ACT 技能在应对压力方面非常有用，因为压力的有害影响更多来自我们对压力的反应，而不是压力本身。压力有好有坏。产生压力的情境包括积极正向的挑战，如发展新的关系、寻求工作机会、参加体育比赛和抚养孩子。我们不应该通过放弃挑战来消除压力。当然，也有强加在我们身上的压力，尤其是在工作中。另外，还有各种各样的阻碍，比如早晨上班路上遇到交通堵塞，或者在耗费时间的官僚程序中艰难跋涉。

对于一些压力来源，设法消除它们是正确的做法，许多方法都很好用。如果你能搬到一个不会有可怕的交通堵塞的地方，这绝对是一个明智的选择。如果你的老板对你不友善，换工作就是个好主意。如果你能找到减少工作量的方法，同时又能满足工作考核的要求，让你的工作生活朝着价值方向发展，那么你绝对应该这样做。如果你感觉运动有助于减轻压力，那么这会是坚持定期运动的绝佳理由。在疾病康复期，花更多的时间与朋友和家人在一起也很重要。

但是如果你发现自己专注于压力，并在精神上努力要战胜它，那么你很可能陷入了一个消极的思维网络。这个网络实际上会加剧压力的影响。弗兰克·邦德（Frank Bond）在将 ACT 应用于工作方面进行了开创性的研究。[16]他提出了一个我很喜欢的隐喻：把自己想象成一个水槽，把压力源想象成向你倾泻压力的水龙头。减小压力的一种方法是关掉水龙头，但同样有效的方法是拔掉排水管，让压力流过去。

研究表明，灵活性技能在这两个方面都有帮助：直面压力源并改变它，以及学习如何减少压力反应。第一个将 ACT 应用于工作场所减压的研究证明：ACT 减少了呼叫中心工作人员的压力反应。[17] 此外，尽管这项研究没有鼓励他们这样做，但员工们随后为让工作环境更健康而展开了积极的斗争。

接纳在应对压力方面尤其有帮助，因为很多压力都是由生活中我们无法改变的因素造成的。假设你有一个令人讨厌的老板，你会感到巨大的压力，因为你注意到他的行为有多不公平，你希望能改变这种行为，但你很可能做不到；或者你罹患某种疾病，导致身体虚弱；或者你的家人讨厌你的政治观点。接纳不可改变的事物是寻求更有建设性的方法来应对它们的第一步。

其他灵活性技能也有助于应对压力，原因有很多。其中一个原因是，一些压力是由于对我们的工作和成就过度认同造成的。我们的自我意识过度专注于头衔——“我是一个医生”，或者需要被视为某种类型的员工——“我是一个高绩效员工”。许多公司通过对员工的评估来强化这一点，这意味着我们是由自己的绩效来定义的，而很少或根本没有考虑到公司是否提供了做出良好绩效所需的支持。很多老板过分强调我们工作中存在的问题，却没有给我们一句赞扬的话。这导致我们过度的自我监督和有害的自我批评。工作场所很容易诱发社会顺从压力和社会判断，人们会不断地自我责备，从而让“内在独裁者”占据心灵的空间。这往往会降低我们的工作效率，进而导致更多的自我批评和更大的压力。

解离帮助我们远离这种消极的自我对话，“打开排水管”。自我技能提醒我们，我们不是自己扮演的角色，也不是别人眼中的我，我们是内心深处的“我”。也许老板认为你没有组织能力。与你的观察性自我联结将帮助你明白，虽然他那样看待你，但那不是真正的你。不认同这样的描述，我们就能以一种建设性的方式倾听批评。这反过来又能帮助我们改变行为，缓解压力，比如不再拖延。自我的换位思考还能帮助我们设身处地地为那些给我们带来压力的人着想，认识到配偶的恶言恶语或老板对我们的暴怒往往与他们感受到的压力有关，而不是与我们有关。

接触当下有助于我们专注于手头的任务，而不是担心如何完成它们。当我们全神贯注、专注于当下时，会发现：即使是最可能导致压力的任务，也是令人愉快的。价值澄清工作将帮助我们投身于有意义的挑战中，尽管我们知道这会给自己带来压力。承诺行动有助于我们设定可管理的目标以缓解压力。然后立刻开始行动，而不是因为焦虑而停滞不前。焦虑只会增加我们的压力。

要想将 ACT 应用于你正在与之战斗的任何压力，需要写下你的阻碍清单以及你一直与之抗衡的方法。引起你压力反应的人、挑战、担忧或任何种类的想法和情绪，都是你的压力按钮。如果你因生病而感到压力，那么可能是因为你在做治疗或者候诊时担心医生会告诉你坏消息。对于那些正在经历工作压力的人来说，与老板会面或做汇报都是有压力的。而在家里，试图让孩子上床睡觉也可能会引发压力。这些情境都能让你练习如何应对压力。

一个好方法就是把每种情况都写在纸上。现在把它们整理成两类，一类是"改变现状"，这意味着你可以采取行动来缓解压力；另一类是"改变与现状的关系"，这意味着现状不可改变。现在，对于每一个可改变的因素，使用灵活性技能来思考为什么你没有采取行动来改善现状，并设定一系列 SMART 目标。

对于不可改变的事情，你可以专注于接纳现状并从中学习。告诉自己，作为父母你感到压力很大，但你相信所做的一切都是正确的。即便如此，你还是会受困于自己不完美的消极判断。你的压力不会因为你更努力地成为好父母而减轻。事实上，这可能会导致更大的压力。压力是不可避免的，你的任务是减少对它的反应。多做一些解离练习，远离批评的声音。快速地说"我是糟糕的父母"（你可以将它简化为"坏爸爸"或"坏妈妈"，这样更容易重复），直到听起来令人费解。把你所有的自责都写在纸上，随身携带。如果真的准备放下这种自我批评，你甚至可以在便利贴上用粗体字写下"坏爸爸"，在外出时贴在衣服上。

运用你的自我技能来重新塑造你作为父母的自我形象，不再比较自己的和社会上关于应该如何养育孩子的童话般的观念。养育子女是混乱而令人沮丧的，既有美好的时光，也包含很多愤怒和不安。这怎么可能没有压力呢？经常提醒自己做一个感受压力的练习，因为你是关心子女养育的好父母。

这里有几个额外的练习，对处理压力特别有帮助。

练习一种与压力相关的灵活性习惯

选择一些你经常做的事情，这些事情本身没有那么大的压力，但却与压力源有关。假设你的压力源是在早上面对老板，与之相关的事情可能是开车上班。假设你意识到面对老板是有压力的，部分原因是老板对你的负面评价，比如：他认为我不太聪明。每天开车上班的路上，花几分钟练习与这些想法解离。也许你喜欢在车里唱歌，用你最喜欢的曲调唱“她不聪明”。几天后，你会发现开车上班其实很有趣，这也有助于减少你的压力反应。

有压力的公交车乘客

最常用的 ACT 隐喻是“公交车上的乘客”。想象一下，你正在驾驶一辆叫作“你的生活”的公交车。就像任何一辆公交车，当你前进时会搭载乘客。这辆公交车的乘客就是你的记忆、身体感知觉、受制约的情绪和思维网络。对于有压力的乘客（比如担心被批评），如果你注意他们，你的视线就会离开道路从而影响开车。很自然，你想让他们下车，但这需要停车，妨碍你去想去的地方。与此同时，一些乘客也确实很令人讨厌，他们干脆拒绝离开。那么，你就会陷入一场激烈的斗争。健康的选择是继续开车，把注意力放在道路上。

为了把这个隐喻变成一个练习，可以在小卡片上列出有压力的乘客，并在接下来一周随身携带。每当你想起这个练习，就拍拍放着卡片的口袋，好像欢迎它们登上“你的生活”公交车，并再次注意到你是司机。你不能选择你的乘客……但作为司机，你可以选择旅程。

睡眠

关于失眠的一个巨大讽刺是，失眠来自意识到良好睡眠的重要性。睡眠质量的一个最重要的预测因素就是反复出现消极想法和忧虑（比如：担心无法入睡）。[18] 我相信睡眠不好的人很清楚这个问题。你会发现：自己躺在床上，担心将要发生的事情，或忙于解决问题、制订计划。然后，因为无法入睡，你开始担心自己有睡眠问题。

试图让自己入睡是我们经历过的最令人沮丧的事情之一。我们对此付出努力并没有错，因为睡眠不足所造成的损失是惊人的。

大量研究已经揭示了睡眠不足造成的各种不健康影响。睡眠质量差的人比睡眠质量好的人要多支付 10%~20% 的医疗费。[19] 睡眠不足还会损害认知功能，比如工作记忆和解决问题的能力，还会导致或加重抑郁、焦虑，变得易怒，这些都会影响人际关系的质量。除了这些后果，因睡眠不足导致的无法正常工作状况会让个人、公司和整个社会付出沉重的代价；以及睡眠不足而导致的糟糕决策也会给他人带来沉重的代价，比如昏昏欲睡的医疗保健者做出糟糕的医疗决策。

对慢性疼痛和抑郁症的 ACT 研究表明，心理灵活性的一种良好副作用就是带来更好的睡眠。[20]ACT 治疗失眠的初步研究取得了良好的效果，但在这一领域，对 ACT 进行大规模、严格控制的科学研究尚未完成。最受支持的治疗方法是失眠认知行为疗法（cognitive behavioral therapy for insomnia），简称 CBTi。大多数患者都应该从接受 CBTi 开始，但同时也要运用灵活性技能。让我解释一下。

CBTi 通常在治疗师系列指导下实施，一般包括 5~8 次治疗。这些治疗侧重于良好的睡眠卫生，如避免吸烟、避免在晚上摄入咖啡因或酒精，或在睡前运动，制作规律的睡眠时间表，只在床上睡觉（严禁在床上阅读、发短信或看电视），严格限制睡醒后躺在床上的时间，这样我们就不会把躺在床上与失眠联系在一起。例如，经常有人建议，如果躺在床上 20 分钟仍不能入睡，就应该起床。治疗还包括重建那些灾难性的想法（例如，“我必须去睡觉，否则我会错过会议、被解雇”，可以将它改成“能睡着更好，但不管怎样，我都能应付”）。治疗师通常还会教授一些放松技巧，并且告诫人们不要总想着很快就入睡。

虽然这种方法对很多人都很有效，但对一些人却是无效的。其中一个原因可能是我们之前考虑过的认知重构问题。在特定方向上改变想法意味着认真对待它们，这时你必须注意它们，评估它们，目的是改变它们。但是，这实际上会加强它们对你大脑的控制，让你异常清醒。

一名患者最初进行 CBTi 治疗效果很好，但后来失眠问题又复发了。为了解决这个问题，研究人员对他进行了 ACT 和改良的 CBTi 联合干预。[21] 他首先接受了 3 次新的 CBTi 治疗，改良后的治疗不允许他对那些让他保持清醒的想法进行认知重组。他还接受了 6 次 ACT 训练。在训练中，他学会接纳这些想法以及由睡眠不足而导致的疲劳感。这包括进行“溪水落叶”练习，把疲劳想象成一个物体，描述它的形状、颜色和大小，以及进行第 9 章中提到的解离练习。他也进行了价值澄清练习，致力于那些他喜欢但一直在逃避的活动，比如夜间阅读（他曾担心这会让他的大脑活跃起来），或与家人周末一起活动（他担心自己会因太疲倦而无法参加）。治疗结束时，他报告说感觉精力充沛，也能很好地应对疲劳，他和家人的关系正在改善。因此，虽然我不建议用 ACT 代替 CBTi，将 ACT 作为首选疗法，但如果 CBTi 治疗效果不够好，就可以尝试添加一些 ACT 方法，而不是进行认知重构。

当我努力入睡时，发现一个基于 ACT 的练习很有帮助，就是第 12 章中讨论的接触当下练习——“开放焦点”的变体。有意识地让你的大脑进入一种广泛而模糊的注意力模式，把这看成一种缓慢、模糊而冷静的正念观察，温和地注意任何引人注目但又不过度感兴趣的心理活动，这对睡眠会有所帮助。只是被动地和你脑海中出现的任何东西在一起，就像你坐在浴缸里“和”热水在一起一样。不要像平常的接触当下练习那样过多地关注你的想法和其他经历，而是温和地注意出现了什么，注意它们之间的空隙，不用对这些感受和空隙做什么。你可以把这看作大脑的暂时失业状态，它没有工作要做。虽然你的身体知道如何睡觉，但问题解决取向的大脑却不知道。让大脑真正停下来，让它确信自己确实没什么事情要做，才有助于让自己进入睡眠。

最后，你还可以查阅一下盖・梅多斯（Guy Meadows）博士的《安睡手册：重获好眠的 5 周课程》（*The Sleep Book*）。他是一位英国心理学家，经营着一家名为“完全 ACT”（All ACT）的睡眠诊所。他开发了一种详细的 ACT 睡眠疗法，《安睡手册》中有详细介绍。

A Liberated Mind

第16章

心理健康

在大众媒体甚至一些研究者的闲谈中，心理健康问题被描述为疾病，就好像抑郁症、强迫症和成瘾可以与癌症、糖尿病相提并论一样。实际上，心理健康问题不是疾病。如果是疾病，它必须有已知的患病原因（病因），通过已知的发展过程（病程）表现出来，并以特定的方式对治疗做出反应。心理健康问题还达不到这些标准。医学界将它们称为综合征，通过症状列表对其进行粗略诊断。如果一个人有列表中一半以上的症状，就说他有心理健康问题。

负责为综合征创建最新名称的精神病学家和心理学家深知这一点。[1]他们的一篇文献指出，将综合征视为疾病，"更有可能使研究结果难以理解，而不是解释得更清楚。"因为这些基于综合征的研究可能"无法成功揭示其潜在病因。为了做到这一点，需要进行未知的范式转变。"我和我的同事都同意这一点，并且一直在尝试朝着以过程为导向的方法转变，[2]以便更好地理解心理健康问题。

人们对心理健康的普遍常识，更多来自医学领域。例如，人们认为心理健康问题和成瘾从根本上说是由基因决定的。现在已经可以绘制完整的基因图谱，我们知道整个基因系统只能解释特定心理健康或成瘾问题的一小部分。环境和行为对心理健康问题有很大的影响。实际上，没有任何一种常见的心理健康问题被发现有明确的生物学标记。

家庭风险研究提供了一个基因和环境如何相互作用的例子。该研究表明抑郁症、焦虑症和物质滥用常常一起出现。如果你父亲和我父亲一样酗酒，那么你不仅容易酗酒，而且容易遭受抑郁和焦虑的困扰。其中部分原因是由基因决定的，神经系统将先前事件与心理痛苦联系起来的容易程度不同。如果你有“易感基因”，就很容易将中性经历和之后的负面事件联系起来。从基因角度来说，你已经做好遭受心理痛苦事件打击的准备。如果你有这种倾向，但生活在一个养育水平高、有安全依恋（牢固而安全的关系）的家庭中，那么一切都会很好。即便发生了坏事，如果你的父母没有经验性回避，也就不会出现问题。但如果是一个在基因上已经做好准备去应对负面事件的人，[3] 加上痛苦或被虐待的经历、缺乏安全感和好的养育，再加上回避和僵化的家族传统，就很容易导致心理健康问题。

大量研究表明，学习心理技能可以显著改善应对心理健康挑战的能力。与药物治疗相比，其长期治疗效果更好，副作用更少。心理健康问题通常以过度行为为特征，这在某些情况下是没问题的。[4] 例如，思考如何从过去的错误中吸取教训并不是一件坏事，但是如果这种模式变成彻底的思维反刍则意味着抑郁。灵活性技能激励我们打破那些不健康的、狭隘的控制性想法和行为，而专注于什么是有效的。这自然会带来更好的平衡，对于有目的的发展也是至关重要的。

如果你遇到了心理健康问题，应该将阅读心理自助图书视为对专业帮助的补充，而不是替代。当你在心理健康问题中挣扎时，获得治疗很重要，然而有太多人未能接受治疗。不幸的是，未接受治疗的主要原因是污名化。研究表明，每年全世界多达 1/5 的人会遇到一种常见的心理健康问题。[5] 多达 1/3 的人在一生中会经历某种形式的心理健康挑战。尽管如此，许多人还是对这一问题持批判性观点。他们将心理问题视为个性缺陷。患有心理疾病的人被贴上无能、危险或无法复原的“残缺”等标签，[6]从而导致在应聘、社交等领域受到歧视。

结果是，有心理问题的人常常隐藏自己的症状，即使对亲人也是如此，且回避治疗。实际上，只有大约1/5的人会寻求专业人士的帮助。[7]这是一个悲剧，他们本可以用科学有效的方法解决自己的问题——换句话说，本可以得到帮助。

污名化也被人们以自责甚至自欺欺人的方式内化。误导性的文化信息，例如“想开点”只会鼓励更多的回避，使情况更糟。ACT可以帮助人们应对污名带来的痛苦，与无效信息解离。

如果你正在寻求专业帮助，那么ACT可以起到辅助作用。专业的治疗师对ACT非常熟悉，你可以就运用ACT作为辅助治疗手段来提升治疗效果与治疗师谈谈。并且你可以通过网络搜索来了解ACT和心理灵活性技能的哪些方面与治疗师所使用的概念及方法是一致的 。

读到这里，你可能会理解为什么ACT对心理问题有帮助：它强化了一种不同的，更具有观察、欣赏和赋能的心智模式，更少批判性和盲目性的心智模式。灵活性技能可以减轻不健康自我信息的影响，并帮助人们接触当下，以开放的心态关注并命名那些我们经历过的糟糕情绪。这为我们专注于真正的价值，并采取行动让它们成为生活的核心奠定了基础。

承诺行动练习将按照以下步骤为你提供帮助，无论是你为自己设定的SMART目标，还是治疗师推荐的目标。ACT也兼容其他心理问题解决方案，比如戒酒互助小组、同伴互助小组或者在线治疗。

将ACT应用于心理问题的一种很好的方法是，首先思考你遇到的内部阻碍是什么，然后列出你一直在尝试使用的应对策略。通常，你会把这些阻碍作为目标，选择工具箱中明显合适的方法进行练习。

所有的灵活性技能都是相互关联的，但是某些技能会在某些情况下特别有用。例如，由于思维反刍在抑郁症中起着重要的作用，因此解离练习对于让你摆脱痛苦特别有用。对于焦虑症，暴露练习是有帮助的，而接纳和价值澄清会让暴露练习效果更好。对于物质滥用，接纳有助于处理由于对成瘾物质的渴望而产生的心理和生理痛苦，以及自我麻痹的痛苦。经验本身能帮助你将更多的精力集中在最有用的技能上，但是最好将它与工具箱中其他工具一起使用，因为这会让你进步更快。下面是有关常见情况的具体指导。

抑郁症

如果你患有抑郁症，可能知道这比较普遍。但你肯定不知道抑郁症的发生率到底有多高。抑郁症是导致残疾的主要原因，全球大约有 3.5 亿人正在与之抗争。[8] 美国 12 岁以上人群中，每 20 人里就有一个抑郁症患者。

短期内，抗抑郁药对重度抑郁症患者很有帮助，但对很多人仍然无效。抗抑郁药对大多数人的影响并不大，长期或大剂量使用才会带来一系列的副作用，包括性功能障碍和复发风险的增加。[9] 研究已经发现，心理治疗在短期内对抑郁症疗效相当，停止治疗后副作用更小，效果更好。研究人员仍在试图弄清楚，对于真正的重度抑郁症，将心理治疗与药物治疗相结合是否更有优势。但对于轻度抑郁症，联合治疗并不会更有效。[10] 目前，心理治疗领域对此还没有定论，在决定采用任何治疗方案之前，尽可能多地检索阅读当前的研究非常重要。

你可能已经接受治疗，或正在考虑采取哪种治疗方法，让我提供一些 ACT 方面的建议。多年来，治疗抑郁症的主要方法是传统的 CBT。许多研究表明，它有良好的疗效。但是，传统 CBT 有效的原因仍然令人困惑。如前所述，许多研究表明 CBT 的好处主要是行为改变，而不仅仅是重构想法。[11] 同时，数十项随机试验评估了 ACT 对抑郁症的影响。到目前为止，研究人员发现 ACT 和 CBT 一样有效。此外，我们也知道它为何有效，[12] 因为它可以增强心理灵活性，使人们更清楚地关注直接目标的变化。

如前所述，思维反刍是导致抑郁的主要原因。ACT 研究发现了其中的部分原因。研究人员研究了遭受过重大经济损失的人，查看思维反刍是否使他们变得沮丧。答案是肯定的，但前提是他们的思维反刍是为了回避糟糕的情绪。[13] 如果你的大脑只是反复地回到经济损失上，而不是尽力回避这种痛苦，那么思维反刍将最终减少，并且不会造成太多伤害（如果有的话）。

假设你经历过重大创伤，例如一位密友自杀。我们都会问自己："为什么没为她做点什么？"或"为什么没打电话给她，问问她过得怎么样？"但是，如果你要摆脱过去这段创伤，避免再次遭受失去的痛苦，那你将无法充分感受对朋友的爱，你也将不太可能向其他朋友寻求支持。你有被"卡住"（我们用它来形容抑郁状态）的风险。

ACT 与 CBT 传统息息相关，因此许多 CBT 治疗师愿意用 ACT 来补充我们已知有效的 CBT 要素，尤其是行为要素。灵活性技能几乎可以与任何经过验证的方法组合使用。抑郁症的最佳治疗方法之一是行为激活法（behavioral activation，BA）。[14] 研究发现，将其与 ACT 结合会有很好的效果。

BA 由已故的尼尔·雅各布森（Neil Jacobson）开发，他是我的好朋友，和我一起做过实习生。他将接纳练习与帮助患者做更多他们关心之事的方法相结合，专注于替代行为。如果某人为了缓解抑郁而睡得很晚，他会建议他采取替代措施，如早起散步。也就是说，通常会经由制订积极的替代行为时间表，帮助来访者实现目标。回避情绪是不被鼓励的。

BA 和 ACT 都认为要想直接改变导致抑郁症的想法是徒劳的，它们都认为应该帮助人们看到回避策略的负面影响。ACT 增加了解离、自我和接触当下的练习，并强调行为应该为有价值的生活服务。这些技能可以帮助人们致力于采取替代行为。如果你正在接受 BA 治疗，可以与你的医生讨论如何在其中添加 ACT 练习。

由于尼尔是 ACT 的早期支持者之一，因此在结束本节内容之前我要简要地介绍一下他。尼尔曾打电话告诉我，他的第二个 BA 大型研究即将结束，结果显示 BA 比传统的 CBT 效果更好。他说应该将我早期的 ACT 方法与 BA，以及其他近期开发的新 CBT 方法结合起来，进行一次"语境革命"。我激动地表示赞同，立即预订了飞往西雅图的飞机，计划和他共同发起这场"革命"。

就在我准备飞往西雅图的前几天，尼尔不幸因心脏病去世。最终，我独自宣布 CBT 第三波浪潮（ACT 是诸多方法中最重要的一个）的到来。如果这位科学勇士仍然活着，CBT 第三波浪潮肯定会大大受益！

焦虑症

每年全球约有 12% 的人会遇到各种形式的焦虑挑战，而多达 30% 的人在其一生中会罹患焦虑症。[15] 好消息是，研究表明 ACT 对不同类型的焦虑症都非常有效。我将在这里介绍一些相关研究成果，并重点介绍一些调整 ACT 以应对焦虑症的具体准则。

焦虑症和抑郁症的标准治疗方法都是 CBT，而在许多研究中 ACT 对焦虑症的疗效已被证明与 CBT 相当，或者更有效。加州大学洛杉矶分校的研究团队进行了一项出色的研究。该研究由心理学教授米歇尔·克拉斯克（Michelle Craske）担任督导，她是世界上最好的 CBT 研究者之一。参与者分为两组，分别接受为时 12 小时基于 ACT 或 CBT 的个人咨询，每周一次。在咨询结束时，两组都表现出了很大的进步，但在 12 个月后的随访中，ACT 组参与者表现出了更大的进步。[16] 他们的生活在不断改善，回避行为和消极想法明显减少。研究发现，解离和接纳技能是这些差异的主要原因。

ACT 领域已经发展出一些针对焦虑量身定制的灵活方法。这些方法涉及一个人如何暴露于焦虑的触发因素中。这也是恐怖症、社交恐惧症和强迫症传统治疗方法的主要组成部分。ACT 治疗师明白，与其开始时就进行暴露，不如从练习解离和接纳技能，做好价值澄清工作开始，然后再进行暴露。例如，在一项干预效果较好的研究中，在 12 次咨询中的第 6 次才进行暴露练习。前 5 次咨询完全专注于灵活性技能。这样一来，参与者就可以在面对暴露的不适时从 ACT 学习中受益。解离和接纳有助于处理糟糕的想法和感受。一些研究表明，如果活动对人们有意义，则更容易进行暴露。假设你有社交恐惧症，有些治疗师会建议你参加鸡尾酒派对。但你可能对这种社交活动不感兴趣。取而代之的是，你可以使用价值澄清工作来确定你一直在回避却真正想做的事情。也许你真正想做的是参加健身班。

对传统暴露疗法的另一项改进是，要求来访者从相对容易处理的活动开始，逐步转向最具挑战性的活动。ACT 并不会特别重视活动引起的不适感。ACT 的方法是你可以自由选择自己喜欢的活动，因为这些活动无论是简单的还是具有挑战性的，对你来说都很有价值。

如果你发现自己还没有为暴露练习做好充分准备，那你必须停下来，否则很可能导致惊恐发作，这时绝对不要让"内在独裁者"惩罚你（比如自我指责、自我批评）。摆脱焦虑不可避免地会经历一段艰难旅程。自从 27 年前最后一次惊恐发作以来，我有时仍会感到很焦虑。但是当焦虑向我袭来时，我就运用灵活性技能，帮助自己继续进行能引起焦虑的活动，例如在很多人面前演讲。老实说，写这本书就是一个例子。或许它非常成功，谁知道呢？也许奥普拉[㊀]（Oprah）会打电话给我，约我上她的节目。

哈哈！

我发现在常规练习中，一项很有帮助的练习是我之前提到的反向指南针技术。当时我举了个例子，如果离开洗手间时有强迫性清洁的想法，我就会给自己一个任务——用手在脸上摸一摸。要将这种方法应用到你自己的焦虑中，请列出你回避的可能引起焦虑的所有活动，然后逐一剔除。例如，你注意到你的大脑告诉你，这些事情都太可怕了：坐过山车、上舞蹈课、独自旅行、同意与教会团体交谈、在卡拉 OK 歌厅唱歌、索道滑行、告诉朋友他们对你有多重要，或任何其他一百件这样的事情。每周尝试至少做一件清单中新的能引起你焦虑的事情。在练习过程中，注意提升你的正念技能，这包括接触当下、接纳、解离和自我技能。

我学会了永远不要对焦虑和生活说不。我希望并祈祷，即使奥普拉真的给我打电话，我也会坚定地和自己站在一起，感受自己的焦虑！

㊀ 奥普拉，著名脱口秀节目《奥普拉脱口秀》主持人，号称美国脱口秀女王。《奥普拉脱口秀》是美国历史上收视率最高的脱口秀节目，也是美国历史上播映时间最长的日间电视脱口秀节目。——译者注

物质滥用

从物质滥用和成瘾中康复有很多方法，无论是十二步治疗法、住院治疗、个人咨询、使用兴奋剂和拮抗剂（例如用于治疗阿片类药物成瘾的美沙酮）、动机访谈、权变管理，还是其他任何方法，灵活性技能都能对它们有所补充。对照研究已证实，ACT 训练可以提高治疗过程中和治疗后的戒断效果。对许多遇到问题的人来说，一个巨大的阻碍是缺乏主动寻求帮助的动力，而灵活性技能恰好有助于促使当事人主动寻求治疗。

我们最早针对物质滥用进行的一项大型 ACT 研究，评估了将灵活性技能与美沙酮治疗相结合对阿片类药物成瘾者的作用。6 个月后，根据尿检进行效果评估，ACT 联合治疗组中有 50% 的人不再使用成瘾类药物，而仅接受美沙酮和标准药物治疗组的比例为 12%。

在以后的几年中，又有 10 多项相同主题的高质量研究发表。[17] 这些研究表明，ACT 对许多类型的物质滥用都有帮助。我们已经明白其中的原因。一方面，物质滥用通常是出于回避动机。尽管有些人刚开始使用这些物质只是出于好奇，或者因为身边的朋友都在使用，但仍有很多人是被成瘾物质或过量饮酒所吸引，因为他们试图在面对糟糕想法和感受时麻痹自己（无论他们是否充分意识到这一点）。ACT 训练强调接纳的力量和回避造成的伤害，有助于削弱成瘾物质的吸引力。我编了一个自己很喜欢的金句："ACT 让我们享受成瘾的乐趣！"是的，这是个玩笑，但内涵是严肃的。只有在你不知道自己处于回避状态时，回避才 100% 真正有效。当知道自己将成瘾物质用于回避时，你就有机会选择其他方向。当然，这一过程具有挑战性。

康复过程既包括成瘾物质戒断带来的身体挑战，也包括放弃根深蒂固的习惯带来的心理挑战。此外，物质滥用很容易让当事人遭受污名化影响。这种污名感的内化是不良后果的有力预测因素。心理僵化使这种污名感内化得更深，[18] 但是学习心理灵活性技能可以缓解这一问题。

接纳技术有助于应对退缩带来的身心痛苦。身体和大脑会以许多方式抵制人们为停止物质滥用而付出的努力，这是治疗过程中会遇到的最有挑战性的问题。对成瘾物质的渴望以及其他戒断反应通常会导致复发。接纳可以帮助你保持戒断，打破负面的反馈循环。[19]

ACT 技能还可以帮助人们超越物质使用的强迫性想法，并抑制深度嵌入其中的心理触发因素的影响。回想一下，关系框架理论（RFT）解释了密集关系网络在脑海中固定下来，嵌入其中的想法随时可能被触发。神经科学中关于成瘾的研究表明正是这一过程在发挥作用。与物质使用相关的各种线索都会触发使用成瘾物质的想法。有些很明显，例如看到啤酒广告或闻到大麻味，但有些则完全超出了我们的意识范围。

治疗师都知道这一点，因此大多数物质滥用治疗计划的一个标准组成部分是避免触发因素。问题在于，控制自己与触发因素接触的程度是有限的，因为大脑中的关系网络很复杂。例如，在我们的脑海中，一个不常见的亲戚可能有酒精滥用，因为见到他时他总在喝酒。也许我们听到有人说了这个亲戚曾经说过的话，大脑就会立即想到饮酒。甚至戒断努力在脑海里也会触发物质滥用，就像注意到自己有“我很冷静、很放松”的想法就会引发焦虑一样。同样，使用这些成瘾物质的想法也会引发与实际使用类似的身体反应，尽管这种身体反应较为温和。例如曾经使用过可卡因的人在看视频中的人使用可卡因时，大脑就会释放多巴胺，和他们自己使用可卡因时大脑会释放多巴胺一样多。[20]

ACT 为我们指明了另一条前进的道路：减少触发因素的影响。消除所有潜意识的暗示和渴望是不切实际的，但是培养灵活性技能会在头脑中创造空间，让那些我们不想要的想法和冲动在这个空间里来去自由，逐渐减小它们的影响，而不必强迫我们对之采取行动。我的一个朋友、同事，已故的酒精中毒研究者艾伦·马拉特（Alan Marlatt）将之称为“在欲望中冲浪”。

那些与物质滥用做斗争的人经常出现消极有害的自我对话，对自己造成负面影响，而学习 ACT 能消除这些自我对话。强烈的自责会加剧上瘾带来的痛苦，进一步助长使用相关物质的冲动。复发后的自我指责会让人更难以接受。此外，羞耻感带来的痛苦和耻辱是寻求帮助的巨大障碍。所以很多人会拒绝治疗，直到问题变得严重或到了无可挽回的境地。学会远离羞耻感和自我责备的内在声音，重新把自己看作一个完整的人，而不仅仅是各种成瘾行为的总和，这就为自我慈悲创造了空间。

价值澄清的作用在于让人们与他们渴望的生活重新建立联结。使用相关物质的一大诱惑是能使人们的痛苦得到短暂缓解，但是价值澄清能够使人们超越这种诱惑，并承诺改变行为。

最后，物质滥用常伴随其他心理健康问题（例如抑郁症和焦虑症）共同出现，而 ACT 对此也很有帮助。物质滥用与心境障碍的联系如此紧密，以致患有心境障碍的人滥用成瘾物质的概率是其他人的两倍。[21] 如果缺乏心理灵活性，这种关系就会更加明显。

如果你因为物质滥用正在接受治疗或想要进行治疗，我强烈建议你将 ACT 作为正式治疗的补充。的确，ACT 在很大程度上赞同由戒酒互助小组推广并被许多治疗机构采纳的十二步治疗法。十二步治疗法与 ACT 一样，都强调接纳我们无法改变的事物，并通过承诺具体的行动使自己的生活与价值保持一致。著名的宁静祷文在被小幅修改后也被纳入了戒酒互助小组的疗法体系中，它要求接纳我们无法改变的事物，勇于改变可以改变的事物——我们的行为和影响我们的环境，并且对二者的差异有清醒的认识。ACT 可以科学地帮助我们区分二者的差异。

对于那些正在接受治疗的物质滥用者，我们将 ACT 训练专门用于处理他们的羞耻感，[22] 与标准的十二步治疗法比较，ACT 训练增强了住院治疗效果。更重要的是，尽管最初两组被试都取得了可观的进步，但在后续追踪研究中 ACT 组被试在不断进步，比仅采用十二步治疗法的被试做得更好。

因为 ACT 是循证的，所以将其与传统十二步治疗法结合起来也可以解决戒酒互助小组面临的问题：有人认为它是不科学的。此外，对于那些被十二步治疗法吸引但又因其某些特征而放弃的人，我的学生凯利·威尔逊根据自己摆脱海洛因成瘾的经历，完全从 ACT 视角编写了《了解差异的智慧》（*The Wisdom to Know the Difference*）一书，引导读者完成十二步治疗法。

最基本的结论是，无论你或你所爱的人以前或现在采取什么方法来对抗物质滥用，培养心理灵活性技能都会对你们有所帮助。

要开始培养心理灵活性技能这个过程，我建议把重点放在价值澄清上，并在你学习其他技能的同时定期回顾价值工作。这是因为当一个人清楚地看到物质滥用是如何阻碍他按照自己真正的价值和人生抱负生活时，价值澄清就会成为在痛苦煎熬中坚持下去的强大动力。

凯利·威尔逊将 ACT 对成瘾的处理提炼为一个问题：当发现自己正远离想要的生活时，你会接纳悲伤和甜蜜，轻轻抱持关于可能性的故事，并成为有意义、有目标生活的创造者，带着善良回到你想要的生活中吗？[23] 走出成瘾，是一段勇敢的旅程，是一段英雄的旅程。这个问题就像一张地图，教你在每个选择点选择正确的道路。

进食障碍

关于进食障碍（eating disorders，EDs），首先要说明的是其中一些极其严重的疾病。一旦发现患病的迹象，就应该立即寻求专业治疗。EDs 是最难治疗的心理健康问题之一，有很高的失败率。即便在最初成功治疗后，也有很高的复发率。虽然 EDs 通常被认为是女性容易得的疾病，即女性比男性更常见，但男性的 EDs 诊断率一直在上升。在美国，大约有 2000 万女性和 1000 万男性会在他们的一生中经历一次 EDs。[24] 在 21 世纪的头 10 年，诊断出 EDs 的男性增加了 66%。就像所有的心理健康问题一样，其原因很复杂，目前仍然没有被很好地认识。因为这广泛地涉及遗传、神经生物、心理和社会因素。

可以肯定的一点是，EDs 患者的消极情绪回避率相对较高。至少在一定程度上，节食、暴食和自我催吐的动机是被回避糟糕的想法和感受（无论是关于身体意象还是其他生活问题，如对亲密关系或失败的恐惧）所激发的。[25] 患有 EDs 的人经常将思维抑制作为经验性回避的一种方式。他们越是这样做，症状就会越严重。这有助于解释为什么许多患有 EDs 的人同时也在应对抑郁和焦虑。这两种情绪都可以通过回避来很好地预测。人们还发现，思维反刍对 EDs 的发展和持续有着重要的影响。这种思维反刍表现为对身体意象的消极自我对话，以及对饮食和体重的强迫性想法。ACT 对于处理所有这些因素都很有帮助。

治疗中最困难的一个情况是 EDs 患者经常对接受治疗感到矛盾，或者完全反对。ACT 价值澄清工作可以帮助他们看到自己在控制体重的过程中是如何毁掉其他生活愿望的。然后让他们做出真正的承诺，按照自己的价值重新调整生活。

EDs 的另外一个主要特征是对自己制定的饮食规则极度遵守。相当多的 EDs 患者也在与强迫症做斗争。解离可以帮助他们打破那些规则的束缚。自我技能可以帮助 EDs 患者找到一个安全的精神世界，即使他们觉得：我太胖或者我的身体很恶心。观察性自我给 EDs 患者一种自我的完整感。

ACT 还有助于缓解焦虑，这是 EDs 患者的常见问题。精神科医生埃米特·毕晓普（Emmett Bishop）开发了一种基于 ACT 的进食障碍治疗方案。他向我解释说，EDs 很难治疗，部分原因是限制饮食让人们从折磨自己的负面情绪中得到显著缓解。焦虑是这种混乱的核心。研究表明，大约 2/3 的 EDs 患者也患有焦虑症。[26] 埃米特说，EDs 患者已经完全适应了经验性回避。他把他的治疗方案与抗焦虑药进行了比较，发现 ACT 可以帮助人们“走出对经验性回避的适应，并应对由此产生的焦虑”。他说：“我们的病人迷失在焦虑中。”灵活性训练可以帮助他们在头脑中建立具有一致性的健康观，让他们专注于自己的价值，而不是时刻关注是否严格遵循精心制订的饮食计划。

CBT 仍然是进食障碍心理治疗的黄金标准。所以，最明智的做法也许是用 ACT 技术来支持传统的 CBT 方法。一项研究就是这样做的。这是一个互联网项目，将 CBT 和 ACT 结合起来。CBT 侧重于早期改变和稳定健康的饮食模式，注意患者对体型和体重的过度评价，并致力于处理糟糕的人际关系和完美主义等核心问题。ACT 的价值工作被用来激励改变，[27] 接纳、正念被用来帮助放下完美主义和僵化的思维。研究发现，参加该互联网项目的人中有近 40% 得到了帮助，而对照组只有 7% 有明显效果。

2013 年，伦弗鲁中心（Renfrew Center）的一项研究也对 EDs 治疗方案中增加 ACT 训练的效果进行了评估。一组 EDs 患者接受了该中心的标准治疗，包括定期称重、接触令人恶心的食物，以及饮食习惯正常化等常规方法。另一组患者在接受标准治疗的同时，还参加了 8 次晚间小组训练。每次训练都包含一些 ACT 技能的指导。参加过至少 3 次培训的人就被认为完成了训练，因为有的人无法全程参与晚间培训。尽管如此，研究表明那些接受过 ACT 训练的人对自己体重的担忧明显减少了，摄入的食物也更多了——几乎是非 ACT 训练组的 2 倍。在 6 个月后的随访中，ACT 训练组中再次住院治疗的人数也更少。

这些成功案例已经使美国许多 EDs 治疗项目将 ACT 作为主要方法。埃米特·毕晓普的项目就是一个例子。他创建了“饮食康复中心”（Eating Recovery Center），在美国许多州设有分部。我喜欢埃米特的项目的一个原因是，他仔细收集了所有患者的数据，并定期公布。这种做法既罕见又可贵。他近期公布了 600 名患者的数据，发现大约 60% 的患者在主要基于 ACT 的治疗方案帮助下得到了显著改善。[28] 我们可以从患者心理灵活性的提升看到这一点。

埃米特使用的饮食心理灵活性测量方法，是在我和学生杰森·利利斯（Jason Lillis）多年前发表的一篇论文基础上修改而成的。它要求人们对以下陈述进行评分：

- 为了过上我想要的生活，需要对外貌感觉更好。
- 别人让我难以接纳自己。
- 如果我觉得自己没有吸引力，那么努力获得亲密关系就没有意义。
- 如果我体重增加了，那就意味着很失败。
- 我的食欲好像完全控制了我。
- 我需要摆脱想吃更好食物的欲望。
- 如果我吃不好，一整天都会无精打采。
- 我的体型让自己感到羞愧。
- 如果在某些场合人们会评价我，我就会躲开这样的社交场合。

当我让埃米特总结他与成千上万 EDs 患者工作获得的智慧时，他的结论引起了我的共鸣：“不要陷入当前的焦虑无法自拔，而要确定你生活中最重要的价值，并以开放、好奇、灵活的方式追随它。”每个人都能从这个建议中受益，如果你或你所爱的人患有 EDs，我希望它能指明治愈之路。

精神病性障碍

我不希望这一章结束时竟然没有提到精神病性障碍。已故的阿尔伯特·埃利斯是我的好友，也是理性情绪行为疗法（rational emotive behavior therapy，REBT）的创始人。他喜欢 ACT，但有一次当着我的面说："史蒂文，ACT 是为——书呆子们准备的。"（如果你认识他，你就会知道破折号部分是他常说的脏话。）我问他为什么这么说，他说，比如它对有幻觉或妄想的人永远不起作用。

我们立即着手做了一项相关研究。

如果你看过关于诺贝尔奖获得者数学家约翰·纳什（John Nash）的电影《美丽心灵》，那么你基本上已经看到了我们试图教授的内容。在电影中，纳什陷入了自己的幻想之中，继续下去他会失去家庭和学术工作。然而，他学会了从心理上与自己的症状保持距离，而不是与它们斗争或顺从它们。这种距离让他更多地关注自己真正关心的事情（他的家庭和工作）。这是 ACT 应对精神病性障碍的核心理念。

我们现在知道，即使是 3~4 个小时的 ACT 训练，也能显著减少第二年的再次住院率。[29] 原因是：它改变了幻觉和妄想对一个人的影响。培养心理灵活性会减少精神病性障碍带来的痛苦，让人们更少相信幻觉是真实的，并降低它们对行为的影响。通常，在精神崩溃后出现的抑郁也会减少。ACT 在精神病性障碍领域的应用性研究开展的时间还不够长，但随着世界范围内对 ACT 研究和应用的推广，此方面的研究工作正在有序开展。

我不同意我这位已故朋友的看法。心理灵活性过程不仅仅是为书呆子准备的，还是为我们所有人准备的，不管我们正在与什么做斗争，也不管问题有多严重。精神病性障碍患者会经历强烈的污名化。他们往往被认为患有脑部疾病或有基因缺陷，这使他们看起来极其"另类"。真实情况并非如此。与所有的心理问题一样，我们还不知道人们为什么会产生这些幻觉和妄想，但（比如说）幻听本身并不会比慢性疼痛、焦虑或丧失亲人的痛苦更严重。人就是人，单纯而简单。越来越多的研究表明，心理僵化会带来很多影响，甚至会导致幻觉和妄想的出现。那些幻听的人或处理这些经历的人，都不是“他人”，而是内部因素导致了严重的心理健康问题。心理健康不是“外部”问题，而是“内部”问题。希望随着时间的推移，我们都能将ACT教给我们的慈悲心带给那些面临最深刻挑战的人，让他们能够直面自己的心理斗争。

A Liberated Mind

第17章

培育关系

当要求来访者或者工作坊参与者仔细思考他们的价值时，我会看到人际关系的重要性。我们与恋人、配偶、子女、父母、朋友以及同事的关系对我们的幸福至关重要。我们知道这一点，而且我们的价值也证明了这一点。

我们生来就要与他人建立联系。仅仅是注视着你所关心的人的眼睛，你的大脑就会释放出天然的阿片类物质，就好像你的神经生物系统在说："这种联系对你有好处。"但是，健康的关系也需要精心培养。以开放和诚实的方式分享你所关心的内容、你的想法和感受，能让你与他人更亲近。当他人和你分享时，你能够专心地、以开放的态度倾听，而不是评判或防御。然而，我们经常发现自己对关心的人隐藏了真实的想法和感受，就像他们对我们所做的一样。

想一想在浪漫的恋爱关系中，愤怒或攻击的相处方式很容易导致关系的破裂，而不仅仅是失去冷静和引发冲突。我们可能会担心：如果告诉对方我们对他们做过或没做过的事情感到生气或受伤，对方就会大发雷霆。或者我们可能不想显得自己脆弱，或者担心伴侣会防御性地疏远我们。

这是可以理解的。请记住这个关于关系的简单公式：在一个安全的氛围中，亲密 = 共享价值 + 共享弱点。心理灵活性使我们在生气或受伤时也能专注于培养亲密关系，帮助我们克服任何亲密关系中都不可避免的压力。

当工程师们想要建造抗震房屋时，他们会给地基增加灵活性。与此相同，灵活性技能为我们的人际关系提供了坚实的基础。它们不仅帮助我们更好地应对人际关系中的糟糕想法和感受，而且能帮助我们更好地应对我们所关心的人的想法和感受，以及他们令我们不安的行为。这些技能同样有助于我们培养亲人的灵活性。

为什么心理灵活性技能如此有用？

我们大脑中经常会出现关于他人以及他们如何对待我们的无用的想法和感受，而解离能够帮助我们退后一步，与这些无用的想法和感受保持距离，并让我们有意识地拒绝可能引发的消极行为，如勃然大怒。人们欣赏这种宽容，因为它往往会激励人们少些消极的、被动的反应。这为充满体贴和关怀的沟通打开了心灵空间，[1] 而不会导致关系的终止。

对概念化自我的迷恋造成了我们和他人之间的隔阂。我们经常会在不经意间给家人和朋友施加压力，让他们支持我们的自我意象。但是他们很了解我们，可以看到这种自我意象被扭曲了。与观察性自我相联系会削弱这种倾向，帮助我们把完整、真实的自我带入关系中，并认识到他人的完整性。

接纳帮助我们诚实地面对人际关系中的痛苦，这反过来也能让我们清楚地向他人表达这种痛苦，[2] 而不是掩盖它们，或以无用的方式表现出来，比如以退出关系为威胁来消除痛苦。当然，我们有时也会出于安全或自我慈悲而从某种关系中退出，比如从受虐的关系中退出。但接纳退出某种关系所带来的痛苦对我们也会有所帮助。

接触当下让我们不再去想过去的错误，也不再想未来的痛苦和失望。相反，它帮助我们专注于当下潜在的联系和健康的依恋。[3] 身边的人会明白我们这是在充分利用当下的机会，这会鼓励他们也重视接触当下。

价值澄清工作帮助我们重新认识到了人际关系的重要性，并在共同的价值基础上建立关系。当然，我们也可以视情况而定，接纳某些价值上的差异。研究表明，自我选择价值的能力与和他人保持健康关系的能力是相关的，这可能是因为当我们能做出选择，而不是感到无法控制时，拥有并实现自己对人际关系和归属的渴望会变得更容易。

当然，关心别人不仅仅是一个感情问题，还需要我们用实际行动培养关系，[4] 比如发起必要的对话或承诺在行为方面做出建设性的改变。承诺行动练习有助于实践那些可能比较困难的行动，[5] 比如原谅、放下冲突，以积极、持续和周到的方式做一些饱含爱意的小事。

在人际关系中运用心理灵活性技能，不仅要将其引导到我们自己的行为、想法和感受中，还意味着将其应用到他人的行为、想法和感受中。想一想解离。到目前为止，本书主要集中在与我们自己的苛刻想法保持距离方面。然而，我们也可以利用解离让我们在对他人的苛刻评判中后退一步。这可以让我们展示出更多的理解和善意。他人会感受到我们释放的善意，而这反过来又给了他们更多的空间，让他们降低了自我防御，能更开放地审视自己的想法和行为。当他人苛刻地评判我们时，我们倾向于将这些评判内化，然后强加给自己。但是现在我们可以利用解离与这种评判保持距离，这让我们在与他人的互动中减少了防御。

在学习自我技能时，我们已经知道大脑中那些关于自我的故事本质上没什么作用。我们当然可以把这些经验应用于人际关系，明白大脑中涌现的关于他人的故事也是虚构的。我们甚至都没有和他们沟通，就对他们的想法、感受以及他们的行为做出种种假设。如果别人也对我们做同样的事情，你肯定讨厌他们这样做。

为了防止这样的行为，我们可以使用第 10 章中“我 / 这里 / 现在”换位思考练习，来加深对他人人格特质的认识，并思考如何解释他们的行为。要设身处地，从他人的角度看问题。

将接纳应用于社会关系中就是同情他人，即便他们曾给我们带来痛苦。承认他们能感受到自己的痛苦，我们就不会睚眦必报，也不会终止关系。社会关系中的接纳，还包括愿意与他们分享他们带给我们的痛苦，尽管我们对此会有所担心。很多时候，我们以为他们知道给我们带来了痛苦。但事实上，他们可能根本没有意识到。以非指责的方式分享它可能很困难，但这样做也能带来关系上的突破。价值澄清工作的延伸包括与他人分享我们的价值并了解他们的价值，以尊重的方式与他们讨论价值，而不是设想他们的价值是什么。我们相互欣赏对方的生活愿望，并学习如何帮助对方实现这些愿望。

承诺行动的延伸可以是与他人合作寻找更有效的解决问题的方法，寻找共同追求的目标。在人际关系中，挫败和怨恨的主要来源是：我们往往想要改变对方的行为，特别是那些会让我们恼火、会伤害我们的行为。对方则是抵制这种改变，这导致我们更加恼怒。当我们基于共同的价值和弱点与他人建立联系时，设定 SMART 目标，并达成对双方都有利的妥协，将更加容易。

你可以将本书第二部分中的大部分练习应用到任何你想培育的关系上。比如你对配偶非常不满，对他（她）产生了消极想法。为了让你与这些想法解离，你可以把它们写下来，然后针对它们进行第 9 章中的“把想法看作一个物体”练习。在这个练习中，你要问一些问题，比如如果怨恨是有形状的，它会是什么形状；如果它有速度，它跑得有多快。你也可以把想法写在卡片上，随身携带，将它们用于你能想到的最有帮助的解离练习中。

如果你在大脑中虚构了一个你配偶完全不体谅人的故事，可以将“重写你的故事”这一练习运用到你配偶的故事中。回顾一下第二部分的内容，你会发现使用这些练习来处理人际关系是相对容易的。事实上，很多学习心理灵活性技能的人都很自然地采用了这些方法。

帮助他人培养心理灵活性

将灵活性技能延伸到我们所关心的人的另一个路径是使用这些技巧来帮助他们发展出自己的灵活性。当我们知道灵活性技能的价值时，会希望我们关心的人也能有更多的自我接纳，更少纠结于痛苦的想法和感受，更有能力做出必要的行为改变，并因此而获益。我们可以在此方面给予他们帮助，但重要的是以心理灵活的方式进行。

假设一位有 ACT 基础的母亲想要培养她十几岁女儿的接纳能力。她看到女儿被青春期很常见的社交恐惧所困扰，并通过远离她喜欢的朋友和活动来回避这种恐惧。母亲会对女儿说："你需要学会接纳自己的感受。""你不需要如此害怕恐惧。它不会伤害你，去感受它！"

她的想法是值得称赞的，但这些陈述可能没有多大的帮助。退一步看，你会发现这位妈妈善意的建议很可能会被认为是评判性的。这不足为奇，她在对女儿发号施令。

这是个坏主意。

如果我们要加强接纳，需要以一种接纳的、非评判的，并基于价值的方式进行。有一个公式可以确保我们这样做：

> 激发，示范，强化它。由内，而外，拥有它！（**I**nstigate, **M**odel, and **R**einforce it, **F**rom, **T**oward and **W**ith **I**t!）

我喜欢这个公式，不仅仅是因为它非常有用，我也喜欢它的缩写：I'm RFT With It!（关系框架理论伴随着它！）

（我忍不住……露出了得意的微笑。）

从本质上说，这意味着为了帮助他人建立灵活性，我们应该激发（instigate）一种开放、觉察、基于价值的方式来与他们互动，在看到他们挣扎时示范（model）灵活性技能，并为他们迈向灵活性的试探性行动提供积极强化（reinforcement）。我们从（from）内部开始，致力于（toward）他们灵活性的发展，并在此过程中最终拥有（with）灵活性技能。

如何帮助这位有 ACT 觉知的母亲？以下是她需要考虑的一系列问题。

- 如果看到孩子痛苦挣扎，你也很痛苦，你能从接纳和分享这个事实开始吗？

这本身就具有激励性，这会让她的女儿以一种开放和好奇的方式，注意到自己的痛苦。

- 你能问她一些关于感受的开放性问题吗？不要着急去“帮助”或“改变”她，只是以开放和好奇的态度倾听她？
- 你能否在讨论这个问题时不再暗示：女儿的任务是把你从痛苦中解救出来，或者她必须为你的痛苦而自责？你能向她表明你的情绪比较稳定吗？例如，就算眼含泪水，你也能保持情绪稳定。
- 你能告诉她：在她痛苦时，不管有多困难，你都会陪在她身边吗？

所有这些都是在示范，在这种情况下，就是通过让女儿感受自己的情绪来学习接纳技巧。

实际的对话可以这样进行：

妈妈：看到你在社交恐惧中挣扎受苦，太令人伤心了，就像一支箭刺穿了我的心脏。我也经历过非常相似的情况，我记得当时我是多么无助和绝望，就好像我做得多么不好一样。那时我相信只有接受心理辅导，别人才会愿意和我交朋友。你现在所经历的是不是也像这样？

女儿：去任何地方都很艰难，生活一片黑暗。

妈妈：我明白这种感受。你愿意让我多了解一点具体情况吗？也许只是一点点？我并不想改变什么，我只想看看你的内心世界。你的感受对我很重要。当这些恐惧出现时，会是什么样子呢？

如果女儿真的敞开心扉分享了自己的感受，母亲应该利用这一时刻加深她们之间的联系。例如，如果女儿说她担心恐惧会压垮她。

母亲可以这样回答：

> 谢谢你和我分享这些，谢谢你对我的信任。当我知道你的感受时，我觉得离你更近了。你很难完全真实地表达这些感受，我也无法完全站在你的角度来理解你的感受。

你越多地使用这种方法帮助他们培养自己的灵活性，这个过程就会变得越自然。这是一种加强人际关系纽带的强大方式，它能创造更多的人际灵活性，是一种相互强化的好方法。

除了这些将灵活性技能应用于人际关系的一般指导，一些应用于特殊关系的灵活性技能也很重要。接下来，我先讨论养育子女的话题，然后讨论一些关于恋爱关系的话题，以及虐待问题，最后我会讨论如何用 ACT 来处理偏见。

我的目的并不是为这些领域的健康关系制定详细的方案。这些讨论是为了打开一扇门，让你从 ACT 的视角洞察。如果你正为糟糕的人际关系而苦恼，我建议你向专业人士寻求帮助。常见且容易与 ACT 相结合的关系治疗方法包括情绪聚焦治疗（emotion focused therapy，EFT）、高特曼法（Gottman Method）和整合行为夫妻治疗（integrated behavioral couples therapy）。

养育子女

做父母真难。

这我是知道的。等到我最小的孩子小史蒂文离家去上大学，[6] 我将连续 55 年养育发育期的孩子（请注意，这肯定能载入吉尼斯世界纪录了）。

养育子女涉及非常复杂的情感。就像母亲想要帮助深陷社交恐惧的女儿一样，不忍心看着孩子受苦、被拒绝、犯错、跌跌撞撞、摔倒。如果能看着他们克服障碍，勇往直前，有勇气成为更全面的人，找到自己的使命感，这是一件很棒的事情。

研究人员发现，缺少心理灵活性会让我们很难以健康的方式与孩子互动，[7] 尤其是当我们感到脆弱或压力很大的时候。相反，具有心理灵活性的父母更有能力学习良好的育儿技能，并在需要时加以运用。

养育子女最棘手的一个方面是，我们通过不断地激发、示范和强化，塑造了孩子的灵活性，当然也可能是塑造了他们的心理僵化。我们无法避免这种影响。当孩子们看到父母的灵活性或心理僵化时，他们就会把它内化。

这很重要。

父母的心理僵化在很大程度上可以预测孩子的焦虑、行为表现，以及如果发生了糟糕的事情，他们是否会遭受实际的创伤。例如，如果附近发生了校园枪击事件，或者有一场毁灭性的暴风雨席卷整个城镇，你可以预测哪些孩子在这些事件后状态特别糟糕。不是那些特别焦虑的孩子，而是那些父母心理僵化程度特别高的孩子。[8]

澳大利亚的 ACT 研究人员对 750 名儿童和他们的父母进行了从初中到高中为期 6 年的追踪研究。[9]那些以严格和权威的方式养育子女的父母，他们的温和性或情感敏感度都很低，控制性更强。在研究过程中，其子女的心理灵活性呈下降趋势。更糟糕的是，随着孩子的心理灵活性越来越差，父母往往会变得更加专制，从而陷入一个地狱般的恶性循环。

当然，在养育子女时，保持较高的心理灵活性是很困难的。作为父母，我们必须为孩子制定一些规则，同时又不能过于严格。父母需要保持一种微妙的平衡。毕竟，制定规则是为了保护他们，帮助他们成为有责任心、有爱心、有能力的人。当他们无视规则时，我们会觉得这很可怕，也因此而愤怒。

为人父母的灵活性就是要支持孩子的自主和自由，让他们自己探索并选择自己的价值。同时也要设定适合他们年龄的限制，并以一致和合理的方式监督与教育他们。这就是教育专家所说的“权威型教养方式”。这个术语指出了养育孩子的另一个棘手问题，即孩子们总是把我们当成权威。

当孩子还小时，他们希望从父母那里获得关于生活的所有答案（当然，他们很快就会因为长大而不再抱有这样的期望）。我们常扮演无所不知的顾问角色，而没有让孩子意识到生活中的许多问题并没有“正确”的答案。这意味着他们在寻找自己的答案时将不可避免地面临挑战。支持他们，让他们有能力面对这些挑战会很困难。我几乎每天都会问我 12 岁的儿子：“你今天做过什么很难的事？”我想让他思考一下自己在面对困难时会用哪些技巧。

让我用家长可能面临的最具挑战性的问题来举例，说明 ACT 技能如何提供帮助。这是我养育所有孩子时都遇到过的问题。

我的 4 个孩子在 8~14 岁时都曾和我分享他们有过一些自杀的想法。每个人都以自己的方式问我，如果你无论如何都会死去，那活着是为了什么？作为一名心理学家，我知道这种想法很常见。即便在儿童和青少年中也如此——大多数高中生都有过自杀的想法，[10] 但实际上并没有尝试过。这些想法很容易让孩子认为自己是孤独的、独特的、与众不同的。ACT 认为，自杀的想法反映了当事人试图解决"内心世界感受很糟糕"这个问题。为了解决这一问题甚至想要自我了断。自杀的想法并不意味着人们情绪崩溃到了无可挽救的地步，而是告诉我们需要超越解决问题的思维模式，学习如何带着情绪困扰去生活。

儿子查理问了我一个关于生命意义的问题。他的提问方式是我所有孩子中最具挑衅性的。他几乎是在要求我证明生活并非空虚和毫无意义。（他的语气好像在说："如果你做不到，那我为什么不自杀呢？"）

我知道，必须证明生活是有意义的这一想法是危险的：评判性思维可以绕开一切我们所给予的证明。当把追寻生命的意义作为一种选择时，它就是重要的。试着给这个意义提供论据会让选择变成一个合乎逻辑的决定。这是一种本能思维模式，但它可能会产生危险的想法。这一点很棘手。

我的话让查理的思维停了下来。"我们都有这样的想法，"我说，"我也如此！直到现在，我也依然有这样的想法。"查理的眼睛稍微睁大了一些。

"让我们探讨一下。'生活是空虚的、毫无意义的。这就是生命的秘密。无论你做什么，最终都没有意义，因为无论如何你都会死，最后太阳就会成为一个大冰球。'让我们把这个当作已知条件。"他看起来有点儿吃惊。他是准备来辩论的，而不是为了和我达成一致。"并且，"在沉默了一会儿后，我靠近他说，"我爱你，我知道你也爱我。无论我们的头脑怎么想，这些都是绝对可靠的。"几年后，查理告诉我，那次谈话是他年轻时的一个转折点。他看到自己可以选择有意义的东西，不需要赢得一场争论来验证他的选择。

目前，关于如何消除自杀想法的最好方法很符合 ACT 的理念：正常化、承认这种消极情绪，将其定性为应对痛苦和目标的一种方式，并鼓励采取积极的、健康的方式解决这一问题。[11] 如果有迹象表明你的孩子正与顽固的、极度痛苦的、纠缠不清的想法斗争，或者有具体的自杀计划，那么你们应该立即寻求专业帮助。你可以寻找接受过 ACT 训练的临床医生，他们将帮助你和你的孩子完成“正常化、承认、重构、激活”步骤。

因为养育压力是有规律的、每天都会出现的，让自己时刻准备着，按照 ACT 的要求灵活地对待孩子实在是太难了。当你感到厌烦，或者感到有冲动要制定严格的规则时，花点时间，在你的脑海中快速地进行以下这些步骤。

（1）确认出现了什么。从你身上发生的事情开始。你生气了吗？是因为你害怕，还是因为缺乏安全感？也许你只是累了，感觉疲惫不堪。或者孩子的行为让你想起了生活中的创伤事件，比如一次交通事故。花点时间，带着好奇心，以开放的心态对待你的感受，不带任何苛刻的评价。如果你感受到了困难，先承认这对你确实很难，然后将你的注意力转移到如何支持孩子的灵活性上。

为什么把这作为第一步？因为只有认识到自己的融合与回避，带有灵活性的养育才会发挥作用。你的孩子很快就会明白的。

（2）设身处地，换位思考。再花点时间，看看你能否带着慈悲心和同理心设身处地为孩子着想。我们习惯于把孩子的行为当作一道数学题，以解决问题的思维模式来解决孩子的行为问题。实际上，你应该带着欣赏的态度来看待你的孩子，就好像他是一个美丽的故事。你和孩子共同续写这个美丽的故事：他渴望这个故事将如何发展？他又会对故事的发展有什么担心？

（3）检查你的价值。注意应用灵活性来对待孩子对你来说有多重要。提醒自己，就价值而言，我们和孩子都在共同的道路上，进步比完美更重要。想想你该如何培养孩子，让孩子拥有更开放、更觉察以及更多基于价值的行动。

这三种方法将帮助你度过养育子女的艰难时期，与此同时还能坚持你的价值方向并提升亲子关系的质量。你需要把这些步骤和具体的技巧结合起来（持之以恒、理性管教、良好监督、积极反馈和任何一本科学的家庭教育书都会提到的实际行为），帮助实现最重要的家庭教育特点：养育。

情侣间的亲密关系

将灵活性技能应用到情侣关系中的次数越多，你就越可能在冲动之时提醒自己所获得的见解，倾听但不用理会那些无用的想法和情绪，参与建设性的对话和行为，而不是陷入消极模式。服务于情感联系的沟通是一个特殊议题，它能培养更安全的依恋。

研究表明，如果一个人能够在对他人的评价中冷静下来，那么他往往对自己的长期关系更满意。爱一个幻想中的人要比爱一个真实的人容易得多。当我们使用灵活性技能来保持联结和理解时，即使大脑要求我们攻击伴侣或与之保持距离，他们也能感受到灵活性所提供的爱和安全。这可能就是为什么当我们更能接纳自己或他人的糟糕想法和感受时，我们的伴侣会更满意。[12] 满意度提高的主要原因是，心理灵活性较高的个体在识别和表达自己的情感和价值方面做得更好，[13] 这加深了人际关系的安全性和成长性。

为了与伴侣培养更好的情感联系和沟通，我推荐下面这两个练习。它们有助于促进更好的分享和相互关爱。

（1）每个人花 10 分钟完成一个价值写作，就像在第 13 章中做的那样。任何共同的领域都可以，比如抚养孩子、娱乐、一起工作、理财或创建一个家。不要写任何抱怨，或者是你们的关系出了什么问题，写下你的价值。它们是什么？为什么做这些事情很重要？如果你忘记了价值，会发生什么？

写好之后，两人轮流大声朗读写的内容。用“专注的眼睛和耳朵”倾听伴侣的声音。在你朗读的时候，也请对方做同样的事。确保你全身心地投入其中。例如，将身体朝向伴侣，稍微前倾，看着你的伴侣，而不是低着头。不要评论、更正或挑战对方的观点。只是听着，非常仔细地听着。在你听到伴侣所写的内容后，向你的伴侣复述一遍（对方也会用“专注的眼睛和耳朵”来倾听你的复述）。伴侣会判断你复述的是否正确。如果你复述的有误，伴侣可以更正、澄清。然后你再次复述，直到伴侣认为你真的理解了。然后轮到你分享你的价值，并重复同样的过程。

每个人都分享自己的价值，被倾听后，接着就要分享你在倾听过程中出现的感受和想法。小心，这样的分享还是要避免批评。在你的头脑中要时刻记得“I'm RFT With It”这一公式，用你的技能来做这个练习。坚持你的目标：在一个安全可靠的区域里，每个人都可以更完整地做自己。

（2）和你的伴侣一起做第 9 章中的“社交分享和解离”练习（这是第 9 章末尾“其他方法”中的最后一个）。你们每个人都在一张卡片上用一两个词，写下你们准备克服的内部阻碍，比如害怕与伴侣分享愤怒，或对过去的伤害感到愤怒。确保这不是对伴侣的隐晦批评。然后你们每个人都把卡片翻过来。

每个人应该在两三分钟内说出对这个阻碍的感受；分享它的起源（例如，当你还是个孩子的时候，表达愤怒只会引起吵架）。再想想，为了避免这个阻碍，为了不再纠结于这个想法，你付出了多大的代价。然后承诺采取行动来超越这个阻碍。在此过程中，一定要使用你已学会的解离和接纳技巧（例如，“我认为……”）。然后，倾听者应该（按以下顺序）分享听到这句话时的情绪反应，对伴侣的处理方式表示赞赏，最后至少分享一个相似或相同的阻碍。这是在一个安全的环境中分享你弱点的方式，这样你就不会退缩，也不会威胁要放弃。

摆脱虐待

在全球范围内，15 岁及以上的女性中有 30% 在一生中会经历来自亲密伴侣的暴力，[14] 包括身体方面的、性方面的，或二者兼而有之。男性也会受到虐待，但可能性较小。虐待关系对心理和行为健康有强烈的消极影响，而灵活性技能有助于克服这一点。

被虐待的人经常在羞愧、自责和焦虑中挣扎。正如我们所看到的，灵活性技能可以帮助我们应对所有这些，它还能帮助我们避免尚未发生的虐待。如果虐待中的幸存者心理僵化、不灵活，那么他再次成为受害者的风险会大大增加。我们需要主动寻找对我们好的伴侣，而这对于经验性回避者来说是很难做到的。

ACT 对于我们采取行动来摆脱虐待关系很有帮助。很多时候，遭受虐待的人只是被简单地告知“离开就是了”，好像这很容易。实际上，这可能是一项艰巨的任务。而灵活性技能可以帮助幸存者认识到什么是困难的，即便在强调承诺改变的同时也是如此。这是自我确认和赋能。

我的妻子（也是我的同事）杰奎琳·皮斯托雷洛进行了一项研究，结果显示 ACT 训练在帮助人们从虐待中恢复很有效。这项研究源于她和维多利亚·福利特为创伤幸存者写的一本书㊀而开展的在线项目。[15] 在 25 名参与者中，96% 的人遭受过性侵，84% 的人曾被强奸，60% 的人遭受过身体虐待。一半的案例是由亲密伴侣虐待造成的。她们向参与者提供了 6 期介绍灵活性技能的在线视频，同时也让参与者进行实践练习。在研究结束时，根据参与者报告的症状变化程度，将近一半的人从创伤中恢复了，还有 1/3 的人也有显著改善。

还有一些治疗创伤的好方法，暴露疗法和认知加工疗法是其中效果最好的，而且这两种疗法目前都比 ACT 有更多的数据支持，所以我推荐它们。但这些方法也得益于开放性和个人价值的澄清。所以无论选择何种方式，灵活性技能都会有所帮助。

用ACT减少虐待

如果关注媒体对“虐待”这一议题的报道，你可能希望积极结果来自社会运动，或将虐待伴侣视为犯罪。但这是不可能的！世界卫生组织研究的结论是，刑事起诉并不能起到震慑作用。[16] 社会运动虽然能更好地支持政府采取行动，但它们本身并不能显著减少虐待行为。

㊀ 中文书名为《找到创伤之外的生活》。——译者注

对施虐者的强制性心理治疗效果令人沮丧。两种最常见的干预措施是认知行为疗法和一种被称为德卢斯模型（Duluth Model）的提高意识的方法。通常它们被组合使用。不幸的是，使用这两种疗法之后，虐待和攻击行为只显示出小幅度的减少（只减少了约5%或更少）。[17]

我们需要一种新方法。

对做出家庭暴力行为的人进行ACT训练干预的研究还处于初级阶段，但已有的相关研究证明它们是有效的。在ACT干预中，施虐者不会被羞辱，不会被居高临下地教训，也不会被说教。研究表明，他们中的大多数人在孩提时代是虐待的受害者。他们的虐待行为往往是根深蒂固的回避行为，以应对羞耻感或失去亲密关系的威胁。当然，这不是他们施虐的正当理由。家庭暴力是一种犯罪，这一点不应该被忘记。但一个很明显的经验性事实是，羞辱这些男人并不会减少他们的暴力行为。当羞辱是暴力行为的触发因素时，这种情况更明显。那为什么还要这样做呢？

而ACT则是致力于培养男性的情感开放度，以及他们对关系价值的认识。ACT干预遵循"I'm RFT With It"规则来创造人际灵活性，干预的过程是富有同情心的、非评判性的和参与性的。小组会议介绍灵活性技巧，也给参与者布置了家庭作业，让他们在应对具有挑战性的关系中应用这些技巧。在干预过程中，当事人每天都要完成关于施虐的情绪诱因以及行为后果的监测表格。通过教育，让他们认识到自己是情感逃避者。通过练习，让他们用与个人价值一致的行为来替代情感回避。

第一个检验这种方法的研究是由爱荷华州心理学家阿米·扎林进行的随机试验。[18]这项研究的研究对象是自愿接受治疗的罪犯。扎林对他们进行了控制良好的实验研究，结果发表在世界上最好的临床心理学期刊上。研究发现，基于参与者伴侣的报告，为期3个月、每周1次的ACT小组会谈（与支持性讨论小组类似）产生了积极的长期效果。在治疗后的6个月里，伴侣遭受的身体暴力行为减少了73%，语言或心理攻击行为减少了60%。对男性情绪调节技能的测试表明，灵活性技能的提高可以用于解释虐待行为的减少。

当我看到这个结果时很兴奋，但也很谨慎。因为研究对象都是自愿参与的，他们显然有停止虐待的动机。大多数罪犯并不是自愿接受治疗的：法院告诉他们必须接受治疗。在那种情况下，ACT 还会有用吗？

显然，是有用的。

在扎林进行的另一项研究中，她与艾奥瓦州被法院强制要求治疗的男性进行了合作。[19] 近 3500 名因家庭暴力被捕的男子被分为两组，一组接受了德卢斯模式和 CBT 的联合干预，另一组接受了 ACT 干预训练。研究结果震惊了家庭暴力治疗领域。在干预后的一年里，出警记录显示，ACT 组的家庭暴力指控减少了 31%，其他任何形式的暴力指控减少了 37%。这一结果远远高于预期的只有几个百分点的下降。

这些研究还处于初级阶段，为期一年的随访也仅仅是个开始。在结果被重复验证，以及后续调查显示出持久的效果之前，我是不会被说服的。但可以肯定的是，目前的工作充满希望。与此同时，艾奥瓦州的做法让人印象深刻，他们已经在全州范围内推广这项干预方案。

克服偏见

偏见很难谈论。我们倾向于认为只有在坏人的心中和头脑中才存在偏见。可悲的事实是，它存在于我们所有人的心中。好消息是，ACT 提供了一种强有力的新方法，来应对这种根深蒂固的社会弊病。

偏见的形成部分来自文化学习、我们的父母、我们的学校，以及媒体中无处不在的偏见信息和带有偏见的描述。由于我们拥有进化的天性，因此偏见很容易就在我们心中扎根。人类在小群体中进化，形成了强大的社会身份认同。不幸的是，虽然这种群体认同有利于群体内部的团结和合作，但也导致了与其他小群体的竞争。我们人为地把群体分为内群体和外群体。随着内群体独特文化的发展，我们创造了关于外群体的“他人化”故事。

人类已经在小部落群体中进化了好长时间。他们生活在开阔的热带大草原上，夜晚挤在篝火边，随时都有被竞争群体攻击的危险。但是到了现代社会，我们的大脑仍然以“我们 VS. 他们”的方式思考问题。研究人员通过抛硬币的方式将人们分成两组，来展示这种冲动有多强烈。即使参与者知道分组是随机的，他们也仍然认为自己组比另一组好。

很明显，这种将他人“他人化”的本能已经过时了。我们都是人类，而且这也不仅仅是道德问题。遗传学研究表明，从生物学角度看，所有人类都是完全一样的。[20] 你甚至可以这么认为：不久之前，我们都有同一个父母。如果这些知识足以阻止我们将他人“他人化”就好了！但是，唉！研究表明，这种倾向已经根植于我们的内心深处。

许多社会科学家认为，多元化社会将无情地打击偏见，但变化的过程远比他们想象的复杂。即使没有研究，我们也应该知道这一点。因为性别偏见在我们每个人心中根深蒂固。男人和女人从人类诞生之日起就一直密切互动，否则我们就不会存在。

2007 年，哈佛大学政治学家罗伯特·帕特南发表了一篇关于多样性对社区生活影响的重要研究报告。[21] 他发现，一个社区越是多样化，人们就越不信任其他人，即便是在相对熟悉的“自己人”群体中。参加投票，做志愿者，向慈善机构捐款，为社区公共事务工作的人更少。他总结道，换句话说，随着多样性的增长，人们退出了社区的发展进程。仅仅生活在一个多样化的世界是不够的。要利用这种多样性，我们还需要心理灵活性。

问题的核心在于偏见已经深深根植于我们的思维网络中。关于内隐偏见（无意识的消极刻板印象和他人化）的研究已经做了很多。如果你问人们对刻板印象的看法，那么他们给出的答案就会与他们想要相信的相吻合。目前，RFT 为人们的内隐偏见提供了世界上最好的测试。[22] 结果表明，大多数人对那些他们认为不是“自己人”的群体的确怀有消极的刻板印象。

不管我们喜不喜欢，偏见很容易就会深入人心。我们想要更有效地与偏见做斗争，就需要从根本上改变我们的思维方式。我们需要为我们生活的现代社会创造与之相匹配的现代思想。我非常高兴地发现 ACT 对此有所帮助。当我还是个孩子的时候，我就一直为偏见的残忍以及它对我们所有人（包括我自己）的影响而感到痛苦。我还了解到它对我的犹太祖先的命运有多么深刻的影响，也目睹了它对我孩子的影响。我曾见证了一些重要的东西，那一天，还在上幼儿园的我坐在母亲身边，看着家里的黑白电视机。只见一个长着小胡子、长相滑稽的男人在咆哮，吼出一些短促刺耳的听不懂的德语单词，只有人群的欢呼声才能让他暂时停下来。

妈妈突然跳上前去，对着电视屏幕吐了口唾沫。她关了电视，迅速跑出房间。

当时我并不知道，这个滑稽的小个子男人发动了一场残酷的战争。这场战争不到 10 年就结束了。我也不知道，当我的德国外公被祖国的狂热所裹挟时，他曾告诉我母亲，永远不要告诉任何人她有“肮脏的血统”。我甚至不知道母亲真实的姓名。她实际上不叫她一直说的露丝·艾琳·德雷尔（Ruth Eileen Dreyer），而是那个会揭露真相的露丝·埃斯特（Ruth Esther，一个典型的德国犹太人名）。[23] 又过了好几年，我才知道真相，并发现母亲的阿姨和舅舅们有一半在“浴室”中丧命。纳粹的本意不是清洗他们的身体，而是要把他们从这个世界清洗出去。

我在儿时伙伴汤姆身上第一次看到了赤裸裸的偏见。他的嘴里不断吐出“黑鬼”“西班牙佬”“犹太人”等恶毒字眼，这些都是从他父亲那里学来的。当然，他的父亲说得更糟糕。对此，我很难受。有一次我甚至和他打架，试图让他停下来。我当时只是感觉这不对劲。

我只能说，我母亲不喜欢这样。他的辱骂并不针对我个人，至少我是这么认为的。我甚至还不知道自己是一个“犹太人”，也不知道我会先后娶两个西班牙裔妻子，更不知道我将收养一个非洲裔女儿。当时，我不知道最终我会和他最讨厌的三个人群联系在一起。

最令人沮丧的是，尽管我对他的诽谤嗤之以鼻，但他那侮辱性的话语却深深印在我的脑海里。我是根据几十年的家庭生活经历明白了这一点，而不仅仅是在小时候经历的某个尴尬瞬间。

汤姆以及另一个朋友乔和我一起骑自行车去保龄球馆。当我们为比赛做准备时，汤姆突然奇怪地说："看起来要下雨了。"他和乔互相看着，咯咯地笑起来。我不知道发生了什么。在树荫遮蔽的小路上，你甚至看不到天空。但我们骑车去的时候，天空万里无云。"看起来是要下——雨——了——"汤姆大声重复了一遍，两人都努力忍住笑。最后，我注意到一个黑人在听力所及的范围内向我们走来。噢！乌云滚滚而来。下雨了。你明白其中的奥妙了吗？

我当时惊呆了，甚至觉得有点儿恶心。但接着我又想，真是侥幸，幸亏他们取笑的不是我。

很快 10 年过去了。1973 年夏天，我和第一任西班牙裔妻子，以及我们 3 岁的女儿卡米尔（她是我妻子在我们结婚前所生，后来由我抚养，是融合了非洲裔与西班牙裔血统的美国人），在弗吉尼亚塞勒姆的一个私人俱乐部游泳。邀请我们的朋友是这个俱乐部的成员，他因有事提前回家了。临走前让我们再游一会儿。他走后不久，一个梳着蓬松金发、古板的女人小心翼翼地向我们走来。她穿着当时南方妇女常穿的那种熨烫过的棉质衣裙。她微笑着，但看起来很勉强。对我们三人扫了一眼后，自我介绍说她是俱乐部的外联部主任，然后补充说："你孩子的肤色相当深啊！"一开始我以为她是担心卡米尔会被晒伤，但很快她脸上不自然的笑容让我意识到发生了什么。因为女儿是混血儿，我们应该被赶出去。我们，至少是卡米尔，在这里不受欢迎。

我记得我当时没有愤怒的感觉，只是震惊和厌恶。然后是一种焦虑感，因为我无法保护可爱的女儿免受这种伤害。

又过了 12 年。我那才十几岁的女儿打扮得漂漂亮亮，准备去参加学校的舞会。当我看到她从房间的另一头走过来，看着她美丽的棕色脸庞时，一个声音在我的脑海里冒出来——不请自来，不受欢迎。听上去就像汤姆阴阳怪气的声音，他很清楚地说着，"看起来要下——雨——了——"

汤姆浮现在我的脑海里，对我的家人冷嘲热讽。尽管我曾多次近距离地目睹并憎恨种族歧视，但这对我来说并不重要。然而，游泳池事件一直让我耿耿于怀。那些随意而残酷的种族主义辱骂深深印在我的心里。

就在去年，我告诉女儿，那天汤姆的声音突然出现在我的脑海里。卡米尔的回答是那么甜美纯洁：“我爱你，爸爸。”她接着说，“我们都有过类似的经历。”

是的，我们都有过类似的经历。

偏见的文化信息已经根植于我们所有人的脑海中。也许我们听过关于艾滋病的笑话，或者目睹性别歧视。消极的种族刻板印象充斥着媒体。即使你讨厌它们，甚至你就是受害者，你深刻地了解偏见，但是偏见仍然存在于你的认知网络中。这就意味着，就在你不注意的时候，它们会冒出来随时随地搞恶作剧。

如果敢对自己说真话，我们就会知道，那个滑稽的小胡子男人以某种形式潜藏在我们的内心，藏在每个人的内心。如果你仔细看，你会看到镜子中的他正斜眼看着你。如果你去观察内心那些僵硬的、防卫的、恐惧的、愤怒的、批判的部分，你会发现他就在那里。

但你可以学着利用这些认知，用它来淡化无意识偏见的有害影响，从而减少一点偏见发生的可能性。也就是说，尽管你的本意是好的，但仍会无意中将你手中的特权用到他人身上。通过运用 ACT 练习来洞察你的内隐偏见，可以让你更好地觉察到它们，并使你的行为更符合价值信念。然而，如果试图去压制偏见，[24] 这实际上是在助长内隐偏见。但是正念可以帮助你和偏见的意识拉开距离，让有偏见的想法无法再占据主导地位。研究表明，正念还可以帮助我们做更多的事情，比如采取积极的行动来消除偏见。

为什么心理灵活性会有帮助呢？

我的团队研究过这个主题，我们研究了许多形式的偏见：性别偏见、对超重者的偏见、性取向偏见、种族偏见等。我们希望在表面的差异之下，找到一个共同的核心。研究结果证实了这一点：所有形式的偏见在很大程度上都可以用“拉开权威距离”（authoritarian distancing）来解释。这本质上就是“他人化”，因为我们认为自己与某些“他人”群体不同。正因为他们的不同，意味着他们对我们构成了威胁，所以需要加以控制。换句话说，偏见就是人际关系僵化的一种表现形式。

我们在研究过程中检验了哪些心理因素会导致一些人比其他人更习惯于“拉开权威距离”的思维模式。[25]我们发现了3个关键特征：①相对而言，你无法站在别人的角度看问题；②当你从别人的角度看问题时，无法感受到他们的痛苦；③当你确实感受到别人的痛苦时，却不能以开放的态度接纳它——换句话说，这就是经验性回避。如果这3个过程朝一个积极的方向转变（可以称之为“联结灵活性”），不仅偏见会减少，对他人的好感还会增加。

在这些发现的基础上，我们开发了能够显著减少偏见的ACT干预方法，成功地开展了对超重者的偏见、性取向偏见、艾滋病歧视、种族歧视以及心理健康问题、药物滥用和身体健康问题的研究。要想让自己内心做出一些改变，第一步就是要看和听。

某些情况下，代价最大、最难根除的偏见是无形的，因为它们建立在特权之上。一个男人可以认为自己绝对没有性别偏见，但他在会议上仍然会滔滔不绝，或者很容易相信他的能力足以领导团队，却没有意识到这些行为本身就是一种性别偏见。诚实的白人会自傲地说“我从不考虑种族问题”，而完全没有意识到他所拥有的特权。他的黑人邻居却必须考虑种族问题，因为他明白，当他送十几岁的儿子去学校时，很可能被捕或遭遇枪击，而这仅仅因为他是黑人。

让那些因为特权而遭受偏见的人承担所有繁重的工作，这样纠正偏见是不公平和不负责任的，所以首先我们必须埋头苦干。你可以假设你持有的偏见在大多数甚至所有的主要领域都不是显而易见的，所以了解更多偏见的间接指标，有助于你发现自己的偏见（例如前面我提到的关于性别偏见的例子）。间接指标能帮助你捕捉偏见的所有表现形式，甚至是那些很不起眼的形式。

一旦你这样做了，就该请那些与你关系亲近且经历过偏见的人帮助你指出那些不起眼的偏见行为。例如，当我开始“大男子主义说教”时，我妻子就会扫我一眼。别指望这让你感觉很好。就我个人而言，这会让我无地自容，恨不得外出时在头上套个纸袋。因为内心的明灯让我看到自己更多的偏见。无论如何，这是一段颇有价值的旅程，它促使我采取措施来改变这些偏见。

在完成上面的任务后，你就可以进行下面这个简单的练习了。我们发现这个练习效果很好。

（1）承认（own）。退后一步，注意你判断他人或自己的倾向，或者注意基于某种特权的偏见，并尽可能以自我慈悲或开放的心态来对待这种意识。明确自己在什么时候会出现这些带有偏见的想法或行为？放弃任何一种倾向，不要接受这种偏见；也不要回避这种意识，因为这种回避反而会使偏见更明显；当然，也不要为了消除偏见而批评自己。这是你的想法、感受，以及常被忽视的习惯。它们是你的。这不能完全怪你，但你对此负有责任。只是注意它们的存在，意识到我们所有人都背负着沉重的偏见文化。

（2）联结（connect）。你可以刻意地从大脑判断的角度出发，感受被羞辱、被别人歧视的感觉，即便有时候你没有意识到人们在伤害你。不要回避这些痛苦的感受，也不要因为遭受偏见而让自己内疚或感到羞耻。你的目标是和身体的感受相联结，充分体验你所有的感受，体验别人的评价或伤害行为带给你的痛苦。这会让你意识到，如果给别人带来痛苦，就是背离了你的价值。

（3）承诺（commit）。把你遭受歧视而产生的不适和联结身体感受而带来的痛苦转化为行动的动力。承诺采取具体措施，减轻污名和偏见对他人的影响（包括那些不易察觉的伤害）。这意味着要更多地倾听；意味着即便某个笑话只带有轻微的偏见，你也要大胆地说出来；意味着负责任地分享你的感受；意味着后退一步，这样其他人就可以向前迈一步；意味着加入一个反歧视的组织；意味着请你的朋友随时随地指出你潜在的偏见。制订一个计划，采取切实行动，并深思熟虑、谨慎地贯彻到底。这些行动不是要抹去你所背负的，而是将其中的痛苦引向慈悲和人类价值。

你可以经常做这个练习。当你用灵活的联结来削弱你的内隐偏见时，会发现与各种各样的人在一起的乐趣会增加，不管他们之前对你来说有多么不同。

可悲的事实是，如果我们不去解决偏见问题，本质上就是在助长偏见。如果不学会捕捉我们没有意识到的特权或潜移默化的偏见，我们将不可避免地在此基础上对他人产生某些刻板印象或将他们“他人化”，在无意识中支持这些潜在的偏见，并将其传递给下一代。我们很难承认自己是有意为之，当然也很难消除这些内隐偏见的影响。但有了上面的练习，我们就能做到。

是的，我亲爱的，带着“肮脏的血统”的妈妈露丝·埃斯特，她能做到；是的，我那讨厌的童年伙伴汤姆，他能做到；是的，我美丽的棕色皮肤的女儿，她能做到；是的，镜子中的史蒂文，他能做到；是的，是的，我们都能做到。

第18章

用心理灵活性提升工作绩效

人类生来渴望拥有能力，这是件好事。从婴儿期开始，我们要学习知识，跨越阻碍；要玩游戏，赢得比赛。灵活性技能对所有这些努力都大有帮助。在这里，我将首先讨论它们如何在学校、工作、艺术或体育领域助力解决一般难度的挑战。然后，我将特别关注如何把这些技能应用到工作中，包括如何让管理者更高效地管理，以及公司如何充分挖掘灵活性的力量。最后，我将说明这些技能如何解决运动训练中的一系列典型问题。

让我们从价值澄清的作用开始。ACT 提醒我们要以价值为中心，从而提高我们在各项工作中的绩效。一旦提到工作绩效，话题就会沉重起来。首先，我们面临着巨大的社会压力。有句俗语说："输赢不重要，重要的是你以什么样的心态去竞争。"大家往往对此不屑一顾，内心都会这样想："噢，输赢不重要！你把这话说给老板（或教练、父母）听听！"

我们已经讨论了内在动机在基于价值的生活中是多么重要。当涉及工作绩效时，保持内在动机就会遇到一个问题——我们被强加了太多的外部激励因素。外部激励因素的粗暴或不当使用会干扰基于价值的动机发展。在学校里，想要表现更好的有益心态可能转化为对高分的过度追求。对心理威胁的回避很快就压倒了内在的积极学习动机。此外，在许多学校，孩子们需要面对各种考试，他们不得不把创造性和有效的探索性学习放在一边。

在工作中，我们都有明确的目标。工作表现是通过与奖金和加薪挂钩的年度考评来衡量的。企业经常以一种简单粗暴的方式来激励员工。要么是金钱奖励的“胡萝卜法”，要么是警告或威胁解雇员工的“大棒法”。在职业体育中，取悦粉丝是必需的，你可以因此获得高薪。即便是在业余体育、音乐、戏剧或舞蹈比赛中，奖牌和奖杯也可以清楚地传达出这样的信息：参与就是为了取得成功。

外部激励本身是有益的，我们当中很少有人会做一份没有报酬的工作。问题的关键在于你可以运用灵活性技能将注意力集中在内在收益上，允许具体的外部激励起到促进作用而不是取代基于价值的行动。

从花点时间考虑一下你为解决绩效问题而进行的消极自我对话开始。你会发现“内在独裁者”变成了一个恶魔，驱使我们取得外在成功。“如果这门功课没有得到 A，你就是个彻底的失败者。”“已经 3 年没有升职了，你这是怎么了？”写下诸如此类的消极想法，并进行解离练习。这有助于你很快觉察到这些消极想法。你可以对它们说：“谢谢你的提醒，但是我已经搞定了。”也许你可以把它们写在随身携带的一包卡片上，当你听到其中一张卡片又对你叽叽喳喳时就摸摸它。长此以往，你就会越来越善于意识到这些消极想法的存在，并逐渐对它们失去兴趣。

想要成功并没有错，前提是你追求的成功符合你的价值，而不是为了回避恐惧和疑虑。价值和自我工作将帮助我们专注于成就的内在回报。花些时间来思考你的努力是如何服务于你的人生抱负的，这有助于你看到在哪些方面需要做出改变。也许你应该早点下班，花更多的时间和爱人在一起，或者去追求其他的爱好。或者，也许你在一项运动中达成了某个目标，但却破坏了运动的乐趣和技能的提升。

对于任何给定的绩效挑战，请写下服务于此目标的价值。希望你能发现其中对你来说真正有意义的地方，比如给你的家庭带来某种支持，或给别人带来快乐。但你可能也会发现，其中一些主要是为了社会顺从和维护自己的形象，比如给同事留下好印象或赚足够多的钱让别人尊重你。运用你工具箱里的练习来探索自我故事，检查它们是否与成就的外在指标联系得太紧密了。

灵活性技能也有助于应对与绩效有关的情绪压力。这其中就包括绩效焦虑、对失败的恐惧（当然，也有对成功的恐惧），以及不可避免的失败带来的失望和耻辱。还有因失误而自责的刺痛；来自老师或老板批评的痛苦；因前进道路上的阻碍而愤怒，比如毫无必要的官僚文书工作；学校里经常面临的考试；工作任务太多带来的压力。

你可以系统地运用工具箱中的接纳练习来应对这些情绪挑战。例如，找出一个对你来说表现糟糕的领域或情境，写下它所引发的消极情绪。然后，进行第 11 章中所介绍的肯定练习和关爱练习。

在这些情绪和消极想法突然爆发的时候，你可以进行解离练习。当然，接触当下练习也有帮助，它会将你的注意力从内心斗争转移到当下任务上。如果条件允许，可以做一些第 12 章中介绍的简单冥想练习。在任何情况下，你都可以通过练习快速地把注意力转移到脚底。通过有规律的正念练习或其他任何形式的正念练习，你会发现即便在最紧张的时刻，你也可以回到当下。

接触当下和解离练习还有助于缓解我们因担忧绩效而带来的最有害影响——窒息现象。这在运动中很常见。我们会因为担心自己的表现而分心，以致投错了球，或没有完全专注于当下的比赛。在学习和工作中也会出现窒息现象，比如参加我们担心的考试或做演讲。如果这对你来说是个问题，那么当你感到紧张时，就进行你最喜欢的解离和接触当下练习。随着时间的推移，将注意力集中到当下的活动上，你会做得越来越好地。

ACT 对绩效的帮助可以用一句话来概括：对高绩效的追求最好不是出于恐惧、评判和回避，而是出于专注、承诺和爱。

应对拖延症

影响你绩效的一个常见障碍是拖延，这是一种情感上的逃避。也正因为如此，ACT 技能有助于解决拖延问题。ACT 研究表明，心理上的僵化是拖延的预测指标。[1] 你会因为拖延而感觉任务带来的压力和焦虑暂时减轻了。但这种更小、更早的奖励会导致严重后果。即使你在最后时刻投入工作，也能很好地完成任务，但拖延的坏名声会影响你的发展，尤其是在工作中。

我们已经开发了针对拖延症的 ACT 实施方案。[2] 当人们意识到自己在拖延任务时，他们需要遵循 3 个步骤：①有意识地暂停，认识到自己当前的想法和感受；②接纳和解离；③选择基于价值的行动。

如果你想尝试这个方法，在接下来的一周里，一旦意识到你在拖延，就在那一刻花几分钟进行正念练习。将注意力完全集中在自己身上。一个好的策略是想象拖延对你的诱惑，然后观察你身体里的感觉。每当你识别出一种感觉，就对着它呼吸，就像有意识地拥抱它。例如，如果你感觉胃部有些紧绷，就把你的呼吸引向那里。然后带着你意识到的情绪和想法，持续呼吸约 30 秒。

如果出现任何无益的想法和感受，就用解离和接纳的方法来应对。

接下来，回顾一下你完成任务要遵循的价值。然后思考这个问题：如果没有遵循这个价值，会让你付出哪些代价？

最后，你有了摆脱拖延症的动力。你可以设定一些小的 SMART 目标让自己前进。从一些小的行动入手，无论它们有多小。

学习和创造力

我们在第 9 章中讨论过一种特殊类型的灵活性——认知灵活性，它也是提升绩效的有力工具。在之前的讨论中，重点是不要被无用规则所奴役。这些规则是“内在独裁者”想要我们遵循的。在这里，我想强调的是，认知灵活性对学习和创造力有很大的帮助，而这二者在绩效提升中扮演着非常重要的角色。

认知灵活性研究的结果如此引人注目，因此这个话题值得特别关注。

想要提高任何一项工作的绩效，就必须能够流畅地思考应对各种挑战的备选方案。而且要将这些备选方案牢记在大脑中，并进行加工处理。让大脑中的想法相互碰撞。为那些相互矛盾的想法、意想不到的想法，甚至是看似荒谬的想法留出空间，碰撞出更多的思维火花，我们在解决问题时就能表现出更多的创造力。在创造力研究中，这被称为横向思维。研究表明，许多重要的创新都是由它产生的，因为它建立了新的联系。为什么手机只能是手机？为什么它不能是一个音乐播放器呢？更棒的话，为什么它不能是一台电脑呢？

ACT 和 RFT 研究者基于关系框架的速度、准确性和语境敏感性，为发展认知灵活性创建了专门的培训方案。在解决问题的智力测试中，该方案展现了令人惊讶的效果。几项研究表明，这种认知技能与传统的智商分数密切相关。[3] 更令人兴奋的发现是，通过认知灵活性训练，当被试达到思维关系流畅状态时，可以显著提高智商分数。一些研究表明，经过几个月的训练，儿童智商提高了 9~22 分。[4] 远远超过专门的智商训练项目带来的 2~3 分的提高。目前还没有研究将该方案应用于成年人，看他们的智商分数会发生什么样的变化。然而，一项针对患有轻度至中度阿尔茨海默病的老年人（平均年龄为 78 岁）的小型随机研究中，研究人员让研究对象接受基于 RFT 的认知灵活性训练，发现了一些令人鼓舞的结果。对照组只接受阿尔茨海默病的常用药物治疗。3 个月后，对照组病情轻微恶化（鉴于阿尔茨海默病是一种发展性疾病，这是可以预料的）。实验组在接受药物治疗的同时，每周接受 1 小时的关系框架灵活性训练。研究对象的认知功能得到了适度改善——具有统计学上的显著差异。[5] 我们还不知道更长时间的训练会产生什么效果，这需要更多的研究来给出答案。

在第 10 章中，我介绍了一些换位思考练习，要求你回答诸如“我有一个杯子，你有一支笔；如果我是你，你是我，你有什么？”或者更复杂的问题，“现在我有一个杯子，你有一支笔；但昨天我有一本书，你有一部手机；如果今天是昨天，昨天是今天；如果我是你，你是我；今天你有什么？”这些都是认知灵活性问题。回答这些问题需要你以不同寻常的方式进行任务、时间方面的换位思考。认知灵活性训练运用了许多这样的练习，但涉及的关系更为广泛，目标是在保持准确性的同时提高速度。我经常利用开车时间和孩子们玩这些游戏，效果非常明显。

看看你能以多快的速度回答这些问题：

如果里面是外面，上面是下面，漂亮是丑陋。我把一只漂亮的兔子放进一个盒子里，然后关上门，我会看到什么？

快！迅速回答！

几年前，在一次 RFT 演示中，我向在场的大约 200 名心理学家提出了这个问题。当时我 6 岁的女儿埃斯特坐在前排。在尴尬地沉默了三四秒后，满屋子的博士们几乎都在张口结舌、冥思苦想。然后，我问："埃斯特，你知道答案吗？"她马上轻蔑地回答（好像问题简单到她都懒得回答）："你会看到在盒子顶上有一只丑陋的兔子。"

完全正确。

由于我们经常在汽车里练习，因此埃斯特已经练就了极好的灵活性思维。多年来，我们在开车时都是靠玩认知游戏来打发时间的。这些游戏是我临时编的，需要快速、准确而灵活的关系框架才能得到正确答案。当她长大一点时，我们会轮流提问。每个人都想一个问题，然后另一个人准确而快速地回答（她不止一次战胜我）。一旦你掌握了规则，就可以在不到 1 分钟的时间里想出一个好题目。你可以在开车时和孩子试一试这个游戏（我也会和成年人玩这个游戏）。类似于下述练习。

开车时间

问：（遇到红灯时）如果红灯是绿灯，绿灯是红灯，我现在该怎么办？
答：前进。

问：如果我是你，你是我，谁来开车？
答：（孩子回答）我来开。

问：如果波浪形的路是颠簸的，而泥泞的路则是相反的，你会选择哪条路？波浪形的路还是泥泞的路？

答：泥泞的路。

问：（遇到绿灯时）如果红色是绿色，绿色是红色；前面是后面，后面是前面；我现在该怎么办？

答：开车，因为红灯在你后面。

这里还有一些适合你的练习。它们可以提升你的认知灵活性，让你看到可能会错过的有用选项。

物体的用处

随便拿起任何一个物体……比如一个纸杯。快，大声说出它的所有用途。给自己 30 秒时间，记下说出的所有想法，以及这些想法可以划分为多少类别或功能（例如，如果你说可以用它来装珠宝，或做一个护耳器，或做一个小丑鼻子，那就是三种想法、两种不同功能）。

相反的一天

写出一系列表达你观点的句子，但是在这一过程中你要使用与你的观点相反的词语。例如，要表达热爱自然，应该保护它的想法，你可以这样写：我讨厌人造的东西，人们不应该破坏自然资源。

把想法变成隐喻

如果对你在工作中的表现有消极想法，你可以用隐喻的方式来表达它，以此揭示它具有的消极意味，并在这种想法出现时建议采取其他的行动。例如，如果有个逃避现实的想法“我应该辞职”，你可以把它变成“我应该辞职……就像一个人要睡在沙发上”。如果这是一个导致工作狂产生的自我挫败想法，比如“我应该更加努力工作，忘记我有多累”，那么可以将它转换为“我应该更加努力工作……就像一个疲惫而穷困的挖沟工人。不管他挖的沟有多深，报酬都是一样的”。接下来，将隐喻转化为解决问题的积极方法。

例如，如果我从沙发上起来，好好伸展一下筋骨，然后开始行动呢？或者如果我从沟里出来，把铲子放进仓库里，然后回家陪伴孩子呢？

应对工作中的各种限制

如果你每天睡 8 个小时（我希望你能这样做），那么你每年有 5840 小时是清醒的。如果你是全职工作，即使不算你把工作带回家做的时间，你也有超过 1/3 的清醒时间都花在工作上。

对我们中的大多数人来说，这么长的工作时间并没有给我们带来相应的回报，反而可能是彻底的沮丧，严重的还会导致心理问题。部分情况是由于我们给自己施加的心理压力和恐惧，但大部分情况是由于管理和工作环境性质造成的。盖洛普民意调查显示，大多数人并没有全身心投入到自己的工作中，抑或在效率低下的老板手下煎熬度日。[6]

问题是，尽管我们知道工作中出了什么问题，但几乎无法改变领导者的管理方式，也无法改善令人沮丧的官僚程序。从本质上说，大多数工作环境都是相当僵化的，充满了各种规则和约束，限制我们的工作方式。虽然工作带给我们很多的冲击和打击，但幸运的是我们可以做很多事情，来改变自己对这些冲击和打击的反应。在本部分的介绍中，我已经告诉你如何应用这些技能让自己在工作中变得更快乐、更有成就感。

我们会对工作中无法改变的事情感到沮丧。这里有一些额外的方法可以将这些沮丧的能量转向专注于我们能改变的事情。

按照价值塑造工作

职业领域的专家蒂莫西·巴特勒和詹姆斯·沃尔德罗普创造了工作塑造（job sculpting）这个术语。[7] 它意味着要想办法让工作更符合你的兴趣和技能，这样你就会对工作更满意。这需要你在工作方面做出巨大的改变，而灵活性技能可以在这方面给予你帮助。你也可以想办法在保证较大回报的前提下进行一些小的改变。

最简单的方式就是重新审视你的工作，重新发现这份工作中令人满意的方面。我们常因为工作中的不愉快情绪而忽视了那些令人满意的方面。对此，我们可以有意识地转移注意力。我们也可以想办法，把更多的时间花在那些令人满意的任务上。有时，我们需要仔细审视自己是如何分配时间的，找到更有效完成某些任务的办法，为我们喜欢的事情腾出时间。当然，我们也需要做出一些较大的改变，比如和老板讨论我们对不同工作任务的兴趣。我们可以承诺行动，通过学习来帮助自己。正如生活中的 SMART 目标——具体的（specific）、可衡量的（measurable）、可实现的（attainable）、注重结果的（results-focused）、有时限的（time-bound）目标一样，对工作描述的改变（侧重于符合自己兴趣的方面）也应该符合 SMART 标准。不仅对我们自己，对整个组织也是如此。

在这里，我将向各位经理和企业高管提出我的请求。如果给你的员工自由，让他们塑造自己的工作，你就会成为一个更好的领导者；如果你以某种方式向他们展示灵活性，就会培养他们的灵活性。如果你对这样做的好处持怀疑态度，那么让我分享这方面第一个大型研究的结果。该研究着眼于心理灵活性与工作绩效之间的关系。2003 年，心理学家弗兰克·邦德领导团队开展此项研究。每隔一年，他们就用问卷调查的方式对 400 名员工的工作控制感、心理灵活性和心理健康状况进行测量。研究期间，每个员工犯的每个错误都会被电脑自动记录下来。

那些工作控制感较低的员工平均每小时犯的错误更多，而且整年的心理健康状况也更差。心理僵化的员工也是如此。而那些认为拥有灵活的工作环境，自身又具有良好的心理灵活性的员工，工作表现最好。其他几项研究也证实了这些结果。

基本结论是：灵活性对工作很有帮助。无论是想要提高工作绩效的员工，还是想要帮助员工提高绩效的经理和企业高管，都应该注意这个公式：具有心理灵活性的员工 + 灵活的工作环境 = 成功。

培养团队灵活性的最好方法是什么？管理者示范。研究表明，运用心理灵活性技能开展管理工作的领导者能够有效促进员工心理灵活性的发展。[8]具体包含以下内容：一是帮助员工满足他们工作中的核心需求：能力、选择的意义和归属感。二是激励员工不仅要为短期利益工作，还要培养团队的使命感、愿景和团队身份，并激励员工更积极地参与，更好地合作。关心团队成员的情感需求，提供他们成功所需的反馈和资源。三是与员工公开分享团队所面临的困难，甚至管理者所犯的错误。这会给员工提供重要信息，使他们更好地设计解决方案，同时建立信任。当领导者使用个人奖励作为激励时，他们要确保这不会让人觉得是一种粗暴的交易，而是作为长期承诺的一部分，表达真正的赞赏。[9]

持续学习

员工对工作不满意的一个主要原因是感觉被困在固定框架中。虽然我们能主动学习新技能，但是仍然觉得自己没有学习和成长。这样的前景令人望而却步，但我们可以将灵活性技能应用于其中。此外，还有大量的在线课程和培训项目可供我们选择。

这种积极主动的技能培养也有助于缓解普遍的就业焦虑。职业规划领域的专家警告称：自动化将取代许多员工。学习使用新技术（如人工智能和机器学习），或者从办公室和工厂工作转向服务型的工作，是一个人在职场中“经得起未来考验”的方法。将灵活性技能应用于持续的学习中，有助于你打开美好的工作新世界。

矩阵[10]扫描

在工作情境中，我们通常无法花太多的时间来练习灵活性技能，所以需要一些简单且迅速有效的方法。研究人员已经开发出了一些心理工具，你可以随时提醒自己运用这些工具来学习 ACT。我特别喜欢一种由凯文·波尔克开发的称为矩阵的工具（见图 18-1），它已经被成功地运用在组织环境中。心和头代表你的思想和感情，这是别人看不到的，而手和脚则代表你的公开行为。

首先写下下面四个问题的答案，把简短的内容放入矩阵图中的方框里（见图 18-1）从右上象限开始，然后逆时针移动你的视线。

（1）在工作方面，你内心最向往的是什么？我想到的有：从帮助客户和善待同事中得到的快乐，诚实和真诚带来的满足感，以及相信自己能对世界产生积极影响。

（2）在工作中，你内心最讨厌的是什么？我想到的有：因为被忽视而产生的怨恨，害怕自己被证明是愚蠢的，以及不清楚自己的能力水平。

（3）做什么事情，会让你远离最向往的东西？我想到的有：在会议上保持沉默，八卦别人的隐私，逃避责任等。

（4）做什么事情，会让你更接近你所向往的东西？我想到的有：准备好参加会议，提出建议，积极听取别人的想法。

（5）最后一步不是提问，而是观察图中两条线的交点。观察一下，是谁在注意你写的答案。把观察性自我和当下你靠近和远离的东西联系起来。提醒自己，你可以选择任何你想去的方向。

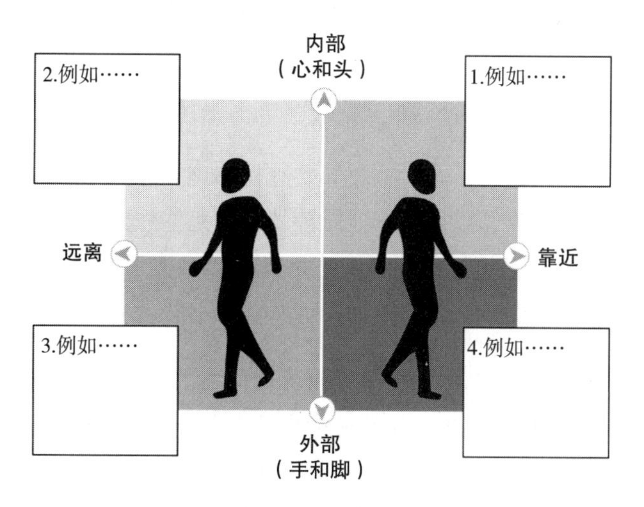

图 18-1　矩阵扫描

一旦你填好这张图，请定期回顾它，直到牢牢地记住它。然后，当你在工作中遇到困难时，当你想要使用你的技能时，迅速把这个矩阵图带到脑海中。按照象限的顺序扫描一遍，并根据当前实际情况调整、更新矩阵各象限内容。然后，观察一下是谁在注意这个矩阵图。看看这次矩阵扫描是否为你提供了一些支持和指导。

运动表现

每一个参加过体育比赛的人都知道，“内在独裁者”的声音会影响比赛成绩，使得我们内心常纠结于该做什么。心理灵活性有助于平息所有的想法，这样你就可以把注意力集中在比赛过程中。[11] 这种方法不仅降低了运动员在比赛中的痛苦水平，而且与传统运动心理学干预措施（如心理技能训练，包括目标设定、放松训练、注意力训练和焦虑管理）相比，它能带来更好的效果。

研究表明，ACT 不仅对身体运动有帮助，对其他类型的体育比赛或表演也有帮助。[12] 例如，在 ACT 随机试验中，干预组的国际知名棋手排名得到了提高。这似乎是因为 ACT 大大减少了错误带来的消极情绪影响，也减少了冲动行为。同样地，音乐家、演员等也已经成功地使用 ACT 来处理影响他们艺术表现的表演焦虑。

ACT 纠正了许多给运动员带来误导的建议，甚至有些建议是由专业教练和顾问提出的。例如，运动员经常被教导要进行心理训练。在这种训练中，他们要想象竞争对手的动作，以便制订应对计划。但是你想象的动作可能和竞争对手所做的动作不一样。更好的心理训练是进行接触当下练习。在比赛的瞬间，培养自己对竞争对手实际行为的敏锐观察力。

此外，运动员经常被教导转移对痛苦的注意力，想一些愉快的事情，或仅仅专注于痛苦的形式。这两种常见的训练都有明显的局限性。我的学生艾米丽·利明在她的论文中研究了 CrossFit 健身运动员。[13]CrossFit 健身是一项持续进行不同高强度动作的运动项目。我们可以把它想象成运动员在奥运会训练营同时训练几个运动项目。在竞技水平上，这些运动员锻炼得非常卖力，几乎是汗流浃背。她让被试以 90 度角举起两磅重的物体，直到举不起来为止。（你也可以试试。举起 1 夸脱[㊀]牛奶，坚持几分钟看看会发生什么。）她要求第一组被试专注于自己的身体姿势，手臂保持 90 度角；要求另一组被试去想一些愉快的事情，以转移对痛苦的注意力；建议第三组被试把重点放在接纳不舒适的感觉上。在这个精英运动群体中，接纳训练显著提高了他们坚持的时间（在比较研究中，接纳组提高了近 25%），而其他两种方法没有产生任何好处。对运动员来说，重要的是关注他们所感受到的疼痛程度，并以正确的方式做出反应，否则他们就会有受伤的危险。[14] 灵活性促进了这种开放、接纳的心态。研究还表明，如果确实受伤了，具备心理灵活性的运动员更有可能成功康复。[15] 之所以有这种效果，似乎是因为心理灵活的运动员能够更好地遵循康复要求。

如果你想把 ACT 技能应用到运动训练中，那么你可以从任何困难、乏味或痛苦的运动训练开始。将不同的灵活性技能循环应用到你的运动训练中，每天应用一种灵活性技能。可以像下面这样：

解离日。当你运动时，留意那些干扰你训练的想法，比如这台机器要了我的命，或者我讨厌仰卧起坐。然后用你最喜欢的解离方法来处理这些想法。

接纳日。当你感觉很糟糕时，虽然你知道它并不危险，但它会促使你停下来。把你的注意力放在这种感觉上，告诉自己：没关系，我愿意去感受它。想象一下，你是有目的地去接纳这种感觉。这样可以减少你的防御，让你成为自己感受的主宰者。

接触当下日。在训练时，要练习你注意力的灵活性，看看哪种注意策略对你的训练最有帮助。例如，如果你在骑自行车，把放在你身体上的注意力转移到周围的风景上；然后再把它带回到身体上，专注于踩脚蹬的感觉；然后注意你的呼吸。试着注意一些你训练时通常不会注意的事情，比如房间里的声音或者皮肤上的汗水逐渐风干的感觉。

自我觉察日。当你开始感到不适或无聊时，问问自己：如果你站在房间

㊀ 1 夸脱（美）=0.94635 升。

的另一边看，你会对自己说什么？在遥远的、更光明的未来，你会给自己什么建议？

价值澄清日。回想一下，你在训练中最希望展现什么品质。例如，也许你想对周围运动的其他人友好一些，而不是自我封闭，只专注于自己。或者你想表达对教练的感激之情，想办法采取相应的行动。

承诺行动日。试着修改一下日常训练内容，比如增加几个可怕的仰卧起坐，或者在你一直回避使用的器械上做些运动。

竞技体育不可避免地会带来一些痛苦和失败。但是，正如发展身体灵活性有助于优化运动成绩，同时可以最大限度地减少应对痛苦、失败而付出的代价，培养心理灵活性也是如此。

A Liberated Mind

第19章

培养精神幸福感

大量研究文献表明，精神幸福感（spiritual well-being）是身心健康的重要源泉。[1] 近些年，人们通过瑜伽和正念冥想等方法来促进精神性（spirituality）的提升。这些方法普通人也可以用来练习。无论你用哪种方式来培养自己的精神幸福感，ACT 技能都会有所帮助。稍微思考一下精神幸福感的本质就能明白其中的原因。

虽然精神幸福感没有普遍认同的定义，[2] 但许多文献资料描述了它的基本特征：内心平静；与自己和他人和谐相处；与他人密切联系；对自己和他人充满慈悲；超越了物质世界和自我局限；生活有意义、有目标；能够相信自己；尊重生命；对生活有信心，充满希望。美国国家健康研究所（National Wellness Institute）将对精神幸福感的追求总结为："对人类存在意义和目的的探索，引导一个人努力与自己、他人和谐相处，同时努力使内在需求与其他方面的追求保持平衡。"显然，它对生活品质的追求与 ACT 的目标是完全一致的。

解离有助于培养内心的平静，让生活充满希望，从而将我们从消极状态中解放出来。它也有助于我们将注意力指向外部，帮助他人满足他们的需求，而不是指向内部，反复思考自己的需求和困难。接纳帮助我们放下与慈悲和信任背道而驰的愤怒和怨恨。当我们面临重大的生活挑战，比如被诊断出患有疾病、被解雇或婚姻破裂时，会动摇我们对生活的信心。这个时候，接纳对我们会有很大的帮助。价值澄清帮助我们专注于发现充满意义和目的的生活。承诺行动帮助我们培养精神幸福所需的行为计划。除了具体的与他人接触的活动，以及一些社区活动，比如参加我们一直想做的志愿工作，还应该包括那些内在引导性的活动，比如冥想。

这让我想到了接触当下和自我技能。它们有助于产生精神幸福感，帮助我们建立我所说的与观察性自我之间有意义的联系。

"地毯之夜"后，我开始研究 ACT，写的第一篇文章在一年后发表，标题为"让精神生活有意义"。[3] 我开发 ACT 的目标之一就是帮助人们培养一种与观察性自我之间更持久的联系。[4] 我们在日常生活中已经体验到的细微联系，可以为我们提供灵感和指导。就像在黑暗的房间里，哪怕是一丝微弱的光线，也能防止你撞到家具上。而接触当下和自我技能练习就可以为我们提供那一丝微弱的光。下面我解释一下原因，并提供一些我认为很有效的练习。

换位思考练习

回想一下，在我们学习三种视角关系时，会发展出这样的自我意识：我—你；这里—那里；这时—那时。我已经介绍了一些练习来提升对观察性自我的觉知。我建议你从一个更光明的未来回顾自己；在脑海中穿越时空，回头看看自己；从一个受人尊重的朋友或长辈的视角来审视自己。在每一种情况下，我都要求你将注意力从三个维度的一端移动到另一端：从这时到那时；从这里到那里；从我到他人。然后再移到相反的一端。想象在一个更光明的未来，你把注意力从当下转移到"那时"。在脑海中穿越时空，回头看看自己。将意识从这里转移到那里。想象一个指导者从他的角度看着你，将意识从我转移到你。

此外，它还超越了自我界限，可以让你感受与他人的联结。

在我的第一篇 ACT 文章中，分析了该练习产生这种效果的原因。我推测这种体验的一个特征是：我们能够同时从这三个维度的两端进行感知。这就好像能够同时通过我和你的眼睛观看，同时存在于这时和那时，同时存在于这里和那里。我们的大脑以一种“整体”的感知方式感知世界，而不是传统的“非此即彼”的感知方式。对多种转换体验的研究支持了这一观点，发现二者兼有式思维是这些体验的核心。[5]

在某种意义上，意识本身提供了精神体验的种子。了解意识的认知基础有助于引导我们有意地在日常生活中注意精神的本质。这里有两个练习可以定期练练。

第一个练习结合了换位思考和接纳来培养对自己和他人的慈悲。慈悲是精神幸福的标志。如果我们对扩展自己的意识广度感兴趣，那么这是一个很好的起点。

最好是你先慢慢地、大声地朗读这个练习并且录音，然后从头到尾听一遍。这样你就可以闭着眼睛跟着录音练习了。在每个句子后面插入一个简短的停顿，有符号的地方，你也要停顿几秒。

* * *

请找一个安静舒适、不会被打扰的地方。首先睁大眼睛注意你的感官——注意你能看见的东西并注视它，注意这种看的感觉。然后注意你可以触摸的东西，伸手去触摸它，注意触摸它的感受。然后闭上眼睛，注意你能听到的声音。当你意识到是自己在注意这些东西时，就在那一瞬间，你会意识到自己就是注意者。停留在这种觉知中，保持片刻。

* * *

然后温和地将你的注意力转移到过去一天你感受到的痛苦情绪上。当你敞开心扉去体验时，看看你能否以一种温暖和智慧的方式去感受，就好像拓展了你的觉知，拓展了你的注意力，以至于它完全包住了你的情绪。注意你的呼吸。在每次呼气时，让你的善意和力量感更强一些，就好像温柔地将这种情绪包裹在慈悲的觉知中。拓展这种觉知，直到你能在每个角落、每个缝隙都感受到这些情感：温柔地、亲切地、慈悲地。

* * *

现在你要意识到，在其他地方、其他时间，还有其他人跟你一样也感受着糟糕的情绪。想象你可以跨越时空，把不断扩展的慈悲带给他们，就好像引导他们去做你正在做的事情。他们受到伤害，往往不是由于他们自己的错误。想象一下，一个人正遭受这样的痛苦——他感受到了一种糟糕的情感，却不知道如何处理这种感受。你不必了解他的具体情况。在你的脑海中，引导这个人拓展他的自我慈悲和觉知，就像引导一个人的手温柔地握住某个东西。注意你的呼吸。在每次呼气时，在脑海中想象着伸出手来，想象你们两人一起将这些情感包裹在慈悲的觉知中。不断地拓展这些情感，直到你们两人在每个角落、每个缝隙都能感受到这些情感：温柔地、亲切地、慈悲地。如果你的大脑说你不具备这些品质，那也没关系……只要想象它们，然后温柔地、亲切地、富有慈悲地觉察它们。

* * *

最后，想象一下，当你们两个都找到了自我慈悲和自我觉知的位置，痛苦情绪就会逐渐融入其中。你们都在用慈悲的觉知逐渐包裹对方的痛苦情绪。看看你能否让自己成为慈悲的接受者和给予者。放下你不必要的防御，接纳别人的慈悲。在你的觉知中，用人类慈悲的力量包裹住痛苦——你的痛苦、你想象的受难者的痛苦，以及任何地方受难者的痛苦。

* * *

静静地待在那个空间里，直到你决定回到这个房间，然后睁开眼睛。

＊＊＊

第二个练习有助于发展你的二者兼有的整体视角。这可能看起来有点儿奇怪，但请坚持下去，看看会出现什么。

这个练习还是需要你自己先把内容录下来，然后听录音做练习。读脚本的时候慢点儿，声音柔和放松。在每个句子结尾停顿一下，并且在每个符号处停顿几秒。

首先对你的感官体验做一个开放式扫描。你现在触摸到了什么？听到了什么？

现在留意一下是谁注意到了这些感受。注意你在当下的意识状态，并保持一会儿，就好像有人在你的眼睛后面注视着这一切。

＊＊＊

现在凝视一个人的眼睛。这个人是你非常熟悉的，可以是好朋友、爱人，或其他任何人。也许在现实生活中，你不会很长时间盯着他们的眼睛。但在这个练习里，我们会想象这样做是可以的。想象这些眼睛，看着它们。

当你看着那些眼睛时，要注意：你不仅看到了别人的眼睛，你也能看到他们看你的样子。

为了体验这种感觉，只要想象一下：你进入他们的意识，然后从对方的眼睛里回看自己。花点时间注意你的脸是什么样子的，然后看看你的眼睛在看什么。

但你们现在看到的，是你自己的眼睛。你的眼睛看到对方在看他自己。注意你能否从你的眼睛里看到这种觉知。你想象的眼睛不仅仅是被称为“眼睛”的物体，而且你能通过那双眼睛观看。注意你能否通过那双眼睛观看。当你感觉能通过那双眼睛观看时，回到你开始的地方。现在你又成了“你自己”，看着别人的眼睛在注视你。

* * *

最后，在接下来 1 分钟左右的时间里，继续以你刚才的方式转换视角。每当你清楚地意识到你（或想象中的他们）被看见时，沉浸在这种体验中，温柔地注视它，然后转换视角。慢慢地、冷静地在这两种视角之间来回移动。当你这么做的时候，注意你们两个不是完全分开的。在意识中，你们两个是相互联系的……好像你们两个人之间的界限正在软化，有一种“整体的”或我们一体的视角，而不仅仅是一种“非此即彼”或“我”的视角。

* * *

这个练习具有深刻的精神意义，因为它发展了我们与他人联系的“万物一体”感。我做过很多类似的练习。每当我做这些练习时，都会产生这种“万物一体”感。回想一下，RFT 认为：发展这种意识对于创造双向的象征关系至关重要。这种关系发展了我们的高级意识。我们是社会性灵长动物。与他人建立联系对我们是有好处的，这也是人类特性的一部分。

一旦你开始进行这个练习，就会发现你开始把这种意识带入日常生活中，越来越多地觉察到我们彼此之间的意识联结，也许就是在相视一笑的时刻。你会更敏锐地看到人们在关注你，你也会更敏锐地关注他们。感受到意识的纽带，将我们所有人联系在一起。

培养宽恕的能力

将换位思考和解离相结合，有助于我们培养另一种精神体验——宽恕。宽恕是一种强大的联结力量，它能让我们抛开过去的怨恨，丢掉让人软弱无力的包袱，在新的生活道路上奋勇前进。你不需要像上面的练习那样先录音再听录音进行练习，所以在脚本中我没有加入表示停顿的符号。但是，练习过程务必要慢。每一步都要停下来思考，只有你觉得已经完成了这一步的练习任务，再继续下去。

让你的思绪停留在生活中你想评判的某个人身上。他们可能会激怒你。你可能不赞成他们。也许他们以某种方式伤害了你，你可以要求他们对错误负责。

不管是什么，只需停留片刻，让你对那个人的评价浮出水面。不要相信这些评价，不要为它们辩护，但也不要试图摆脱它们。把这些评价视为你正在做的事情，而不是别人对你做的事情。小心，不要判断你的评价。这样做只是为评价承担责任（你可以把它写成“反应能力”，即 response-ability）。让它们顺其自然，善待自己。如果评价背后有事实依据，那么看看你能否注意到这些评价超越了那些事实——这是你现在需要做的事情。

当你清楚地意识到对这个人的评价时，让你的思绪停留在那些你以类似方式评价过的其他人身上。还有谁因为同样的原因激怒过你？这种模式持续了多久？你第一次做出这种评价是什么时候？它们在童年时出现过吗？你评价的对象是你的家人吗？再次强调，不要判断这些评价的好坏：只要注意它，注意到你正在做的。

当你评价别人的某种行为时，看看你能否意识到你也有同样的行为。如果你因为某人看起来控制欲很强而对他颇有微词，那么看看自己是否也有类似的控制欲，甚至是控制你自己。如果你因为某人看起来很自负而对他吹毛求疵，那么看看自己是否也有这种自负。

当你感到羞愧时要小心，因为它隐藏着“我很坏”的信息。带着冷静的好奇心审视自己的经历，与这种自我判断解离。你看，我做了某事，我的大脑在评价我。

现在是一个选择的时刻。你愿意给自己一份叫作宽恕的礼物吗？你愿意作为一个完整的人从当下向前迈进，而不必否定或坚持自己的判断吗？你能给自己一个崭新的开始吗？你能摆脱困境吗？

最后，回到你评价的那个人身上。你能给他同样的礼物吗？不要马上回答，仔细思考一下。

这并不意味着你不再认为对方的有害行为是错误的。重要的是，你不再为了宽恕对方而否定自己或改变事实。宽恕的真正含义是：你仍然认为他的行为是错误的，同时你也愿意让对方“摆脱困境”。你不会再试图证明他们冤枉了你。这是一个重新开始的礼物，不是基于对任何事实的否认，而是在放弃愤怒和痛苦之后的明智选择。你可以与你的评价以及它们对你的影响解离，只是让它们静静地待在那里。把它们放在落叶上，随着溪水漂走。

把下面这段话大声说出来也是有帮助的。如果你的阅读环境不太方便，那就在心里对自己说吧。

“我选择宽恕，即使我不会忘记。我愿意不再纠结于我的评价……对自己和他人都是如此。在某些经历让我评价自己和他人之前，我准备给自己更多的关怀。我愿意宽恕。”

练习顺序这样排列是有原因的：我们往往很难宽恕别人，除非我们先宽恕自己。宽恕（forgiveness）这个词来源于古英语单词 forgiefan, 它是原始日耳曼语 fur 和 giefan 的合成词，fur 的意思是“在……之前”，giefan 的意思是“给予”。我发现这有助于记住宽恕是我们给自己的礼物——一份之前就存在的礼物。当帮助他人“摆脱困境”时，也可以让自己摆脱困境，留下的不是无知的纯真，而是阅历丰富的纯真，是有意识、理性地选择重新开始。

第20章

应对疾病和残疾

如果你或你的家人曾面临严重疾病或慢性疾病，你会知道他们在心理上有多痛苦！不仅对生病的人，而且对目睹亲人在疾病中挣扎的照料者、朋友和家人来说，都是如此。然而，医疗机构对这些心理上的痛苦关注很少。更糟糕的是，关于如何应对的信息往往是一种误导。这些信息仅仅是鼓励人们积极思考，或更努力地遵从医疗建议。

我和妻子也曾遇到类似情况。当时她怀着小史蒂文，被诊断患有妊娠糖尿病。最初的饮食和运动方案被证明不足以控制病情，需要注射胰岛素。我们得到了大量病情相关的信息，以及控制妻子血糖水平有多重要。激励我们的主要方法是发出不祥的警告：如果不认真遵循说明，胎儿可能会受到伤害。为了帮助我们应对因孩子健康而引发的担忧，医院发了一本小册子，鼓励我们积极思考，还鼓励我们按照小册子的要求进行“认知重评”——它建议我们试着理性思考，去发现、挑战和改变消极的想法。

即便有专家的指导（更不用说靠一本小册子了），[1] 这种经典的认知重构和认知重评也很难正确地实施。也正因为如此，把所有相关研究结果综合起来看，它的益处很有限。那么认知灵活性呢？是的。这是有帮助的，而且鼓励探索其他想法也是有用的。发现、挑战和改变那些消极想法？这些并没什么用，甚至可能因风险太大而导致糟糕的结果。

如果我们不知道这一点，就可能会听从挑战认知的经典建议。如果这种方法没什么帮助，我们就会责怪自己不会使用它。取而代之的是，我们运用了心理灵活性技能。它们帮助我们保持专注，并坚持记录血糖读数，接纳血糖仪显示糟糕数字时的恐惧，并将这种恐惧转化为行动，去寻找药物、饮食和运动的恰当组合，以保持血糖处于合适的水平。这在情感上并不容易，但我们坚持了下来。小史蒂文出生后快乐而健康，随后妻子的妊娠糖尿病也很快自行痊愈了。

令妻子和我感到震惊的是，我们获得的建议和信息材料从心理学角度来说是如此有限，但它们完全符合糖尿病的护理标准。我们得到的信息材料是经美国糖尿病协会（ADA）批准的，大多数糖尿病患者得到的也是同样的材料。如果妻子在产后仍然患有糖尿病，我们很可能就会被推荐到一个教育小组，由一位经过认证的糖尿病教育者进行几个小时的疾病管理培训。换句话说，医疗系统会提供我们需要的所有医疗信息。这些措施我是认同的，这至关重要。但这些措施远远不够，[2] 人们还需要得到有效的心理工具。

这就是为什么 ACT 是初级保健护理中最广泛使用的模式之一。我的好朋友柯克·斯特罗萨尔是 ACT 的共同开发者，[3] 他和他的妻子帕蒂·罗宾逊开发了初级保健行为健康模型，将心理灵活性和相关方法纳入正常的医疗保健系统。部分原因是，目前对 ACT 培训是否有价值的研究大部分都集中在帮助人们与疾病和残疾做斗争，总体上取得了令人印象深刻的结果。

例如，研究人员进行了一项对 400 多名直肠癌幸存者的研究。[4] 为了防止复发，这些患者需要增加体力活动，在饮食方面也需要做出重大改变。其中一组患者接受了上面提到的常规训练，包括阅读科普手册和订阅科普邮件。而另一组患者在接受常规训练的同时，还接受了为期 6 个月共 11 次的 ACT 电话培训。在一年的随访中，ACT 训练组比常规训练组患者更好地实现了他们的运动目标，并且在饮食习惯上也有更好的改善。

这也许是意料之中的。但更令人惊讶的是，ACT 训练组还出现了被称为创伤后成长的显著变化——逆境之后的积极心理变化。这是通过患者对一系列生活质量陈述做出的回应来衡量的。比如关于他们的关系（例如：我和他人有了新的亲密感）；看到新的生活可能性（例如：我培养了新的兴趣）；改善了他们对个人能力的看法（例如：我知道我可以处理困难的问题）；积极的精神追求（例如：我有更坚定的宗教信仰）；以及更多的意义感（例如：我更能欣赏自己生命的价值）。常规训练组患者在这些领域中的任何一个方面都没有显著变化。但平均而言，ACT 训练组患者在所有方面都出现了显著的创伤后成长——在 6 个月后改善了约 15%，这一改善能维持一年。

研究表明，患有多发性硬化症、心脏病、小儿脑瘫、脑损伤、癫痫、艾滋病（或 HIV 携带者）和许多患有其他疾病的患者在创伤后成长方面也有类似的让人充满希望的结果。[5] 首先，灵活性技能可以帮助人们对健康问题的发展变得更有抵抗力。

一项在瑞士进行的研究证明了这一点。参与者超过 1000 人，是一个罕见的具有代表性的研究样本。[6] 这意味着研究结果可以可靠地推广到整个国家。研究人员证实了一个众所周知的事实——日常压力和缺乏社会支持可以预测广泛的身心健康问题。他们还发现，这些因素影响健康的程度与心理僵化密切相关。例如，那些在心理灵活性测试中得分较低的人，随着日常压力增强到较高水平，他们的抑郁水平会增加 60%。但是对于灵活性得分高的人来说，随着压力的增加，抑郁水平增加不到 10%！

心理灵活性技能也有助于应对衰老过程中不可避免的情绪问题和身体健康问题。在现代西方文化中，我们几乎没有接受过训练——如何在应对衰老的同时呵护我们的心理健康。反而在这种文化中充斥着年龄歧视。因此，人们越来越害怕衰老。许多人拼命工作，试图用昂贵的产品和服务来抵御衰老。随着年龄的增长，保持健康成为一项伟大的使命，但试图否认衰老，以及否认不可避免地失去社会角色、朋友或生活功能都是不健康的。如果活得足够久，我们都会变老。

研究表明，心理灵活性水平很高的老年人在长期护理以及临终关怀护理时体验到的抑郁和焦虑较少。[7] 在面对死亡时，他们经历的悲伤也较少。心理灵活性提高了人们对护理人员的接受程度，也提高了他们在某种身体机能丧失后的补偿能力。

这些研究结果毫无疑问地表明，学习灵活性技能应该作为每个人医疗保健的关键组成部分。我们可以将灵活性技能应用于任何身体疾病的管理，也可以将它作为几乎任何治疗方案的补充。让我们来看几个例子。

慢性疼痛

在世界各地，慢性疼痛的流行困扰着医学研究人员。这不仅是因为慢性疼痛患者在大幅增加，还因为一些拥有最好医疗体系，以及拥有最符合工效学的工人保护法的国家，在残疾护理方面花费了惊人的国内生产总值（GDP），其中大部分与慢性疼痛有关。斯堪的纳维亚就是一个例子。1980~2015 年，该国每年平均将 GDP 的 4.3% 用于照顾残疾和丧失工作能力者，其中大部分与工作有关。[8]

在美国，实际的伤残赔偿还没有达到这个水平（美国在伤残和工作能力丧失方面的支出占 GDP 的 1.1%），但它仍然不少。用于慢性疼痛的医疗费用在 1 万亿美元的一半到三分之二之间。[9] 2012 年，超过一半的美国人在过去 3 个月中经历过疼痛。[10] 这是一种无声的流行病，受影响的人数超过了癌症、糖尿病、心脏病发作和中风的总和。与此同时，美国在尝试用阿片类药物治疗慢性疼痛方面全球领先，但未取得成功。这种方法可能确实降低了成本，但不是因为它解决了问题——它将负担转嫁给了患者及其家人，并导致了广泛的阿片类药物成瘾的公共健康危机。

为什么会突然出现这种情况？现在比以往更容易对人造成身体伤害吗？几乎没有。这种变化产生的部分原因根植于我们谈论和治疗疼痛的方式。

大约 20 年前，美国医疗认证机构和其他相关机构鼓励医生将疼痛视为“第五生命体征”。[11] 这在评估患者健康方面与测量体温、血压、呼吸频率和心率一样重要，目的是为人们提供更多的帮助来应对疼痛，这是早就该做的。问题是，帮助他们的主要手段一直是用药物来消除疼痛，而不是在短期和长期范围内管理其心理社会影响因素。心理方法很少在医疗体系内得到支持，部分原因是疼痛治疗陷入了错误的模式。这是一种可怕的耻辱，因为研究表明，ACT 训练以及其他心理社会方法在很大程度上可以帮助人们应对慢性疼痛带来的痛苦，并且可以避免慢性疼痛的继续发展。

来自慢性疼痛的最大挑战是：与损伤或手术引起的急性疼痛不同，它似乎深深根植于一个叫作持续的厌恶记忆网络（persisting aversive memory network）的神经生物系统中。[12] 它让人感觉疼痛，但，它并不是来自受伤身体组织的剧烈疼痛。想想四肢慢性疼痛患者的经历，比如他们手部的疼痛。有时，他们请求把手或四肢切除来止痛。这是合乎逻辑的，却又是一个非常糟糕的想法：切除肢体的人中，仍有 85% 的患者感到肢体疼痛，即使肢体已经不存在了！这并不是因为切除肢体损伤了神经，而是因为疼痛最初根本不是发生在肢体上。它已经转移嵌入了大脑的中枢神经系统，就像我们的记忆一样。

如果疼痛持续了 3 个月（通常认为这是“慢性”的标准），4 年后有近 80% 的患者会持续疼痛下去，[13] 如果“慢性”的标准提高到 6 个月或 1 年，统计数据会变得更糟。至少在成人中，针对慢性疼痛的 ACT 疗法不是通过消除疼痛来起作用的（任何基于实证的心理干预方法，如传统的 CBT，也同样如此）。ACT 的强大之处在于降低了慢性疼痛的痛苦程度，从而减少了其对生活的干扰。这有助于人们带着痛苦继续正常的生活，而不是与痛苦对立。

如果 ACT 是治疗慢性疼痛方法的组成部分，那么它会减缓慢性疼痛的发展吗？现在下结论还为时尚早，但一些对儿童慢性疼痛的研究表明，ACT 训练有助于防止疼痛发展成为永久性的、根深蒂固的疼痛。一些世界级的疼痛研究中心，如斯德哥尔摩的卡罗林斯卡研究所（诺贝尔奖颁发地），在儿童治疗中广泛使用 ACT。[14] 这项工作显示，与成人相比，ACT 似乎更明显地减少了儿童的痛感。这可能是因为儿童的疼痛根植于神经生物学和心理上的程度较浅。新的证据表明，如果我们在急性疼痛发生后，在它变成慢性之前，在正确的时间使用 ACT（例如，在背部手术前使用 ACT），[15] 那么成年人身上也会出现同样的疼痛缓解。

鼓励人们用接纳技能应对痛苦，绝不应该被理解为告诉他们“振作起来，直面痛苦”。对于慢性疼痛患者来说，接纳是一个不堪重负的词。告诉人们应该接纳他们的痛苦，听起来就像在说：“请不要谈论你的痛苦，这对我来说太烦人了。”这不仅不人道，也无济于事。

ACT 的接纳绝不是否认或贬低痛苦。它有助于创造灵活性，通过接纳、解离和承诺行动的结合，将人们的痛苦生活转变为和疼痛一起生活，让人们学会带着痛苦回归到与所选择价值一致的生活中。

在第 8 章，我介绍了一种应用于慢性疼痛患者的 ACT 干预方法。你可以先做你最喜欢的练习，然后不断增加更多的练习。如果不知道该从哪个练习入手，你也可以尝试下面的方法，我发现这对处理疼痛很有帮助。我用它来对付疼痛带来的最令人沮丧的影响之一 ——睡眠干扰。

在做了一些接触当下练习之后，我通常会做一些专注于呼吸的正念冥想，持续 2~3 分钟，我会把注意力转向是谁在注意我的呼吸。换句话说，我从观察性自我的视角来接触世界。从那个视角出发，我轻轻地将注意力引向感觉疼痛的地方。当我这样做的时候，我就尝试用“放下绳子”来应对控制疼痛的冲动，或是分散自己注意力的冲动——不退缩、不控制、不分心，只是观察。对于我注意到的每一种感觉，我都试图接纳它。这意味着我可以敞开心扉，平和地去感受我的感受。如果消极想法侵入大脑，我就会用解离练习来应对，直到它们消失。然后将注意力重新拉回到我的呼吸上，再次注意是谁在观察。从观察性自我的视角出发，将注意力集中在疼痛上，找到接纳它的方法。当这种感觉不再困扰我时，我会看看是否还有其他让我困扰的感觉。如果有，我会在那里做同样的事情。

糖尿病

标准糖尿病治疗方法的局限性在患者预后数据中显而易见。[16] 全球超过 8%

的人将患上糖尿病，其中大部分是 2 型糖尿病，这是对胰岛素的获得性耐受表现。在美国，这一数字上升到 10% 以上，但这一数值仍然被低估了。因为众所周知，许多 2 型糖尿病患者并没有得到诊断。这是一个巨大且日益严重的世界性健康问题，部分原因是肥胖率的惊人上升。

幸运的是，在大多数情况下，这种疾病可以通过改变饮食和运动以及药物治疗得到控制，但患者往往不会严格遵守合适的治疗方案。[17] 不受控制的糖尿病并发症非常严重，包括心血管疾病、失去四肢和失明。

我的学生詹妮弗·格雷格希望 ACT 培训可以帮助患者更好地管理他们的疾病。[18] 为此，她与我和其他同事一起进行了一项研究。在研究中，一组患者接受了 ADA 认证的 6 小时标准教育；另一组患者则是将 ADA 认证课程削减了近一半，用 3.5 小时的 ACT 培训取代被削减的课程。ACT 培训内容包括引导患者如何与他们的糟糕情绪解离，这涉及他们对病情的恐惧想法，以及正确处理病情所带来的焦虑。培训内容还包括帮助患者澄清价值，帮助他们做出必要的行为改变。在 ACT 治疗过程中，患者将从对病情的恐惧想法中解脱出来，正确处理病情所带来的焦虑，澄清价值，承诺做出必要的行为改变。

詹妮弗和我开发了一个评估工具，针对糖尿病患者的想法和感受进行心理灵活性评估。[19] 我们让所有的参与者在培训前和培训后分别进行一次评估。结果发现，那些只接受糖尿病标准培训课程的患者心理灵活性得分下降了约 3%，而那些同时接受 ACT 训练的患者得分提高了近 20%。在 3 个月的随访结束时，ACT 培训组中糖尿病得到控制的患者数量明显高于仅接受标准课程组。糖尿病得到控制意味着血糖长时间保持在较低水平，从而避免大多数并发症（血糖水平高低是通过糖化血红蛋白来衡量的，它是衡量平均血糖水平的生物标志物）。标准课程组的患者糖尿病控制率实际上略有下降，从 26% 下降到了 24%。而在 ACT 培训组中这一比例几乎翻了一番，从 26% 上升到了 49%。如果保持这种程度的变化，预计这些年来被截肢和失明的患者能减少近 80%。

当这些结果在 2007 年发表时，在糖尿病研究和护理领域引起了轰动，一些研究者甚至对这项研究提出了质疑。但在 2016 年，一个独立研究团队在一项更大规模的研究中完全复制了这一结果。[20] 我并不是说 ACT 是治疗糖尿病的灵丹妙药。我确信，当我们学习如何解决这个问题时，未来一定会有得有失。但是，我们可以将心理灵活性作为糖尿病治疗的重要组成部分。

如果你正在治疗糖尿病，那么应该将工具箱里的所有练习都应用到病情有关的糟糕想法和情绪上，并致力于你和医生一致认为需要的行为改变。写下你在做出这些改变时遇到的所有障碍。放下所有与这些障碍做斗争的想法，打开你的 ACT 工具箱，开始进行里面的练习。下面是一个你可以尝试的额外练习，我已经看到它对糖尿病患者非常有帮助。该练习需要在团体中进行，你可以和信任的朋友或家人一起做这个练习。

选择一个或一组与你的价值或目标相一致的行为。然后站在你的朋友或家人面前，告诉他们你选择的行为与糖尿病的关系。你希望你的行为反映什么？为什么它对你来说很重要？如果你忘了这一行为，会发生什么？接下来，向他们承诺你将要采取的行动。要足够具体，这样他们才会知道你要做什么。我们常用鲜明的立场来表达对某事的坚定承诺，那么这个练习就是为了维护你的健康。

癌症

统计研究表明：近 40% 的人将在人生某个时刻被诊断出癌症。[21] 虽然医学界在开发更有效的检测和治疗方法方面取得了长足进步，但是美国国家医学研究院（National Academy of Medicine）担心对癌症患者心理问题的关注已经严重滞后。大约 30% 的癌症患者都会经历抑郁、焦虑和压力，但他们通常很少或根本没有得到治疗。

癌症患者常会责备自己罹患了这种疾病（尤其是患有肺癌的吸烟者），或者尽管出现了症状，但没有及时寻求医疗诊断。社会舆论告诉他们应该保持积极的态度，这使得患者很难谈论诊断给他们带来的压力。朋友和家人在谈论亲人的恐惧和痛苦时会感到尴尬。回避正常的生活成了常见现象，有些是因为疲倦，这是癌症以及癌症治疗的普遍症状，但也是因为病人不想让亲人看到他们糟糕的状态。

此外，一旦确诊，即使治疗很成功，与癌症的斗争也永远不会结束。对复发的恐惧会持续多年。许多幸存者经历了长期的身体残疾，一些人再也无法重返工作岗位，这不仅会造成经济压力，还会导致生活缺乏意义和目标感（这种感觉经常被广泛报道）。

ACT 技能已被证明能显著提高人们应对这些挑战的能力，[22] 尤其是在应对抑郁、焦虑和复发恐惧等常见症状时更是如此。

心理学家朱莉·安吉拉（Julie Angiola）和安妮·鲍恩（Anne Bowen）曾经详细描述了一位患者的经历。这个案例对根据癌症的具体症状灵活调整 ACT 练习提供了有益的借鉴。这位 53 岁的女性患有ⅢC 期上皮性卵巢癌，在最初的治疗后又复发了两次。在第二次复发后两个月，她开始与 ACT 咨询师进行会面。她诉说自己必须考虑是否按照建议进行额外的化疗。她向 ACT 咨询师报告说，她在麻木和“无休止的担忧”之间摇摆不定，而且她太疲惫了，连下床都很困难。她还说，她为自己的所作所为感到羞愧，尽管她想花更多的时间和丈夫在一起，但她不想成为他的负担，所以搬进了客房。

咨询师首先问她想过什么样的生活，[23] 帮助她思考有价值的生活对她来说意味着什么，然后让她找出阻碍她过上有价值的生活的障碍。她还接受了心理灵活性和价值评估。结果显示，她在回避方面得分很高，同时在价值澄清方面得分也很高，特别重视与家人共度时光、与朋友交往、参与娱乐活动，以及确保身体健康。正如评估帮助她看到的那样，她的行为与她的价值并不相符。鉴于她在价值澄清方面得分很高，咨询师让她首先做了大量工作，将价值与她承诺的行动联系起来。然后，咨询师帮助她接纳，引导她进行本书第二部分介绍的许多解离、自我、接纳和接触当下练习。最终，她显著提升了自己的生活质量，并重新致力于她所看重的活动。

你可以根据你的问题来调整你的灵活性技能练习。例如，如果焦虑或思维反刍对你来说是问题，那么最好从解离和接触当下开始。如果自责和羞耻是棘手的问题，那么进行自我练习将是一个很好的开始。

耳鸣

我从亲身经历中感受到了灵活性技能在应对慢性健康问题方面的价值。耳鸣是指耳朵里出现持续不断的嗡嗡声，会给人带来诸多不便。最常见的治疗方法是耳鸣再训练疗法（tinnitus retraining therapy，TRT），它通过咨询将耳鸣声解释为温和的噪声（作为中性信号），并使用噪声机器或其他音响设备来使耳鸣患者习惯于这种温和的噪声。TRT 背后的原理是，大脑错误地将耳朵中细微的神经刺激感知为噪声，但如果将环境中的声音设置得较高一些，就不会有耳鸣。这有点像你在安静的房间里感觉空调噪声很可怕，但在嘈杂的酒吧里它几乎不会被注意到。

我过去喜欢听朋克摇滚。那些满身文身、赤裸上身的歌手像飞机发动机般咆哮。现在，几十年过去了，落了个耳鸣的下场。我对 TRT 的相关研究印象不深（因为其效果微乎其微），所以我选择忽略噪声，希望它会消失。我戴着耳塞防止耳鸣的进一步恶化，但耳鸣声稳步增长，声音越来越大、越来越大！这让我逐渐滑入深渊，整个过程持续了大约 3 年的时间。直到脑子里冒出一个想法：如果我开枪自杀，耳鸣声就会停止。这个可怕的想法终于让我想起用 ACT 来处理它。

我走了很多弯路之后，才充分运用接纳、解离和接触当下的技术。当我回到 ACT 的时候，我知道它会奏效。效果几乎是立竿见影的。不到两天，我就不再因为耳鸣而感到苦恼了，并且这种苦恼再也没有回来过。

耳鸣声并没有消失，它变成了酒店通风系统的噪声，谁会对此感兴趣呢？几年后的今天，耳鸣还在（声音更大了），但它再没有打扰过我。我甚至很少听到它，除非我正谈论它，或者就像现在于写作中讨论它。不要紧：我的大脑还邀请我以某种方式关心一下耳鸣，但是被我礼貌地拒绝了。

我之所以会如此快速地接纳，是因为我已经练习了几十年的灵活性技能。所以，我并不是说对 ACT 新手也会有如此立竿见影的效果。但鉴于我身上出现的积极效果，我联系了瑞典研究者格哈德·安德森（Gerhard Andersson），他是用心理学方法治疗耳鸣的世界权威专家。我们一起编制了耳鸣接纳问卷

（Tinnitus Acceptance Questionnaire），用 12 个项目测量与耳鸣相关的心理灵活性。果然，它可以很好地预测耳鸣带来的痛苦。我们现在知道，即使将焦虑和抑郁症状考虑在内，心理僵化也会将耳鸣转化为对生活的消极影响。[24]

格哈德和他的团队随后对 64 名患者进行了试验。[25] 这些患者被随机分成两组，一组接受 TRT 训练，一组接受 ACT 训练（共 10 次，每次约 1 小时）。在为期 6 个月的随访中，ACT 训练组 55% 的患者报告，耳鸣对他们生活的不良影响（比如影响睡眠或引起焦虑、抑郁）有了显著改善；而 TRT 训练组只有 20% 的患者报告改善状况。ACT 训练组改善人数几乎是 TRT 训练组的 3 倍。

该瑞典团队邀请我来帮助他们判断，心理灵活性的提高是否可以解释这种差异。的确如此。此外，在几次 ACT 训练后，患者谈论自己问题的方式也发生了改变。由此，我们可以看出心理灵活性所起的作用！当患者因为耳鸣而出现糟糕想法和情绪时，我们追踪了他们使用灵活性技能应对的频率。[26] 例如，如果一个人说“我有一个想法：噪声令人痛苦”，而不是说“噪声令人痛苦”这样让人更纠结的说法。6 个月后，他会体验到更少的痛苦，也更少受到耳鸣的干扰。

目前还没有公认的治疗耳鸣的权威方法，但瑞典团队的研究是一个很好的开始。我自己的经验告诉我，有时候接纳应该是这样的形式：我不在乎，你不能强迫我。我不需要从耳鸣中学到什么。（也许我下辈子要注意：听朋克摇滚时，不要站在 30 英尺㊀高的扬声器附近。）

我认为很多生活事件（幻觉疼痛、永久性功能丧失等）最终都需要接纳。接纳意味着接受上天的馈赠。但是，当你深入探索之后，最终的接纳可能更像是“这太无聊了，不值得关心”。

绝症

被诊断为绝症的人会因为面对死亡而恐惧、悲伤。[27]ACT 已经被证明可以

㊀ 1 英尺 =0.3048 米。

帮助他们应对这些恐惧和悲伤。灵活性技能可以帮助人们减少痛苦，并将他们的精力导向更有意义的临终活动。例如，一项针对晚期卵巢癌妇女的研究。晚期卵巢癌患者中近 85% 会在几年内死亡。

一组患者接受了 12 次常规训练，包括松弛训练、认知重建，以及指导如何面对死亡必然性这样的问题。另一组接受了 12 次 ACT 技能训练。鉴于参与者正在进行强化治疗，训练被安排在任何可能的地方，例如化疗室、输液室和检查室。

ACT 训练组在许多方面都有明显改善。他们较少抑制自己的想法，焦虑和抑郁程度也明显较低。此外，接受 CBT 训练的患者以看起来更像是分散注意力的方式来应对焦虑，比如花更多的时间看电视，而 ACT 组采取了更有意义的行动，比如给他们的孩子打电话、决定去世后财产如何分配、确保遗嘱明确无异议，以及给朋友和家人写信。

灵活性技能也能帮助我们接纳亲人去世的事实，以更有意义的方式与他们共度剩下的时光。我用很艰难的方式才学到这些。

我的家人对死亡采取高度回避的态度。父亲在我 24 岁的时候去世，当时我在离家很远的地方读研究生。在姐姐打电话告诉我这个消息后，母亲很快就打来电话，极力劝导我不要参加葬礼。我很穷，她提醒我。她说，她在经济上也帮不了多少忙。

我非常乐意接受这个建议，并以费用不足作为不参加葬礼的借口。但从那以后，我对这个决定深感后悔。

几年前，当姐姐苏珊娜打电话告诉我 92 岁的母亲病情恶化时，我立即登上了从里诺飞往凤凰城的飞机。当我来到母亲床前时，她眼睛紧闭，已经不能说话。但当苏珊娜说“史蒂文来了”时，她的头微微动了一下。

在姐姐和她成年的孩子亚当和梅根的簇拥下，我扶着母亲坐了起来。在她生命的最后几小时，我看着她的呼吸变得缓慢，她脚的颜色随着生命停止而变黑。我的脑海里浮现出上一次见到她时的情景。

她已经忘了我已经来了，她的大脑再也记不住新信息了。她用虚弱的声音喊道：“史蒂文！我的儿子！”当我走进她所住的护理机构的休息室时。“他是个名人，”她声音低沉，骄傲地告诉坐在身旁的一位女士。然后对着她又是一阵吹嘘，“他是一名心理学家。”然后，她转向我，似乎是为了提醒她心爱的儿子生活中真正重要的是什么。她平静而坚定地总结道：“他帮助了很多人。”

人们的生活应该基于自己的价值，母亲正是这方面的典范。她一直在努力引导她的孩子做正确的事情，而不是哗众取宠。对她来说，最重要的一直是：我们是什么样的人。当她的生命接近尾声，我很庆幸我们能陪伴在她身边。在每一个珍贵的最后时刻，充分体验我们的悲伤、我们对彼此的欣赏和爱。

我终将走向自己的坟墓，独自品味与人世告别的滋味。我们说至爱之人的死亡是可怕的，的确如此。但如果我们敞开心扉来看，这些神圣时刻也充满敬畏。爱和丧失的痛苦，就像一个三明治，它不会以其他方式出现。

我希望当你失去亲人时，你所拥有的灵活性技能可以帮助你体验到一种平和感，以及存在于你悲伤之中的爱。

第21章

社会转型

我们在和自己赛跑。从你我彼此交流的字里行间，你会发现每个人都在想，我们能否在心理和文化上发展得更快，以防灾难的发生。具体的灾难因发布于推特、脸书、博客或专栏的信息而不同，从地球变暖无法修复、致命的流行病，到创造一个可怕的世界，导致我们的孩子无法幸福生活。

本书有助于解释这场比赛的真正意义。尽管人类语言和认知似乎正在为此制造无尽的障碍，但我们人类能学会如何与自己和平相处并明智地行动吗？科学技术这些技能的产物很奇妙，但也很愚蠢。互联网把我们联结在一起，但它泛滥的灾难性信息和具有挑战性的判断淹没了我们。飞机把我们联系在一起，但它向大气中排放的温室气体也比其他任何设备多。我们有能力让这个世界变得不宜居，甚至不适合生存。在这样一个世界里，我们不能再只聚焦于“我”——我们需要聚焦于“我们”，让我们能够与他人合作来共同应对这些挑战。

我们一直缺乏的是对进化和行为科学知识的发展和应用，以适应现代社会的需要。我们看到了这种缺失的代价：心理健康问题、慢性疼痛和物质滥用问题的增加，以及我们试图通过药物来摆脱这些问题所造成的悲惨局面。但我们也可以看到，我们无法培养健康的行为，无法应对身体疾病的挑战，无法解决偏见和污名化的问题，也无法软化我们的政治立场。在家里、学校和工作场所都能看到这些情况。

本书的主题是，一旦认识到我们所面临挑战的性质，我们就能明确前进的道路。利用进化和行为科学的原理，我们可以有意识地进化自己，变得更有能力应对生活的挑战，并改变我们的家庭和社会。我们需要的技能是众所周知的，我们可以将它们传授给儿童及其父母，还有教师、工人、管理人员、医生及其病人、社会工作者和其他寻求服务的人。我相信，如果广泛地发展这些技能，将有助于解决困扰个人、社区和整个国家的许多社会、行为、经济和环境问题。

这个愿望可能听起来很宏大，但我想分享一个故事，是它激励我相信我们有这种潜力。这个故事讲的是如何利用ACT训练来帮助受灾社区的人们敞开心扉，改变自己的行为，以拯救生命。

塞拉利昂620万人口中，近3/4的人每天生活费不足1美元。[1] 该国的医疗保健体系薄弱，西方所理解的精神卫生保健几乎不存在。几年前，那里只有一位博士级别的心理学家和一位退休的精神病学家。我不认为这种悲惨的状况已经改变。

最重要的是，这个国家被长达10年的内战撕裂。内战于2002年结束，造成5万人死亡，基础设施被毁，大约2万人被截肢。已经有了如此巨大的创伤，2014年塞拉利昂再次遭受重创。埃博拉病毒在年初爆发，很快就有超过8000人感染，近4000人死亡。世界卫生组织努力控制疫情，但疫情已经从邻国几内亚和利比里亚蔓延到了塞拉利昂。

来自世界各地的数百名传染病专家涌入这些国家，发达国家也向这些国家提供了数百万美元的资金支持。军事专家帮助控制内乱，同时强制执行流行病学建议，以阻止疾病的传播，但是心理健康专家却没有被派去。

为什么心理专家能够帮助对抗埃博拉病毒？因为不仅是疾病本身具有传染性，人们对被感染的恐惧也使得对抗病毒变得更加困难。我们在几内亚看到了一种可怕的情况：医护人员到达一些受感染社区时穿着必需的塑料防护服。当地人被这样的装扮吓到了，把医护人员当作入侵者，并用砍刀杀死他们。他们还把患病的亲属藏起来不让当局发现，或者让他们逃到周围的村庄，结果在那里继续传播疾病。

我们也看到了恐惧在美国的蔓延。从非洲其他没有埃博拉病毒传播的地区返回的卫生工作者在没有合理理由的情况下被长时间隔离。美国唯一一个埃博拉病例成了全国新闻。

遏制流行病总是需要改变行为。在这方面，心理学能提供很多帮助。在塞拉利昂，人们自己利用 ACT 和进化原则，放弃了他们亲吻、清洗临死者和死者的神圣做法，这本来是文化上尊重家庭关系和促进死者的灵魂进入下一个世界所必需的仪式。

这些习俗必须改变，因为埃博拉病毒夺走生命时，病毒会随着人的出汗而出现在皮肤表面。亲吻和清洗死者尸体肯定会成为埃博拉病毒的下一个受害者。治疗病人唯一的安全方法是隔离他们，死者的尸体必须立即装进裹尸袋烧掉。

政府实施强制政策很容易，然而，强迫人们服从，就意味着会留下一个文化上受到创伤的社会。所以，需要采取更人道和更有效的心理学办法。幸运的是，该国第二大城市博城周边地区接受过 ACT 培训的当地人帮助创造了一种方式，让社区成员接受防疫要求。

一位名叫贝特·艾伯特的德国心理学家在博城建了一家 ACT 心理健康诊所，帮助人们应对战争的恐惧和生活中的极度贫困。该国几乎完全缺乏精神健康服务。几年前，贝特在伦敦参加了一个我主持的为期两天的 ACT 工作坊，之后开始了她的 ACT 培训师工作。从一开始，她的主要兴趣就是利用 ACT 来促进社会转型。

她创立了一个名为“承诺与行动”（Commit and Act）的非营利性组织，其使命是“为冲突地区受创伤者提供心理治疗支持”。2010年，贝特前往塞拉利昂，在当地开展ACT培训。其中一个学员是汉娜·波卡丽，她是一位出色的年轻社会工作者。当时，29岁的汉娜出于社群主义和个人原因对心理治疗感兴趣。

她在战争中长大，目睹了许多孩子受伤。她自己也是战争的受害者之一。她16岁时被叛军俘虏后逃了出来，躲到沼泽里，但叛军还是发现了她。她被司令官强暴，后来再次逃脱，度过了十几年的躲藏期，“为了减轻痛苦”，她吸毒成瘾。

最终，汉娜把她经历的痛苦和创伤转化为帮助他人的行为。她开始在无国界医生组织做志愿者。在联合国的帮助下，她获得了社会工作学位。在ACT帮助她解决自己的创伤问题后，汉娜成为贝特在该国扩大ACT培训的重要合作伙伴。负责指导ACT发展的专业协会国际语境行为科学协会了解了他们的工作后，帮助筹集资金，将汉娜和其他几位塞拉利昂的心理咨询师带到美国接受更多的培训。同时，将ACT培训师派遣到塞拉利昂，让他们在当地培训更多的心理咨询师。

当贝特在博城开设“承诺与行动”诊所时，汉娜被任命为主任。拥有这样的心理咨询资源是如此特别，以至于博城百姓举行了一次游行来庆祝它的开业。

之后，贝特又为部落暴力受害者和儿童期就被卖身为奴的妇女设立了ACT特别项目。几百名来访者接受了个人治疗、团体治疗或工作坊学习。格拉斯哥大学的一项评估显示，即便是被筛查出PTSD症状者（PTSD，创伤后应激障碍，是一个受到战争蹂躏十多年的国家里的常见问题），他们也会变得更加专注，更少被自己的想法所困，更加快乐。[2]

埃博拉病毒爆发后，几周内，汉娜被任命为应对埃博拉的区域主任——因为承诺与行动诊所是少数几个能够帮助改变人们行为，且运转良好的实体之一。认识到有必要说服整个社区接受隔离和焚烧尸体，汉娜和贝特向我和国际语境行为科学协会里的其他人寻求帮助。

我一直在与前面提到的进化生物学家戴维·斯隆·威尔逊合作，将ACT与已故诺贝尔奖得主埃莉诺·奥斯特罗姆的工作结合起来。她确定了8项原则，社区成员可以通过这些原则一起解决问题，例如管理有限的共同资源（如牧场和鱼塘）。我们的目标是开发一种更有效的方法来促进社区中的亲社会合作和关怀。我们把奥斯特罗姆的原则和ACT结合发展为亲社会这一方法。[3]汉娜和贝特接受并试图遵循这一方法，让社区应对埃博拉病毒的挑战。他们开始在博城对村民进行亲社会培训，将有关埃博拉的信息与ACT的指导和干预工具结合起来，并按照奥斯特罗姆的原则进行。

ACT培训使用了第18章实践练习中介绍的被称为“矩阵扫描”的工具，它教会人们寻找他们想要迈向的内在价值，看到导致他们远离价值的情感和认知障碍，并考虑如何让他们的行为以价值为基础。然后，这些村庄被要求思考如何应用这种价值联结，以及奥斯特罗姆对群体合作的见解，来应对埃博拉病毒的挑战。汉娜要求社区成员想出其他方法来纪念他们所爱的人，而不是为他们祈祷、清洗或亲吻他们。在较早的一次培训中，一位村民提出了一种强有力的解决方案。

塞拉利昂盛产大香蕉树。这位村民建议用大香蕉树来举行一种新的仪式：切下一段树干，用传统的方式清洗，再用干净的白色床单把它包裹起来，然后放在垫子上，将其作为死者的图腾。哀悼者可以背着它、亲吻它，为它祈祷，拥抱它，甚至把它作为埃博拉病毒感染者的象征埋葬它。

随着埃博拉病毒在博城的蔓延，这一仪式帮助人们既保护了自己的社区，也保护了他们文化传统的核心。因此，在2014年春末夏初的关键月份里，在8个疫情最严重的地区中，博城埃博拉病例的增长率是最低的。

ACT培训也可以帮助埃博拉病毒感染者勇敢面对可怕的命运。一名男子拒绝验血来证明他是否感染了埃博拉病毒。他吓坏了。“如果有人靠近我，我就向他们吐唾沫！”他向医院工作人员喊道。武装警卫把他关在医院里，关了好几天，没人知道该怎么办。该男子告诉一名警卫，他宁愿被枪毙也不愿意验血。医院工作人员对他又气又怕。

汉娜听说这件事后，要求去见见他。她跟我回忆说："在ACT中，我们说人们会和他们的想法'纠缠'。在这名男子的大脑里，有个牢不可破的观念'我不会让任何人靠近我，我无法面对这一切，这是不可能的'。"汉娜穿上全套防护服，坐在他的床边，做了自我介绍，然后问道："你最担心的是什么？孤独地死在这里吗？"

他说他很痛苦，因为任何人都被禁止接触他，大家宁愿杀了他，也不愿意碰他。"现在所有人都敌视我，"他说，"我遇到了麻烦，遇到了大问题。我还受到了威胁。"

汉娜问他："那你都做了些什么？"

她对此一无所知。那名男子看着她说："我想报复社会，到处传播埃博拉病毒。"

汉娜又问："在生活中，你最关心什么？"他停顿了一下，忍不住抽泣起来。吞吞吐吐地说，他最关心的是他的家人，他想和他们在一起，想让他们知道他爱他们。他希望得到家人的尊重。

"那就采取行动吧。"汉娜轻声建议，"让医院工作人员抽血化验，向家人表达你的爱，把你的爱表现出来。"

他配合地抽血化验。正如他担心的那样，他被传染了，而且很快就会死去。但汉娜帮助他认识到，他可以将痛苦的能量转向对家人的爱，而不是转向愤怒和恐惧。他的家人可以穿着防护服来看他，告诉他他们有多爱他。他们会看到，他是带着勇气和尊严接受自己的命运，而不是到处威胁他人和胡言乱语。

几周前，汉娜去他的村庄做了一次ACT/亲社会培训。因此，当他去世时，家人知道该怎么做。他们允许他的尸体被带走并焚化，并为他举行了一个合适的葬礼。家人准备了一截香蕉树树干，对着它祈祷、清洗、亲吻，然后埋葬它。

在埃博拉病毒爆发后，塞拉利昂的文化也被撕裂了。在全国范围内，家庭分崩离析，性暴力和家庭暴力呈上升趋势。但博城的承诺与行动诊所开辟的更温和、更具社会变革意义的道路，继续产生红利。一场旨在对抗暴力，特别是遏制家庭暴力的妇女运动，已经在博城亲社会运动中兴起。虐待女性的男性第一次被送进监狱，暴力幸存者和施虐者都接受了心理服务。塞拉利昂政府近期指出，博城针对女孩的性暴力正在减少。其中一个主要原因是承诺与行动诊所发挥了积极作用。疗愈还在继续，越来越多的地区使用心理灵活性来促进社会转型。

A Liberated Mind

致 谢

2006 年，在我的第一本自助书《跳出头脑，融入生活》（*Get Out Of Your Mind And Into Your Life*）流行后不久，我就开始计划写这本书。开始我起草了一份粗略的大纲，但它看着很别扭，最终被我束之高阁。我是一个训练有素、个性超群的极客，即使在心理学家中，我的不可理喻也常被人笑话。直到几年后，琳达·洛文塔尔伸出援手，成为我的经纪人，这个图书项目才得以推进。琳达带来了这个项目所需的支持、动力、智慧、技能、耐心和关怀。到 2011 年，这个项目已经变成了现实。她对我的信任，以及多年来坚定不移的诚实反馈，鼓舞了我，推动我不断前进。

已故的《时代》杂志记者约翰·克劳德在 2006 年让我名扬天下。那一年，他撰写了一篇文章，引发了《跳出头脑，融入生活》的成功，将我从默默无闻中拯救出来。在他的帮助下，我撰写了本书第一份精心设计的大纲和样本章节草稿。我把本书献给他，因为在另一个宇宙，他会像我最初希望的那样，和我一起创作本书。他是一位才华横溢的作家，有着深邃的思想。我非常希望约翰的精神能在本书中得到体现。

斯宾斯·史密斯是一名职业作家，也是《跳出头脑，融入生活》一书的合著者。他也对本书的撰写提供了帮助。斯宾斯是我们犹太人所说的“受尊敬的人”——他是一个受人尊敬、善良、可靠、品德高尚且正直的人。能成为他的朋友和同事，我倍感荣幸。

艾米丽·洛是本书英文版的责任编辑。她的能力、智慧和坚持不懈令人惊讶。她把书中的想法应用于她自己的生活，这样她就可以根据自己的直觉提出一些建设性的意见。这样的方法让我感到荣幸、感动和印象深刻，她简直就是最棒的。

企鹅出版公司艾弗里分公司的卡罗琳·萨顿在本书出版的关键时刻对文本提出了非常有用的意见。

我所有成年的孩子卡米尔、查理和埃丝特都对本书给予了反馈，并给出具体建议，包括埃丝特对插图的建议和卡米尔对书名的建议。

多年来，我的妻子雅克一直支持我。她对书稿反复不断地修改，最终才使之呈现出现在的样子。旅行、采访、疯狂写作、研究，导致所有责任都转移到了她的肩上。我永远无法偿还这笔“债务”。想到这些让我热泪盈眶，我会永远记住这一切。雅克还为本书的新观点提供了关键性的意见。这些新观点在很长一段时间内一次又一次地被讨论，以致耽误了我们的睡眠。她特别敦促我更仔细地审视社会背景和特权问题，这对扩大本书的受众至关重要。谢谢你，亲爱的！

在 ACT 理论发展过程中，我近几届博士研究生深度参与其中，他们是布兰登·桑福德、弗雷德·秦、科里·斯坦顿和帕特里克·史密斯。我总共培养了 48 名博士，他们的研究工作都融入在本书的特定章节中。在正文和注释中我只提到了其中的几个人，但是他们的贡献是毋庸置疑的，他们和我都知道。而读者也会从中受益。谢谢。

在面对多个书名该如何取舍时，我得到了格雷格·斯蒂克利瑟和蒂尔·格罗斯的帮助。汉克·罗柏和英格·斯肯斯热心帮忙校对，并指出那些令人困惑的句子。

第 4 章中关于说谎的部分最初是为盖·里奇和我计划合著的一本书而准备的。他正在制作一部关于自我影响的电影，这本计划中的书是这部电影的配套图书。很遗憾，这本书没有继续向前推进（但我希望有一天这部电影会上映——这是一部强有力的作品），但正是盖首先让我意识到概念化自我和谎言之间的深刻关系。他清晰的视角产生了持久的影响。感谢他的真知灼见。

我还要感谢那些用他们的生活改变了ACT的来访者。部分来访者的故事以匿名的方式出现在本书里，但大部分人以间接的方式出现。他们报告的自己的痛苦以及提供的相关信息，已经成为ACT的一部分。例如，用于解释ACT的相当一部分隐喻都是来自来访者，而不是我或任何其他专业人士。我们都会被遗忘，但也许来访者的勇气已经把自己的故事带入将有持久影响力的文化中。我衷心希望这种圆满结局的出现。

我想对整个语境行为科学（CBS）圈子致以深深的谢意。这是一个由遍布全球的临床治疗师、教师、基础研究者、哲学家、应用研究者、政策专家、进化论者、行为主义者、认知主义者、预防科学家、护士、医生、教练、心理学家和社会工作者（我还可以继续列举下去）组成的惊人群体。我在本书里讲述了他们中的一小部分人的个人故事，但是读者应该知道，在与ACT、RFT和CBS相关的每一个注释中的每个名字后面，都有一个坚定的人。我认识他们中的许多人，也许是大多数人。他们热衷于共同努力创造一种更有价值、能够应对人类心理问题的心理学。我试图在本书里表达他们的想法和愿望。我是这项工作的发起人，但我只是共同创始人或共同开发者。当它在1999年以书的形式出现时，它需要柯克·斯特罗萨尔和凯利·威尔逊那有能力的手来共同写作。为了进一步研究和实践，它需要成百上千富有爱心的专业人士和研究人员。随着它进入国际社会，这种需求更加紧迫。当我们成为一个群体时，语境行为科学一定会发展得更好。我的同事们在这段旅程的每一步都用他们的价值、愿景和友谊鼓舞着我。

正如我在正文最后重复的那样，生活就是在爱和恐惧之间做出选择。那些爱我的人——朋友、家人和同事——帮助我选择了爱。没有比这更好的礼物了。谢谢你们！

史蒂文·C. 海斯

于内华达州里诺市

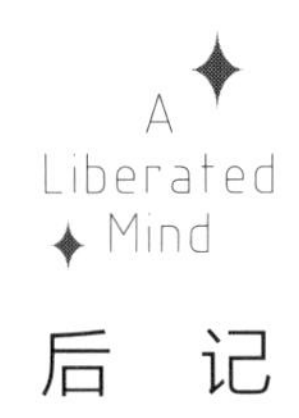

后　记

在全世界范围内，心理灵活性在诊所、企业、政府机构和学校都被认为是一项重要的生活技能。随着每个人都学会这些技能，我们的文化也会一点一点地进步。人与人之间的交流会变得温和，人与人之间的联系也会越来越紧密。

当然，不仅仅是ACT。各种冥想训练项目激增，基于价值的团体也在增多。你打开杂志或打开电脑，几乎都会看到以某种方式关注心理灵活性的博客、畅销书、电视节目或电影。本书的读者会认识到发生了什么，即便它们在具体的表达方式上使用不一样的术语。例如，数千万儿童都看过关于心理灵活性的电影或动画片。令我欣慰的是，在过去的35年里，ACT在促进文化焦点的转变方面发挥了作用。

我们可以在生活、家庭和社区中做更多的事情来促进心理健康的发展。在这方面，本书的读者扮演着重要的角色。我希望到目前为止，你可以确信我已经兑现了本书开头所做的承诺，即提出一套科学的程序，让人们在几乎每个领域做有价值的事情。我希望你已经受到启发，可以帮助他人学习心理灵活性，希望你已经看到这样做给你和你爱的人的生活所带来的益处。

如果是这样的话，想想这样一个事实：社会变革往往始于有人向前迈进了一小步。如果本书对你有帮助，那么此时，我对你的要求就是向前迈进一步。我想请你分享所学到的东西，并好好利用它。是否使用本书中的术语并不重要，重要的是你身体力行，并鼓励别人也这么做。当你敞开心扉时，可以赋能别人去做同样的事情。当你能够共情别人，或者明确你的价值并朝着价值方向前进时，就会创造人与人之间的联结，并激发促进健康的动机。当你让别人知道在精神内耗和情感回避外有其他选择时，你就给别人带来了希望。所有这一切都会使人们更友善、更有教养，同时减少导致心理僵化的负面因素。

如果允许自己被“内在独裁者”支配，那么生活就是一场灾难。当我们从它的控制中解脱出来时，另一种思维模式就在毫厘之外——就像本书的英文书名所说，让心灵自由，可以帮助我们转向重要的事情。

我们的思想里都有心理灵活性的种子。每个人都有一种直观的智慧。如果你今天傍晚看到了壮丽的落日，你会睁大眼睛欣赏美景，然后由衷地赞叹一声“哇”。你不会说:“这景色还需要多一点儿粉色。”这种“哇”的思维方式并不局限于美。如果明天你遇到一个哭泣的孩子，听他讲述一个恐怖的故事，你可能会再次发出感叹！因为你专心地倾听着这个孩子的全部痛苦。你不会说:“你能不能说点儿不那么烦人的事？”

本书没有教你任何你灵魂深处没有的东西。它只是列出了一些原则，你可以利用心理灵活性的力量—— 一种让心灵自由的力量，然后让你的生活朝着你选定的方向发展。

人类正在进行一场竞赛，一场创造更善良、更灵活和基于价值的世界竞赛——换句话说，就是一个更有爱心的世界，一个能够更好地面对科技发展所带来的挑战的世界。我们要么学会如何为现代社会创造一种现代思维，要么离灾难越来越近。

我们谁也不知道结果会如何。但基于人类历史的发展，我把赌注押在人类社会会进化以迎接挑战上。我打赌我们有能力选择爱而不是恐惧。每个人、每对夫妇、每个家庭、每个企业和每个社区都只会发生一次这样的变革。当我们每个人都学会约束自己的想法，变得更有能力敞开心扉，更有能力展示自我，朝着我们深切关心的事情前进时，我们就在黑暗中点亮了一盏灯，同时帮助他人做一样的事情。用一个很好的词来形容它：那就是“爱”。

我们知道这有多重要。我们内心哭泣的 8 岁孩子也知道。在内心深处，我们都知道爱不是一切，爱是唯一。

和平、爱和生命，我的朋友们。

伸出你的手

让我们暂时忘记这个世界，
回归——
宁静和神圣，
就在当下。

你听到了吗？
生命的气息，
邀请你书写
崭新的人生故事。

在崭新的人生故事里：
你很重要。

人们很需要你。
你心无杂念，
内心里给自己鼓劲：
加油！加油！

阳光日复一日地照耀，
无论你是否有信仰。
麻雀不休不眠地歌唱，
即便你忘了追求快乐。

不要问：
我足够好吗？
只需问：
我有博爱的情怀吗？

生活不是平铺直叙，
随时都有惊喜。
请伸出你的手[1]，
接纳生命的礼物。

——朱莉娅·费伦巴赫尔（Julia Fehrenbacher）

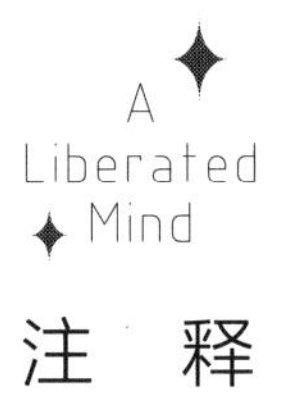

注 释

扫码阅读本书注释